電腦輔助繪圖 AutoCAD 2020
(附範例光碟)

王雪娥、陳進煌　編著

全華圖書股份有限公司

序 言 PREFACE

　　筆者從事多年 AutoCAD 的電腦繪圖教學，體會出初學者面對一大堆的指令圖像 (Icon)，而不知所措，甚至學過的指令不知如何歸納運用等困擾。因此，本書在編排順序及內容介紹上，皆經過精心設計與規劃，從簡單的 2D 到複雜的 3D，皆融合製圖觀念與實作並重的安排，以培養通過「電腦輔助機械製圖」乙、丙級檢定之基本能力為目標。期待使每位初學者與教學工作者，都能輕易的上手。

　　本書之特色在於：

● 採行「CNS 製圖標準」規範的繪圖環境，結合傳統製圖的觀念與電腦繪圖指令技巧。

● 將眾多的指令圖像，分單元方式介紹、比較，使對各指令得心應手。

● 指令的輸入與提示，簡單明瞭；範例操作說明，易懂易用，是自我學習的好教材。

● 提供單元綜合練習及實力練習，讓學習者從練習中熟悉指令、累積經驗、歸納出學習心得；教學工作者可做為評量的題庫。

● 詳盡介紹幾何作圖、各投影視圖、3D 彩現、配置出圖等各要領，方便收集與列印呈現所學習的作品。

　　期待看過本書之後，都能收到事半功倍的學習效果，成為設計製圖的高手。

　　書在付印之前，編輯內容雖力求完善，惟疏漏之處在所難免，尚祈各位先進不吝賜教指正並多包涵。

筆者　謹識

編輯部序 PREFACE

「系統編輯」是我們的編輯方針，我們所提供給您的，絕不只是一本書，而是關於這門學問的所有知識，它們由淺入深，循序漸進。

本書對於各種繪圖指令與步驟皆詳盡介紹其功能與應用，指令的輸入與提示範例操作都以明瞭易懂的方式呈現，並於將各指令彙整於每一張練習圖後，使讀者能將各指令的應用加以串連，並附有綜合練習供學習者自我挑戰，使讀者在記憶猶新時馬上驗證自己的學習成效。適合大學、科大機械相關科系「電腦輔助製圖」，技術型高中機械科、製圖科「電腦輔助製圖實習」課程使用，及欲自學 AutoCAD 2020 者使用。

同時，為了使您能有系統且循序漸進研習相關方面的叢書，我們以流程圖方式，列出各有關圖書的閱讀順序，以減少您研習此門學問的摸索時間，並能對這門學問有完整的知識。若您在這方面有任何問題，歡迎來函聯繫，我們將竭誠為您服務。

相關叢書介紹

書號：04750047
書名：電腦輔助繪圖實習 AutoCAD
　　　 2016 教學講義(附範例光碟)
編著：許中原
菊 8K/312 頁/ 基價 9.8

書號：19387007
書名：TQC＋AutoCAD2020 特訓教材
　　　 －基礎篇(附範例光碟)
編著：吳永進.林美櫻.電腦技能基金會
20K/960 頁/650 元

書號：06336007
書名：Autodesk Inventor 2016
　　　 特訓教材進階篇
　　　 (附範例及動態影音教學光碟)
編著：黃穎豐.陳明鈺
16K/488 頁/550 元

書號：06397007
書名：SOLIDWORKS 2018 基礎範例
　　　 應用(附動態影音教學光碟)
編著：許中原
16K/608 頁/ 600 元

書號：06207007
書名：Creo Parametric 2.0 入門與實
　　　 務－基礎篇(附範例光碟)
編著：王照明
16K/520 頁/480 元

書號：05603017
書名：CATIA 電腦輔助三維元件設計
　　　 (附範例光碟片)(修訂版)
編著：杜黎蓉.林博正
16K/632 頁/580 元

◎上列書價若有變動，請以
　最新定價為準。

流程圖

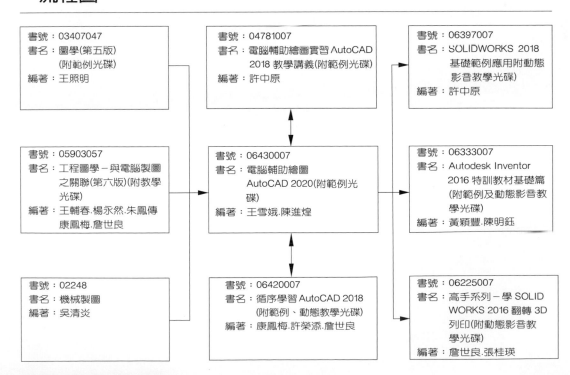

書號：03407047
書名：圖學(第五版)
　　　 (附範例光碟)
編著：王照明

書號：05903057
書名：工程圖學－與電腦製圖
　　　 之關聯(第六版)(附教學
　　　 光碟)
編著：王輔春.楊永然.朱鳳傳
　　　 康鳳梅.詹世良

書號：02248
書名：機械製圖
編著：吳清炎

書號：04781007
書名：電腦輔助繪圖實習 AutoCAD
　　　 2018 教學講義(附範例光碟)
編著：許中原

書號：06430007
書名：電腦輔助繪圖
　　　 AutoCAD 2020(附範例光
　　　 碟)
編著：王雪娥.陳進煌

書號：06420007
書名：循序學習 AutoCAD 2018
　　　 (附範例、動態教學光碟)
編著：康鳳梅.許榮添.詹世良

書號：06397007
書名：SOLIDWORKS 2018
　　　 基礎範例應用附動態
　　　 影音教學光碟)
編著：許中原

書號：06333007
書名：Autodesk Inventor
　　　 2016 特訓教材基礎篇
　　　 (附範例及動態影音教
　　　 學光碟)
編著：黃穎豐.陳明鈺

書號：06225007
書名：高手系列－學 SOLID
　　　 WORKS 2016 翻轉 3D
　　　 列印(附動態影音教
　　　 學光碟)
編著：詹世良.張桂瑛

vi

目 錄 CONTENT

CONTENT

第 3 章　繪圖與修改指令（一）

第 4 章　繪圖與修改指令（二）

第 5 章 繪圖與修改指令（三）

第 6 章 尺度標註

CONTENT

第 7 章　圖塊、屬性與設計中心

第 8 章　填充與查詢

第 9 章　3D

第 10 章　配置、出圖與網際網路功能

第 9 章　3D

第 10 章　配置、出圖與網際網路相關功能

CHAPTER **1**

認識電腦輔助繪圖與 AutoCAD 環境

> **本章綱要**

1-1　認識電腦輔助繪圖(CAD)

　　電腦輔助繪圖(Computer Aided Drawing)簡稱(CAD)是藉著操作電腦設備來進行繪圖或設計等工作。是各行各業進行自動化、電腦化設計與製造過程中，必具備的基本能力之一。在以電腦來輔助繪圖之前，個人必須具備有正確的識圖能力與基礎電腦知識，才能充分掌握圖面所要傳達的訊息與週邊設備之操作能力。而且必須加上不斷的學習心得歸納分析、勤於反覆練習、累積經驗，才能使 CAD 發揮真正的功能與生命。

　　CAD 勝過傳統手工製圖最大的優點在於：

1. 編修或再繪製較容易，可提高製圖效率。

2. 列印出的圖面較為美觀、精準。

3. 利用已建立的圖形資料庫，整合繪成組合圖較快，不必重新繪製。

4. 可進一步提供電腦輔助製造(CAM)及電腦輔助工程分析(CAE)的資料。

5. 結合網際網路(Internet)之應用，達到資源共享之目的。

1-2　AutoCAD 軟體介紹及 AutoCAD 2020 硬體需求

　　AutoCAD 是美國 AutoDesk 公司所開發的繪圖應用軟體，它擁有人性化操作界面、交談式的指令輸入、開放性的設計架構、版本快速更新、密佈且完善的教育訓練網，加上因應各行各業特殊的需求，已發展出大量的 Third Party(加值)軟體。在國內，應用廣泛普及的地步，佔繪圖軟體市場約超過八成以上。

　　AutoCAD 在 1982 年開始發行以來，版本快速更新，在 2D 平面繪圖上，功能已經相當完善。對 3D 立體繪圖而言，自 R10 版加入了使用者座標系統(UCS)功能後才真正開始，而 R12 版中加上實體模型 AME(Advanced Modeling Extension)，將軟體功能從線條架構推進到實體模型繪製的領域。R12、R13 版皆已有推出視窗(WINDOWS)環境版本，自 R14 版開始不再支援 DOS 作業系統。在 WINDOWS 系統下，不斷強化功能推出新版本 2000 版、2002 版等，現今已發展到 2020 版。

　　現今所推出的 AutoCAD 2020 版除沿續 AutoCAD 先前版本的強大功能與穩定性外，更朝向提升效能、縮短 2D 繪圖與 3D 設計的時間前進。在繪圖視覺效果方面除支援 4K 高解析度顯示螢幕，也更新使用者界面的背景顏色，增加深色主題的清晰度與俐落度。當關聯式頁籤處於作用狀態時功能區頁籤會更亮顯。使用 Autodesk 360，你可以註冊一個 AutoDesk 的 ID，建立一個雲端的共享平台，把你的 AutoCAD 有關設置與檔案儲存到雲端上，與相關人士協同合作，對設計進行溝通與協調。

　　此外，選項板的插入方式與測量指令也作了改進與強化，讓操作更簡單方便，幫助使用者提升繪圖、設計和設計修訂的速度，使 AutoCAD 更容易操作使用，成為一套更有效率的 CAD 繪圖設計軟體。

　　AutoCAD 2020 發行支援 64 位元作業系統的版本，其基本硬體需求與作業系統建議如下：

一、硬體需求

1. CPU：2.5-2.9GHz 或更快的處理器。

2. RAM：8GB 以上。

3. 可用的硬體空間 6GB 以上。

4. 1920x1080 全彩 VGA 顯示螢幕(建議 19"以上)，若採用 Windows 10 則可採用 3840x2160 高解析度顯示螢幕。

5. 顯示卡：1GB GPU。

6. 指向輸入器：滑鼠(Mouse)。

7. 輸出設備：印表機或繪圖機。

二、作業系統

1. Windows 7sp1、Windows 8.1 與 Windows 10。

2. Google Chrome。

3. .NET Framework 4.7 或更高的版本。

　　若有 3D 作業的需求則處理器、記憶體與顯示卡都需要更高的等級。

1-3　AutoCAD 2020 常用的檔案類型

副檔名	說明	副檔名	說明
*.ac$	圖形暫存檔	*.dxf	標準圖形交換檔
*.arx	ARX 應用程式檔	*.exe	應用程式執行檔
*.bak	DWG 圖形備份檔	*.lin	線型定義檔
*.cuix	自訂使用者介面檔	*.pat	填充線樣式定義檔
*.dcl	對話視窗定義檔	*.pgp	快捷鍵定義檔
*.dwf	網路圖形檔	*.shp	造形與字形之原始檔
*.dwg	圖形檔	*.shx	造形與字形之編譯檔
*.dwt	圖面樣板檔	*.sv$	自動儲存檔

1-4　指向設備

　　AutoCAD 指向設備，一般是指滑鼠，作為指令執行、定位、選項等之工具。

　　系統指向設備通常設為「**滾輪滑鼠**」，如圖 1-1 三鍵式滾輪滑鼠，滾輪除做上下更精確捲動外，還可設定為縮放文件的功能，以提高繪圖編修效率。

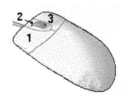

▲　圖 1-1　三鍵式滾輪滑鼠

滾輪滑鼠各按鍵位置，功能詳述如下：

1. 左鍵：選取鍵；選取指令或物件及定出點的位置，對物件連續快按二下即可進入物件性質修改對話視窗。

2. 滾輪：平移鍵及視圖縮放鍵。滾輪上下滾動時為視圖縮放功能，滾輪按下移動則為平移功能，快按二下則為縮放至最大的範圍。

3. 右鍵：快顯功能表鍵或執行鍵；如圖 1-2 彈出快顯功能表。善用快顯功能表的分項選取功能，對繪圖速度有極大的幫助，或按滑鼠「右鍵」點選選項(O)...→使用者偏好→右鍵自訂(I)...將右鍵設定為 Enter 鍵，使其成為結束指令動作或重複上個指令，相當於鍵盤中的 Enter 鍵或 Space 鍵功能，建議第三鍵設定為☑打開對時間敏感的滑鼠右鍵功能(T)：，如圖 1-3 使第三鍵在快按一下時為「 Enter 」的作用，按住時為快顯功能表的作用，同時具有二者的功能。同時按 Ctrl 鍵與「滑鼠右鍵」則彈出游標功能表，可作暫時一次性的鎖點設定，增加鎖點速度，如圖 1-4。

▲ 圖 1-2　快顯功能表

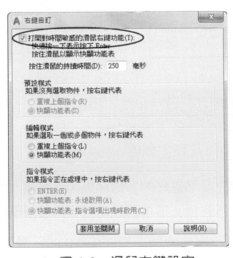

▲ 圖 1-3　滑鼠右鍵設定

▲ 圖 1-4　游標功能表

1-5　鍵盤重要常用功能鍵

控制鍵	說明
Esc	取消指令執行
F1	開啓 AutoCAD 輔助說明
F2	圖形-文字畫面切換
F3	物件鎖點開或關
F4	3D 物件鎖點開或關
F5	循環切換等角圖平面
F6	動態 UCS 開或關
F7	格線開或關
F8	正交模式開或關
F9	鎖點開或關
F10	極座標追蹤開或關

控制鍵	說明
F11	物件鎖點追蹤開或關
F12	動態輸入開或關
Ctrl + A	選取全部物件
Ctrl + X	剪下
Ctrl + C	複製物件到 Windows「剪貼簿」上
Ctrl + V	從「剪貼簿」資料貼上至圖面
Ctrl + O	開啓舊檔
Ctrl + W	選集循環
Enter	執行或重複執行指令
←	退回鍵

1-6　有效率的應用電腦輔助繪圖要領

1.　善用樣板底稿作圖

　　新的圖面可參照先前準備好的各種樣板來作底稿，以達到快速取得繪圖最佳環境，不必每次新畫一張圖皆必須重新設定同樣的繪圖環境，省下每次設定的時間。

　　樣板底稿的環境設定包含圖面範圍(LIMITS)、單位(UNITS)、圖層(LAYER)、線型(LINETYPE)、顏色(COLOR)、鎖點(SNAP)、字型(STYLE)、標註型式(DIMSTYLE)、出圖型式(PLOT)與標題欄繪製。

2.　熟練繪圖與修改指令

　　以熟練的繪圖指令如線 (LINE)、圓 (CIRCLE)、弧 (ARC)、多邊形(POLYGON)、聚合線(PLINE)、文字(DTEXT)……等，繪出基本圖形，再利用各修改指令如修剪(TRIM)、刪除(ERASE)、偏移(OFFSET)、旋轉(ROTATE)、鏡射(MIRROR)、陣列(ARRAY)、移動(MOVE)……等，加以編修，快速地完成所要的圖面。

3. 善用縮放與物件鎖點模式精準繪圖

　　藉著縮放 (ZOOM) 指令如框選 (ZOOM-C) 、 視窗 (ZOOM-W) 、 籬選 (ZOOM-F)……等，將螢幕圖形放大或縮小，再配合物件鎖點(OSNAP)的功能，可以抓到物件的中心點(CEN)、端點(END)、交點(INT)……等，將小小電腦螢幕精確的完成各種線的接點與定位。

4. 建立更多的圖塊資料庫

　　將已繪製完成的加工符號、螺釘、軸承、彈簧、墊圈……等標準零件，收集成有系統的資料庫，往後可以利用圖塊(BLOCK)、製作圖塊(WBLOCK)、插入圖塊(INSERT)、設計中心……等指令，來插入或整合成組合圖或將相似的零件圖加以修改，以縮短工作時間。

5. 養成隨時存檔的習慣

　　在未裝置不斷電系統時，可能因停電或不正常的當機，導致工作功虧一潰，因而需養成隨時儲存檔案(SAVE)的習慣。建議採用選項(O)…→開啟與儲存頁籤內容中自動儲存的系統設定值 10 分鐘，以使損失最少。

6. 妥善管理圖檔

　　日積月累的圖檔或圖塊，應依圖名分類管理，並完整的備份，以免因找尋不易而失去再利用的價值。

1-7　進入 AutoCAD 2020

　　當軟體安裝完成後，可在桌面上找到 A 圖像，在圖像上快按滑鼠「左鍵」兩下，即可進入 AutoCAD2020 環境中。

　　首先呈現的是「開始」頁面，可快速開啟新的、已存檔和最近打開的圖面，並可依需求選取適當的樣板，且能將開啟過經常會使用的圖面固定到清單中以利隨時取用，如圖 1-5。

開新檔　　選取樣板　　固定檔案

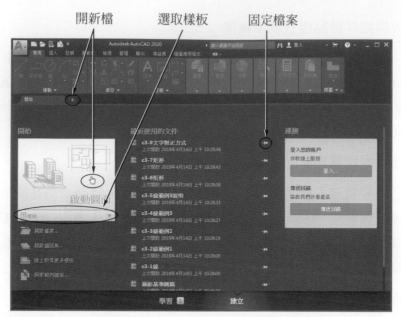

▲ 圖 1-5　AutoCAD「開始」頁面

當進入 AutoCAD 後，系統以內定 A3(420x297)尺寸的 acadiso.dwt 樣板呈現，直接進入繪圖狀態，如圖 1-6。

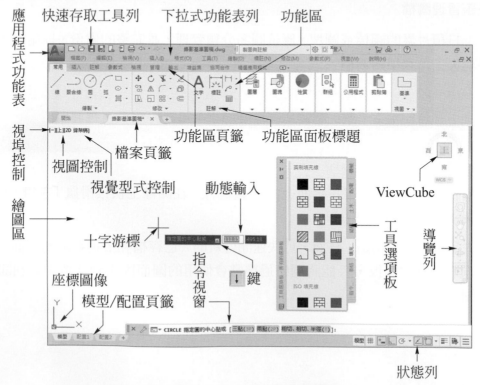

▲ 圖 1-6　AutoCAD 繪圖畫面

1-8　畫面介紹

AutoCAD 繪圖畫面，主要分為五個區域，如圖 1-6。

各區域所包含內容及功能如下：

◉ 1-8-1　應用程式功能表與快速存取工具列區

應用程式功能表位於視窗左上方，如圖 1-7，放置 AutoCAD 檔案存取、匯出與列印等常用功能的指令，當游標移至功能表時，原十字游標即呈現箭頭的型式，將箭頭移到欲選取的功能表項，再按下滑鼠「左鍵」，即可啓用該功能表的指令。點選 🔲，呈現最近使用的文件；點選 🔲 呈現目前開啓的文件，以供快速選取。

▲ 圖 1-7　應用程式功能表

快速存取工具列，位於應用程式功能表旁，如圖 1-8。點選工具列的「▾」開啓副功能指令，可選取將工具列置於功能區下方或勾選增減表列指令，若所需的指令不在列表中，可點選「更多指令...」從「自訂使用者介面」對話視窗中將所需的指令拖拉至工具列中。若要移除指令圖像則在指令的圖像上按滑鼠「右鍵」，點選「從快速存取工具列中移除(R)」，以移除該指令。點選「展示功能表列」，也可以開啓「下拉式功能表列」置於應用程式功能表旁，如圖 1-9。

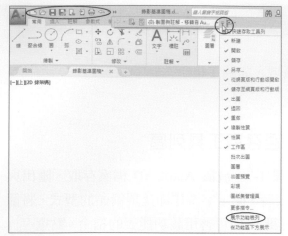

▲ 圖 1-8　快速存取工具列

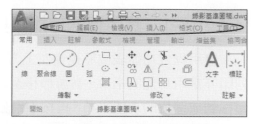

▲ 圖 1-9　下拉式功能表列

在功能表、工具列或後述的功能區中，若尚有次選項或對話視窗時，表示如下：

1. 指令後面有「...」三點符號者，表示選取後會出現一對話視窗，以作進一步設定。
   例如：快速存取工具列→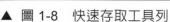，如圖 1-10。

▲ 圖 1-10　顯示對話視窗方式

2. 指令後面有「▼」或「▶」符號者；表示選取該指令後，會出現副功能指令，以便進一步選取。
   例如： 　　→ 　　 開啟 　　，如圖 1-7。

1-8-2　功能區

　　AutoCAD 將指令依其性質與使用的頻繁性分類成各個頁籤與面板，放置於功能區上。且會依不同的工作區，自動呈現預設的功能區，使用者可依需求對功能區頁籤與面板再做增減，往後將以《》符號代表頁籤，如《常用》頁籤，以〈〉符號代表面板標題，如〈繪製〉面板。若要對表列的功能區頁籤與面板做增減，可將游標移到任何面板上空白處，按滑鼠「右鍵」，即可開啟所需的頁籤與面板，亦可將游標移至功能區指令圖像上，按滑鼠「右鍵」開啟，如圖 1-11 所示，可將該指令加入到快速存取工具列上，若要加入表列中所未列出的頁籤，請參閱 2-9 章節建立工作區中說明。以滑鼠「左鍵」按住頁籤或面板標題往右或左移動可以改變頁籤或面板的順序。點選頁籤最右方的「▣」圖像，可切換呈現完整的功能區、頁籤與標題文字、頁籤與標題按鈕或只有頁籤四者，也可點選 ▣ 直接選取所需的功能區型式。

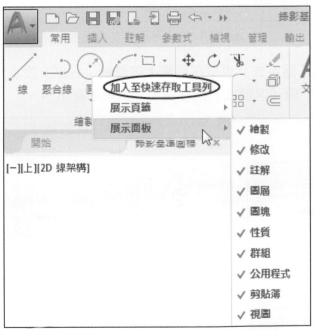

▲ 圖 1-11　功能區頁籤與面板的開啟

　　當游標移至面板圖像上，停留一下，即可出現指令文字提示；部份面板標題右下角有「⤵」符號者，表示選擇時，會顯示選項板以提供進一步選項，如圖 1-12。

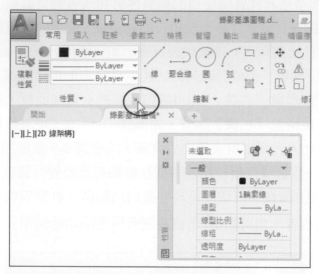

▲ 圖 1-12　面板提供選項板

　　功能區內定為「固定式」也可在頁籤上按滑鼠「右鍵」設定為「浮動式」，如圖 1-13，其「固定式」與「浮動式」兩種顯示方式，如圖 1-14。

▲ 圖 1-13　浮動式功能區設定　　　　▲ 圖 1-14　固定式與浮動式功能區

　　「浮動式」功能區可以貼附於繪圖區任一邊緣，成為「固定式」功能區，也可以拖曳於螢幕任何地方，並且能調整排列的方式。按住功能區的面板標題往繪圖區拉，可以讓這個面板成獨立的浮動面板。將浮動面板往功能區拉就能再恢復為固定式面板。

1-8-3　繪圖區

執行顯示圖形及進行繪圖的區域。包含：

1.　滑鼠指標：當滑鼠指標在繪圖區以外時，會呈現箭頭的型式，作為選取之用。當移入繪圖區時，指標會變成十字游標，用以顯示目前座標點。

2.　座標圖像：位於繪圖區左下角，顯示目前所用的座標系統，指示 X 軸與 Y 軸的正方向。

3.　模型／配置頁籤：開啟一張新圖時，選取不同的頁籤，會使繪圖區顯示該頁籤的內容。

　　「模型」就是為所要表現的形狀大小而繪的圖形。

　　「配置」就是將「模型」的圖形，配置在一張預備出圖用的圖紙上。

1-8-4　指令視窗

用以顯示指令操作、輸入資料、系統回應訊息的交談區。系統內定置於繪圖區內，如圖 1-15(a)。也可以按住指令視窗最左側往下方拉，後放開，使其固定於狀態列上方，如圖 1-15(b)。按▲或 F2 功能鍵會開啟「AutoCAD 文字視窗」，可看見先前執行過的指令歷程，如圖 1-15(a)。

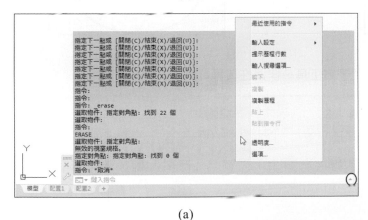

(a)

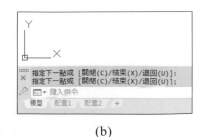

(b)

▲ 圖 1-15　指令視窗與文字視窗

在「文字視窗」中，以滑鼠滾輪或按住捲軸，可檢視其內容。當箭頭移至「文字視窗」內時，按滑鼠「右鍵」，即出現圖 1-15(a)快顯功能表，可以用一般處理 Windows 視窗的方法，對先前輸入的指令內容加以編修，後再一次執行。

1-8-5　狀態列

用以顯示目前操作各種製圖輔助功能的啟用狀態。狀態列如圖 1-16，狀態列上功能按鍵的啟用顯示並不相同，大多數功能按鍵顯示成彩色情況者，表示其功能為啟用狀態；當顯示成灰色情況者，表示其功能為關閉狀態；部份的功能按鍵呈灰色，需先選擇設定值後啟用其功能；少數的功能按鍵啟用後依然呈灰色。在功能按鍵上按一下即可啟用或關閉其功能。

▲ 圖 1-16　狀態列

將游標移到功能按鍵上按下滑鼠「右鍵」或點選按鍵旁「▼」，如圖 1-17，設定或關閉各製圖輔助功能。點選狀態列最右方的 圖示，如圖 1-18，可對狀態列上要顯示的功能按鍵選項作顯示與關閉的設定。

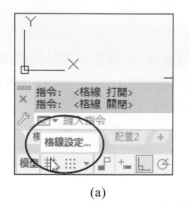

(a)

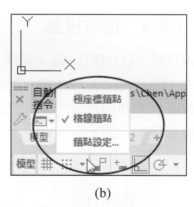

(b)

▲ 圖 1-17　狀態列製圖工具、快速性質等滑鼠「右鍵」設定

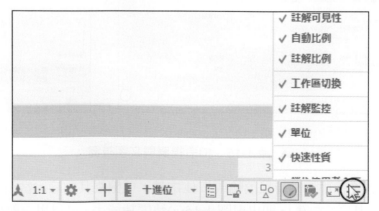

▲ 圖 1-18　狀態列工具設定

各狀態說明如表 1-1，各設定值於 1-9-3 章節說明。

▼ 表 1-1　各狀態模式說明

狀態	(ON)開啟	(OFF)關閉	功能鍵
1. `211.09, 494.09, 0.00`	顯示座標值。2020 版座標需自行開啟。	不顯示座標值。	
2. 模型	配置視埠中模型空間與圖紙空間的切換。		
3. ⊞ 格線	繪圖區出現如方格紙般的格線。 範列：	繪圖區底稿保持空白。 範例：	F7
4. ⦙⦙⦙ ▼ 鎖點	強制游標只能依設定的單位距離移動。	游標移動不受單位距離限制。	F9
5. ⌐ 推論約束	在建立和編輯圖元時自動套用幾何約束。	不自動套用幾何約束。	
6. ⁺⌷ 動態輸入	直接在游標點選處快速執行命令或輸入數值。 範例：	在命令列處執行命令或輸入數值。	F12
7. ⌐ 正交	繪製直線時，強制只能繪水平或垂直線。 範例：	可繪製任意角度的直線。 範例：	F8
8. ◴ ▼ 極座標追蹤	當游標移到自行設定角度的倍數附近， 會自動鎖定該角度上的座標點。 範例：	不顯示極座標值。 範例：	F10
9. ⤬ ▼ 等角製圖	繪製等角圖時，設定左、右與上等角平面。		

狀態	(ON)開啟	(OFF)關閉	功能鍵
10. ∠ 物件鎖點追蹤	配合物件鎖點開啟狀態，可以追蹤物件延伸線上的座標點。 範例：	關閉物件追蹤鎖點功能。 範例：	F11
11. 物件鎖點	啟動常駐式物件鎖點。 範例：	關閉常駐式物件鎖點。 範例：	F3
12. 線粗	顯示設定任意線條的寬度。	不顯示所設定的線條寬度。	
13. 透明度	控制圖元和圖層的透明度等級。	不使用透明度設定。	
14. 選集循環	選取重疊的物件。		
15. 3D 物件鎖點	啟動常駐式 3D 物件鎖點。	關閉常駐式 3D 物件鎖點。	F4
16. 動態 UCS	自動將 UCS 座標架在游標接近的平面上。	手動設定 UCS 座標。	F6
17. 選取篩選	設定 3D 實體圖頂點、邊、面的選取。		
18. 控點	顯示移動、旋轉、比例的控點。	不顯示移動、旋轉、比例的控點。	
19. 註解可見性	顯示所有註解比例的可註解物件。	只顯示目前註解比例的可註解物件。	
20. 註解自動比例	註解比例更改時，自動將比例加入至可註解物件。	註解比例更改時，不會將比例加入至可註解物件。	
21. 1:1 ▼ 註解比例	設定可註解對象的註解比例。		
22. 工作區切換	切換工作區。		
23. 註解監控	類似關聯式標註，可以針對所有事件或僅針對 3D 模型文件事件作註解監控。		
24. 十進位 ▼ 單位	目前圖面的單位，尚有建築、工程、分數、科學可選用。		
25. QP 快速性質	顯示物件的基本性質對話視窗。	不顯示物件的基本性質對話視窗。	
26. 鎖住使用者介面	設定工具列、面板、視窗為浮動或固定。		

狀態	(ON)開啟	(OFF)關閉	功能鍵
27. 隔離物件	透過物件隔離或隱藏物件來控制其他物件的顯示。		
28. 硬體加速	增加 3D 顯示效能。		
29. 清爽螢幕	只保留功能表、命令列與狀態列的全螢幕顯示。	以內定或使用者所設定的工作區模式顯示。	
30. 自定	設定狀態列各功能選項顯示狀態。		

1-9　執行指令的方法

　　使用者可採用以游標點選面板圖像，以執行指令或動態輸入的方式，直接在游標位置快速執行英文指令，以提高繪圖的效率，或採用在命令視窗中輸入指令的方式，若命令視窗中未出現「指令：」提示，可以按 Esc 鍵使其出現。

1-9-1　指令的輸入

1. 游標點選

　　(1)　點選面板圖像：將游標移至欲選取指令「圖像」，按滑鼠「左鍵」點選，如圖 1-19。本書將以此方式作為指令輸入的主要方式。

▲ 圖 1-19　滑鼠點選面板

　　(2)　點選下拉式功能表：以游標點選功能表之選項來啟用下拉式功能表，按滑鼠「左鍵」選取指令輸入，如圖 1-20。

▲ 圖 1-20　點選下拉式功能表

(3) 點選工具列：由下拉式功能表中的 工具(T)→工具列▶ 可開啓所需的工具列，如圖 1-21。將游標移至欲選取指令「圖像」，按滑鼠「左鍵」點選，如圖 1-22。

▲ 圖 1-21 開啓工具列

▲ 圖 1-22 點選工具列上的指令

建議使用者以功能區的指令輸入爲主，視繪圖狀況開啓功能表與部份所需的工具列可加速繪圖速度。但是 AutoCAD 自 2015 版不再設置工具列的工作區，因而新的功能在工具列中不會出現。

2. 鍵盤直接輸入

(1) 依輸入方式分

a. 直接以鍵盤輸入英文指令全名，大小寫皆可。筆者不建議採英文全名輸入的方式執行指令，因而往後在指令輸入部分將不列出英文全名，只在各章節指令標題的中文名稱後列出供讀者參考。

例如：

指令：LINE `Enter`	<輸入線指令英文全名
指令：CIRCLE `Enter`	<輸入圓指令英文全名

b. 直接以鍵盤輸入英文指令快捷鍵。

例如：

指令：L `Enter`	<輸入線指令快捷鍵
指令：C `Enter`	<輸入圓指令快捷鍵

AutoCAD 常用的指令快捷鍵，如表 1-2。

▼ 表 1-2　AutoCAD 常用的指令快捷鍵

中文指令	指令英文全名	指令快捷鍵	中文指令	指令英文全名	指令快捷鍵
弧	ARC	A	移動	MOVE	M
陣列	ARRAY	AR	鏡射	MIRROR	MI
建立圖塊	BLOCK	B	偏移	OFFSET	O
切斷	BREAK	BR	聚合線	PLINE	PL
圓	CIRCLE	C	矩形	RECTANG	REC
複製	COPY	CO 或 CP	旋轉	ROTATE	RO
標註型式	DIMSTYLE	D	文字型式	STYLE	ST
刪除	ERASE	E	修剪	TRIM	TR
圓角	FILLET	F	分解	EXPLODE	X
線	LINE	L	視埠縮放控制	ZOOM	Z

AutoCAD 指令快捷鍵放置於 **acad.pgp** 檔中，執行功能區《管理》→〈自訂〉→ [編輯快捷鍵 ▾] 可查看設定的常用指令快捷鍵。讀者可自行以文書處理之軟體加以編輯與新增指令快捷鍵，以符合自己的需求。

(2) 依輸入位置分

a. 動態輸入：直接在繪圖區游標點選處快速執行指令、讀取提示或輸入數值。

當狀態列的「[+⊞]」處於開啟狀態時，游標會隨著您在繪圖區中的移動，來顯示直角座標值，如圖 1-23(a)。直角座標的輸入方式，是先輸入第一個座標後，再利用 Tab 鍵或「，」鍵將輸入點切換至下一輸入欄位，然後輸入座標值，如圖 1-23(b)或利用「<」鍵將輸入點切換至下一輸入欄位並更改為極座標方式輸入角度值，此時，原先所輸入的座標值將轉變成極座標的距離值。極座標的尺度輸入欄的切換方式，則是利用 Tab 鍵或「<」鍵將輸入點切換至下一輸入欄位，然後輸入角度值，如圖 1-23(c)與圖 1-23(d)或利用「，」鍵將輸入點切換至下一輸入欄位並更改為直角座標方式輸入座標值，此時，原先所輸入的距離值將轉變成直角座標的座標值。

1-19

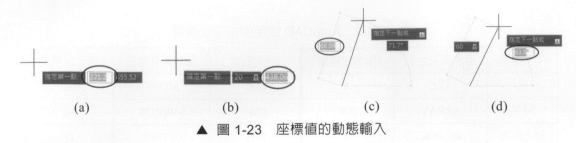

▲ 圖 1-23　座標值的動態輸入

動態輸入繪製物件時，若需要輸入絕對座標值，需在其前加一「#」號，如圖 1-24。

▲ 圖 1-24　絕對座標值的動態輸入

也可以在繪圖區游標點選處直接鍵入英文指令快捷鍵快速執行指令，如圖 1-25。

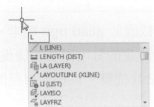

▲ 圖 1-25　直接鍵入英文指令快捷鍵的動態輸入

　　b.　指令視窗輸入：在指令視窗處執行指令。

3.　重複上一次剛執行過指令，只要按滑鼠「右鍵」或 Enter 鍵，即可快速重複執行該指令。

◉ 1-9-2　資料的輸入

當指令輸入後，指令視窗會提示輸入訊息，要求輸入選項、文字或數值等資料。

例如：

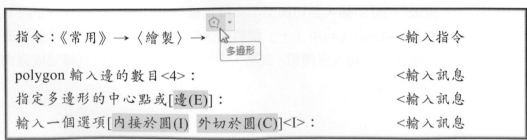

【說明】

1.　<>代表目前內定選項或數值，當欲採用內定值時，可按 Enter 鍵直接進行。

2.　[ ]代表將輸入訊息分為若干個選項，可直接以游標點選各選項，如圖 1-26，或由鍵盤輸入( )內之代號。

▲ 圖 1-26　直接以游標點選各選項

3.　要求輸入數值或距離值等數字時，可由鍵盤直接鍵入數字或由滑鼠在繪圖區內定兩點代表輸入值，正或負代表其方向。

1-9-3　製圖設定

一、指令輸入方式

在狀態列的功能選項上按滑鼠「右鍵」或點選按鍵旁「▼」，再點選各自的設定...，進入「製圖設定」視窗。

二、指令提示

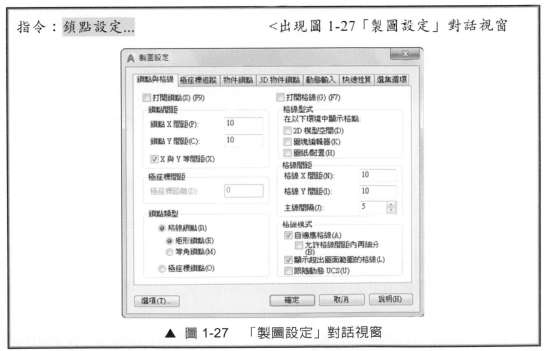

▲ 圖 1-27　「製圖設定」對話視窗

【說明】

1. 鎖點與格線頁籤

   (1) □打開鎖點(S)(F9)：設定是否開啟鎖點功能，點選 ⊞▾ 或按 F9 功能鍵，開啟時為☑。

   (2) 鎖點間距

       a. 鎖點 X 間距(P)、鎖點 Y 間距(C)：設定水平、垂直方向的鎖點距離。X、Y 距離值可設定不同，但是不可以設定為 0。

       b. □X 與 Y 等間距(X)：勾選時 X、Y 鎖點間距相同；不勾選時 X、Y 鎖點間距可設定為不同。

   (3) 鎖點類型

       a. 格線鎖點(R)：鎖點模式會依據「格線」而鎖點。

          (a) 矩形鎖點(E)：鎖點間距會依格線所設定的 X、Y 間距而移動。

          (b) 等角鎖點(M)：設定等角平面的繪圖狀態，點選 ◥▾ 或按 F5 功能鍵，變更等角平面到左、右、或上方位，如圖 1-28。

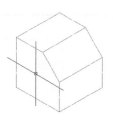  

左等角平面　　　　　　上等角平面　　　　　　右等角平面

▲ 圖 1-28　等角平面

       b. 極座標鎖點(O)：當使用「極座標追蹤」時，鎖點模式會根據「極座標追蹤」角度而鎖點。

   (4) 極座標間距：當鎖點類型選取為「極座標鎖點(O)」時；可設定極座標距離(D)大小，以作為極座標鎖點之用。

   (5) □打開格線(G)(F7)：設定是否開啟格線功能，點選 ⊞ 或按 F7 功能鍵，開啟時為☑。

   (6) 格線型式：設定在 2D 模型空間(D)、圖塊編輯器(K)或圖紙／配置(H)中顯示格線。

(7) 格線間距

 a. 格線 X 間距(N)、格線 Y 間距(I)：設定水平、垂直方向的格線距離。若格線間距設定太小時，當點選▦時，會出現提示：「格線太密，無法顯示」之訊息。

 b. 當格線之 X、Y 間距皆為 0 時，系統將設定以鎖點之 X、Y 間距來顯示格線之 X、Y 間距。

 c. 主線間隔(J)：在 3D 視覺型式中設定主線距離為格線間距的倍數。

(8) 格線模式

 a. □自適應格線(A)：若不勾選則在縮放拉遠時，當密度太密時，將不顯現格線；反之則顯示格線。

  □允許格線間距內再細分(B)：勾選時，在縮放拉近時，產生其他間距更近的格線。這些格線以「主線間隔(J)」設定的倍數顯示格線，倍數由主格線決定；否則以格線間距顯示格線。

 b. □顯示超出圖面範圍的格線(L)：開啟時，佈滿螢幕，否則只在圖紙範圍內顯示格線。

 c. □跟隨動態 UCS(U)：開啟時，格線會依動態 UCS 新定的原點移動，以利後序的鎖點。否則格線將不因動態 UCS 的新原點而改變。

(9) 選項(T)... ：出現圖 1-29「選項」中的「製圖」對話視窗。

▲ 圖 1-29　「選項」之「製圖」對話視窗

a. 自動鎖點設定：設定自動鎖點性質，如圖 1-30。

(a) □標識(M)：設定游標移到鎖點上是否出現鎖點標識。

(b) □磁鐵(G)：設定游標靠近某物件時，是否自動將游標吸到鎖點上。

(c) □顯示自動鎖點工具提示(T)：設定游標移到鎖點處時，是否會顯示該鎖點模式名稱。

(d) □顯示自動鎖點鎖點框(D)：設定物件鎖點時，在游標中心點是否會出現鎖點框「中」。

(e) 顏色(C)... ：設定圖面視窗各物件的顏色。

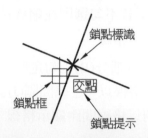

▲ 圖 1-30　自動鎖點設定值

b. 自動鎖點標識大小(S)：移動調整桿，可調整「自動鎖點」標識大小。

c. 物件鎖點選項：物件鎖點選項設定。

(a) □忽略填充線物件(I)：設定鎖點時是否忽略填充線。

(b) 忽略標註延伸線(X)：鎖點時，忽略標註延伸線自原點偏移的線端點。

(c) 忽略動態 UCS 之負的 Z 物件鎖點(O)：設定動態 UCS 時，忽略 Z 軸負方向物件的鎖點。

(d) □用目前的高程取代 Z 值(R)：設定在鎖點時，是否以 UCS 移動後的 Z 軸高程取代物件原有的 Z 軸座標值。

d. 自動追蹤設定：設定自動追蹤性質，如圖 1-31。

(a) □顯示極座標追蹤向量(P)：設定使用極座標工作時，使用極座標追蹤功能，是否顯示虛線對齊路線。

(b) □顯示全螢幕追蹤向量(F)：設定使用物件追蹤功能時，是否出現貫穿螢幕的虛線對齊路徑。

(c) □顯示自動追蹤工具提示(K)：設定游標移到設定角度的倍數附近
時，是否顯示該座標點值。

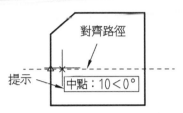

▲ 圖 1-31　自動追蹤設定值

e. 取得對齊點：設定對齊點路徑取得的方式。

(a) 自動(U)：系統依極座標所設定角度自行抓取追蹤功能。

(b) 按住 Shift 取得(Q)：必須按住 Shift 鍵配合才能取得對齊點路徑。

f. 鎖點框大小(Z)：控制調整鎖點時目標框大小。

g. 製圖工具提示設定(E)... ：設定製圖工具提示區顏色、大小與透明度等外觀特
性。

h. 光源圖像設定(L)... ：設定點光源或聚光燈的代表圖像與圖像大小。

i. 相機圖像設定(A)... ：設定相機圖像的大小與顏色。

選項對話視窗中其餘頁籤內容，詳見後面各章節。

2. 極座標追蹤頁籤，如圖 1-32。

▲ 圖 1-32　「製圖設定」之「極座標追蹤」對話視窗

(1) □打開極座標追蹤(P)(F10)：設定是否開啓極座標追蹤功能，點選 ⊙ ▾ 或按 F10 功能鍵，開啓時為☑。

(2) 極座標角度設定

a. 增量角度(I)：設定出現極座標追蹤虛線間隔的角度，直接點選 ⊙ ▾ 選取已內建的極座標角度值。例如目前顯示的是 15 度，也就是每隔 15 度會有極座標追蹤虛線出現。

b. 新建(N) ：自行設定極座標追蹤角度，最多可設 10 種角度。

c. □其他角度(D)：設定是否使用 新建(N) 所設定在列示欄中設定的角度。

d. 刪除 ：刪除列示欄中自訂的角度。

(3) 物件鎖點追蹤設定：當「物件鎖點追蹤」為開啓的狀態時，可設定極座標追蹤的模式。

a. 只限正投影追蹤(L)：只顯示物件鎖點之 0°、90°、180°、270°之方向追蹤模式。

b. 使用所有極座標角度設定(S)：正交與 新建(N) 所自訂的所有極座標角度值都可以追蹤。

(4) 極座標角度測量：設定極座標追蹤之角度顯示狀態。

a. 絕對(A)：以絕對於使用者座標系統的模式來呈現。

b. 相對於上一個線段(R)：以相對於最後的線段來呈現。

3. 物件鎖點頁籤與 3D 物件鎖點頁籤，請參閱 1-11 章節。

4.　動態輸入頁籤，如圖 1-33。

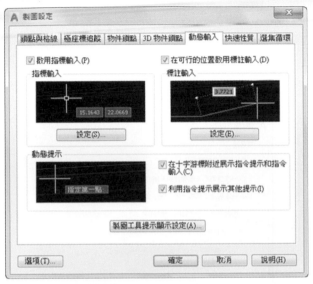

▲ 圖 1-33　「製圖設定」之「動態輸入」對話視窗

(1)　□啓用指標輸入(P)：設定是否在十字游標附近出現尺寸輸入欄，點選 設定(S)... 出現圖 1-34，以設定輸入的相關格式。

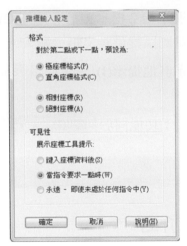

▲ 圖 1-34　「指標輸入設定」對話視窗

(2)　□在可行的位置啓用標註輸入(D)：開啓時個別的尺寸輸入欄會在相關圖示的尺寸位置呈現，如圖 1-35(a)，否則會形成一組尺寸輸入欄以供輸入尺寸，如圖 1-35(b)。點選 設定(E)... 出現圖 1-36，以設定輸入的相關欄位。

(a)　　　　　　　　　　　　　　　　(b)

▲ 圖 1-35　尺寸輸入欄位置

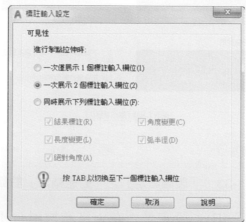

▲圖 1-36　「標註輸入設定」對話視窗

(3)　□在十字游標附近展示指令提示和指令輸入(C)：設定是否在尺寸輸入欄處出現指令提示和在繪圖區提供英文指令輸入。

(4)　□利用指令提示展示其他提示(I)：設定使用 Shift 和 Ctrl 操控掣點時是否顯示提示。

(5)　 製圖工具提示顯示設定(A)... ：功能同於 選項(T)... →製圖→ 製圖工具提示設定(E)... 鈕。

1-10　座標系統

● 1-10-1　座標系統介紹

1.　世界座標系統(WCS)：以笛卡兒直角座標系統來表示圖面中任何點的位置，以(X, Y, Z)表示之。當開始一張新圖時，於繪圖區左下方會出現一個 座標圖像。

2. 使用者座標系統(UCS)：當座標原點(0, 0, 0)由原來位置改變移至其他地方，或轉換 XY 平面至其他觀測面所產生的新座標，如圖 1-37。

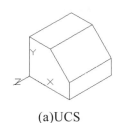　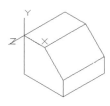　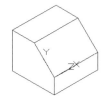

(a)UCS　　　　　(b)改變 UCS 原點　　　(c)轉換 UCS 平面

▲ 圖 1-37　使用者座標系統(UCS)

欲改變「使用者座標系統(UCS)」，可以至功能區的《檢視》→〈座標〉點選各個圖像來獲得。「使用者座標系統」(UCS)功能詳述於 9-3 章節。

▼ 表 1-3　圖元座標點輸入方法

輸入方法	基準點	表示法	說明	備註
1. 絕對座標	原點(0, 0)	X, Y	[說明一] 圖 1-38	
2. 相對座標	前一點座標	@△X, △Y	[說明二] 圖 1-39	@符號由鍵盤 Shift 鍵+ 2 鍵產生。
3. 相對極座標	前一點距離及與 X 軸夾角	@距離<角度	[說明二] 圖 1-40	角度順時針為負，逆時針為正，若角度為 0°，90°，180°，270°時配合鎖點模式角度可省略。
4. 直接定點	任意點	移動滑鼠定出下一點方向與距離	配合 ⊞ 與 ⠿ ▼ 功能鍵的使用。	
5. 自動追蹤	指定相對於其他點的點	同極座標或相對座標	[說明四] 圖 1-41	指定角度或與其他物件的特定關係繪製物件。配合 ◔ ▼ 與 ∠ 功能鍵。
6. 過濾器輸入	指定 X、Y、Z 座標	・X　・XY ・Y　・YZ ・Z　・XZ	一次指定一個值，過濾器限制下一個資料為特定的座標值。	

以上座標點各輸入方法，可綜合應用於繪圖過程。

【說明一】絕對座標,如圖 1-38。

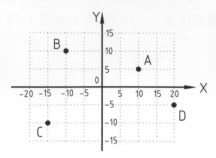

▲ 圖 1-38 「絕對座標」範例

A 點座標為 10, 5   B 點座標為-10, 10

C 點座標為-15, -10   D 點座標為 20, -5

【說明二】相對座標,如圖 1-39。

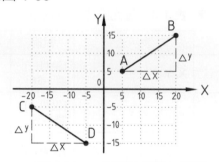

▲ 圖 1-39 「相對座標」範例

B 點座標為@15, 10(相對於 A 點)

D 點座標為@15, -10(相對於 C 點)

【說明三】相對極座標,如圖 1-40。

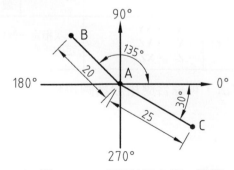

▲ 圖 1-40 「相對極座標」範例

B 點座標為@20<135° (相對 A 點 θ = 45 + 90 = 135)

C 點座標為@25<-30° (相對 A 點 θ:順時針方向 30°)

【說明四】自動追蹤，如圖 1-41。

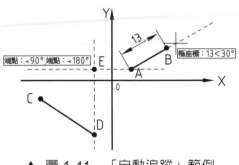

▲ 圖 1-41　「自動追蹤」範例

1.　由 A 點追蹤 B 點極座標，輸入座標值 13

2.　由 A 點與 D 點追蹤得到 E 點

【範例】

請依圖 1-42 所示，寫出各座標點表示法。

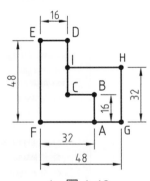

▲ 圖 1-42

座標點	絕對座標	相對座標	相對極座標	綜合應用
A	0, 0	任意一點	任意一點	0, 0
B	0, 16	@0, 16	16 ↑	0, 16
C	-16, 16	@-16, 0	16 ←	@-16, 0
D	-16, 48	@0, 32	32 ↑	@0, 32
E	-32, 48	@-16, 0	16 ←	16 ←
F	-32, 0	@0, -48	48 ↓	48 ↓
G	16, 0	@48, 0	48 →	@48, 0
H	16, 32	@0, 32	32 ↑	32 ↑
I	-16, 32	@-32, 0	32 ←	32 ←

註：→ 代表滑鼠移動方向並開啟正交模式

1-11 物件鎖點(OSNAP)

　　2D 物件鎖點模式可以正確抓取到已存在圖形上的端點、中心點、相交點、……等；3D 物件鎖點模式可以正確抓取 3D 物件上的頂點、邊中點、面中心點……等特定點，精確的做好定點或接點。

一、指令輸入方式

　　「暫時式」的物件鎖點：即鎖點功能在選取的當次有效，要再使用需再選取一次。若要使用暫時式的物件鎖點，需同時按 Ctrl 鍵與滑鼠「右鍵」以彈出游標功能表，如圖 1-4。

　　「常駐式」的物件鎖點：點選狀態列 □▼ 勾選所需的鎖點選項，如圖 1-43，或點選物件鎖點設定...開啓「製圖設定」對話視窗，即可以先設定一種或多種物件鎖點模式，經設定後功能持續存在，不需每次要使用都要設定，直到執行取消鎖點模式為止，如圖 1-44；3D 物件鎖點設定方式相同於 2D 物件鎖點。

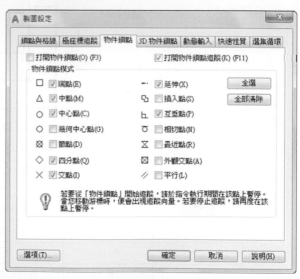

▲ 圖 1-43　「常駐式」2D 物件鎖點設定　　▲ 圖 1-44　「常駐式」2D 物件鎖點設定

二、指令提示

指令：□▼	＜出現圖 1-43「常駐式」2D 物件鎖點

【說明】

1.　選取設定值：在選項上點選，出現√，表示已被設定選用，再點選一次即取消。

2.　2D 物件鎖點模式

圖示	2D 物件鎖點模式	說明
⊶	暫時的追蹤點(Temporary track point)	鎖點到兩個指定參考點的水平與垂直線交點。
⌐	鎖點自(From)	鎖點到一個選定基準點的相對距離。
⁄	端點(ENDpoint)	選取物件端點。
⁄	中點(MIDpoint)	選取物件中間點。
◎	中心點(CENter)	選取物件圓或弧的中心點。
▣	幾何中心點(GCE)	選取物件幾何形狀的形心。
○	節點(NODe)	選取「點」產生的單點物件或等分點。
◈	四分點(QUAdrant)	選取圓或弧上的 0°、90°、180°、270°四分點。
✕	交點(INTersection)	選取兩物件的相交點，含延伸交點。
----	延伸(ExTension)	鎖點到圖元的延伸點上。
⟼	插入(INSert)	選取圖塊(Block)、文字(Text)的插入點。
⊥	互垂點(PERpendicular)	選取物件上與之垂直的點。
⟳	相切點(TANgent)	選取物件上與之相切的點。
⁄	最近點(NEArest)	選取物件上最靠近十字游標中心的點。
✕	外觀交點(APParent)	3D 空間無相交，但 2D 平面投影後相交的點。
∥	平行(PARallel)	與上述各種鎖點模式合用，選取在第一個找到的鎖點上。
⋔	無(NONe)	取消已設定的鎖點模式。

3.　3D 物件鎖點模式

3D 物件鎖點模式	說明
頂點	鎖點到 3D 物件的頂點。
邊中點	鎖點到面的邊中點。
面中心點	鎖點到面的中心點。
節點	鎖點到「點」產生的單點物件或等分點。
互垂點	鎖點到與面成垂直的點。
最接近面的點	鎖點到最靠近面的點。

1-33

三、範例

1. 配合物件鎖點(OSNAP)，完成圖 1-45(b)。

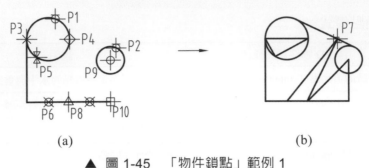

(a) → (b)

▲ 圖 1-45 「物件鎖點」範例 1

指令：線	
指定第一點：_tan 於 P1	<選取圓上切點近 P1
指定下一點或[退回(U)]：_tan 於 P2	<選取圓上切點近 P2
指定下一點或[退回(U)]：Enter	<結束指令
指令：Enter	<重複線指令
指定第一點：_int 於 P3	<選取線上交點近 P3
指定下一點或[退回(U)]：_qua 於 P4	<選取圓上四分點近 P4
指定下一點或[退回(U)]：_nea 於 P5	<選取圓上最近點近 P5
指定下一點或[封閉(C) 退回(U)]：C	<結束指令
指令：Enter	
指定下一點：_nod 於 P6	<選取線上節點近 P6
指定下一點或[退回(U)]：_per 於 P7	<選取線上互垂點近 P7
指定下一點或[退回(U)]：_mid 於 P8	<選取線上中點近 P8
指定下一點或[封閉(C) 退回(U)]：_cen 於 P9	<選取圓心點近 P9
指定下一點或[封閉(C) 退回(U)]：_endp 於 P10	<選取線上端點近 P10
指定下一點或[封閉(C) 退回(U)]：Enter	<結束指令，得(b)圖

2. 延伸交點(ExTension)、物件鎖點追蹤配合暫時的追蹤點(Tempoary track point)與
鎖點自(From)，完成圖 1-46(d)。

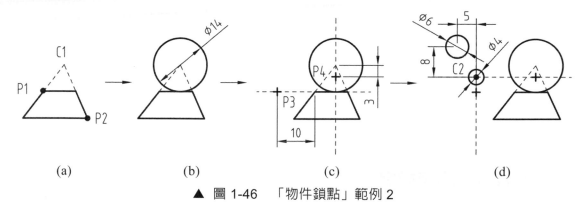

▲ 圖 1-46　「物件鎖點」範例 2

指令： 中心點、半徑

指定圓的中心點或[三點(3P) 二點(2P) 相切、相切、半徑(T)]：

_ext 於 P1 與 P2　　　　　　　　　　　　<靠近 P1、P2 點

指定圓的半徑或[直徑(D)]<10.0>：7　　　　<定半徑得 C1 圓，得(b)圖

指令：Enter　　　　　　　　　　　　　　　<重複圓指令

指定圓的中心點或[三點(3P) 二點(2P) 相切、相切、半徑(T)]：_tt

指定暫時的 OTRACK 點：10　　<以 P1 為追蹤點，得到暫時的追蹤點 P3

指定圓的中心點或[三點(3P) 二點(2P) 相切、相切、半徑(T)]：_tt

指定暫時的 OTRACK 點：3

　　　　　　　　　　<以 C1 為追蹤點，得到暫時的追蹤點 P4，如(c)圖

指定圓的中心點或[三點(3P) 二點(2P) 相切、相切、半徑(T)]：C2

　　　　　　　　　　　　<以 P3、P4 點作物件追蹤得 C2 點

指定圓的半徑或[直徑(D)]<7.0>：2 Enter　　　<輸入半徑

指令：Enter

指定圓的中心點或[三點(3P) 二點(2P) 相切、相切、半徑(T)]：

_from 基準點 C2<偏移>：@-5,8 Enter

指定圓的半徑或[直徑(D)]<2.0>：3 Enter　　　<輸入半徑，得(d)圖

四、技巧要領

1. 鎖點模式一經設定完成後，可點選 或按 F3 功能鍵來控制開關。

2. 當一再重複使用同一個鎖點模式時，可設定為「常駐式」的物件鎖點，以節省時間。

1-12　參數式製圖

　　在平面的幾何圖形中以幾何約束與尺度約束的方式來限制物件間的相對位置，以減少設計時間與加快設計更新的步調。

◉ 1-12-1　約束設定

一、指令輸入方式

　　功能區：《參數式》→〈幾何〉→ ⊿

二、指令提示

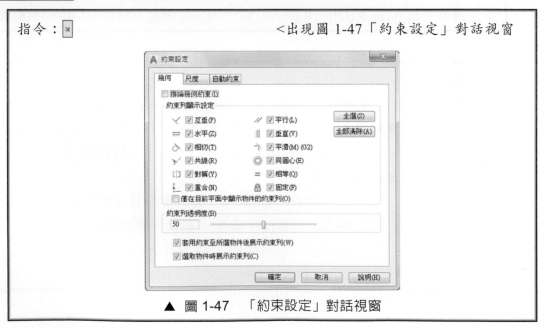

指令： ⊿　　　　　　　　　　　　　＜出現圖 1-47「約束設定」對話視窗

▲ 圖 1-47　「約束設定」對話視窗

【說明】

1. 幾何約束頁籤，如圖 1-47。

　　(1) □推論幾何約束(I)：功能同狀態列 ⊿，打上☑時，表示自動套用。

(2) 約束列顯示設定：當點選框□，打上☑時，表示該約束列將要顯示，否則將會被隱藏，各約束列的功能如表 1-4 說明。

▼ 表 1-4　幾何約束符號與意義

符號	意義	符號	意義
⊻ 互垂	約束兩物件為互相垂直	∥ 平行	約束兩物件為平行
╤ 水平	約束物件與目前 UCS 的 X 軸平行	╢ 垂直	約束物件與目前 UCS 的 Y 軸平行
◠ 相切	約束兩物件為相切	⤳ 平滑	約束兩曲線為平滑的連續性
⤙ 共線	約束兩條線為共線	◎ 同圓心	約束兩物件為同圓心
⟨⟩ 對稱	約束物件以對稱軸成對稱	= 相等	約束兩物件長度或半徑為相等
⤓ 重合	約束兩物件上的點為重合共點	🔒 固定	約束物件為固定

(3) □僅在目前平面中顯示物件的約束列(O)：當點選框□，打上☑時，表示約束列只會在目前平面顯示。

(4) □套用約束至所選物件後展示約束列(W)：當點選框□，打上☑時，所選物件將會顯示約束列，否則將會被隱藏。

(5) □選取物件時展示約束列(C)：當點選框□，打上☑時，所選物件將會暫時顯示約束列。

2. 尺度約束頁籤，如圖 1-48。

▲ 圖 1-48　「約束設定」之「尺度約束」對話視窗

(1) 標註名稱格式(N)：有名稱、值與名稱和表示式可供選擇，建議採用內定的名稱和表示式，以利公式的運用。

(2) □展示註解約束的鎖住圖示：當點選框□，打上☑時，將會顯示註解約束的鎖住圖示。

(3) □展示所選物件的隱藏的動態約束(S)：當點選框□，打上☑時，將會顯示所選物件隱藏的動態約束。

3. 自動約束頁籤，如圖 1-49。

▲ 圖 1-49　「約束設定」之「自動約束」對話視窗

(1) 列示欄列出目前自動約束類型的優先順序及套用的選項，若在套用選項後的綠色勾上點選成白色則此選項將不會套用。

(2) 可利用 上移(U) 、 下移(D) 鍵移動約束類型套用的優先順序。

(3) □相切的物件必須共用一個交點(T)：當點選框□，打上☑時，相切的物件會共用一個交點。

(4) □互垂的物件必須共用一個交點(P)：當點選框□，打上☑時，互相垂直的物件會共用一個交點。

(5) 公差：設定距離與角度的公差值。

● 1-12-2　約束

點選《參數式》頁籤，出現圖 1-50，建立圖元的約束條件。

▲ 圖 1-50　《參數式》頁籤

【說明】

1.　〈幾何〉面板

(1)　12 個約束列功能如表 1-3 說明。

(2)　📐自動約束：讓系統依圖 1-49「約束設定」對話視窗的「自動約束」頁籤內容，自動為圖形加入約束。

(3)　📐展示/隱藏：顯示或隱藏選取物件的幾何約束。

(4)　📐全部展示：顯示所有物件的幾何約束。

(5)　📐全部隱藏：隱藏所有物件的幾何約束。

2.　〈尺度〉面板

(1)　📏線性、📐對齊式、⌒半徑、⊘直徑與△角度：用法與第六章的尺度標註相同，請參閱第六章。

(2)　🔲轉換：將關聯式標註轉換為尺度約束。

(3)　📐動態約束模式：動態約束模式，適用於所標註的尺度約束在視圖拉近或拉遠時保持相同大小、在圖面中可以整體打開或關閉、出圖時不顯示等情形。

(4)　📐註解約束模式：註解約束模式，適用於所標註的尺度約束在視圖拉近或拉遠時變更大小、針對個別圖層單獨顯示、出圖時顯示等情形。

3.　〈管理〉面板

(1)　🔲刪除約束：刪除物件的所有約束。

(2) 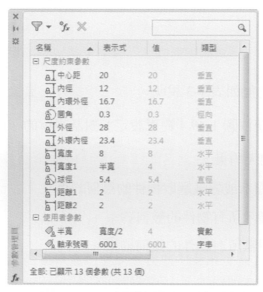：點選圖示出現圖 1-51「參數管理員」對話視窗，列出目前的使用者
參數與約束參數。

    a.   ：將尺度約束參數和使用者定義的參數，建立成新參數群組。

    b.   ：建立新使用者參數，參數可以值、公式或函數表示。

    c.   ：刪除選取的參數。

▲ 圖 1-51　「參數管理員」對話視窗

1-13　儲存檔案

將繪製完成的圖形儲存成檔案。

一、指令輸入方式

快速存取工具列：與

二、指令指示

指令：　　　　　　　　　　　　<出現圖 1-52「圖面另存成」對話視窗

▲ 圖 1-52　　「圖面另存成」對話視窗

【說明】

1. ┌─ 儲存(S) ─┐ 是將目前繪圖畫面存成檔案，若該檔已經存在，則執行儲存檔案 (QSAVE)的動作。

2. 若目前畫面尚未存檔過，或以另一檔名或不同的版本儲存，則執行 　　　　，出現 圖 1-52 對話視窗。以游標選定欲儲存的路徑，鍵入「檔名」，完成另存新檔指令。

3. 在繪圖區按滑鼠「右鍵」點選選項(O)...→「開啟與儲存」頁籤，設定時間來自 動儲存，如圖 1-53。

▲ 圖 1-53　「選項」之「開啟與儲存」對話視窗

【說明】

1. 檔案儲存

   (1) 另存(S)：按著 ▾ 可以選擇儲存的檔案格式。

   (2) 縮圖預覽設定(T)... ：設定儲存檔案的預覽效果。

   (3) 增量儲存百分比(I)：設定允許在一個圖檔中閒置空間的百分比。

2. 檔案安全防護

   (1) 自動儲存(U)：設定是否系統間隔某一時間儲存一次。

   (2) 儲存間隔分鐘數(M)：設定自動儲存間隔時間，系統會以圖名_「一字串」.sv$
       格式儲存於選項(O)...→「檔案」頁籤的自動儲存檔案位置路徑的資料夾中。

   (3) 每次儲存皆建立備份(B)：設定是否儲存建立一個.bak 檔。

   (4) 全時間 CRC 確認(V)：指定每次讀取圖檔時，檢查硬體與 AutoCAD 是否有
       損壞或錯誤，建議不開啓。

   (5) 維護記錄檔(L)：指定一文字視窗的內容是否要寫入記錄檔中，建議不開啓。

   (6) ac$暫存檔副檔名(P)：自動儲存之副檔名。

   (7) 顯示數位簽章資訊(E)：顯示數位簽章資訊，向讀取此圖面的人保證圖面是
       您提供的。只要不變更圖面，您的數位識別標誌便有效。讀取圖面的人均可
       對其進行確認，以查看其是否確實是由您提供的。

3. 檔案開啓

   (1) 最近使用的檔案數(N)：最多可設定 9 個。

   (2) 在標題中顯示完整路徑(F)：設定在最頂上的標題列是否列出完整的路徑。

   若繪圖進行中，萬一發生當機，可利用檔案總管開啓 AutoCAD 中選項(O)...→「檔
案」頁籤的自動儲存檔案位置路徑中資料夾的內容，後回到 Windows 在"TEMP"資料
夾中找到圖名_「一字串」.sv$檔案，執行重新命名(M)，將副檔名由.sv$更改爲.dwg，
即可救回當機前自動儲存內容。

實力練習

一、選擇題(*為複選題)

( ) 1. 電腦輔助繪圖較傳統製圖，在應用上最大的特色為　(A)可繪彩色圖形　(B)圖形編修容易　(C)可畫立體圖　(D)求取交線容易。

( ) 2. CAD 中所用的滑鼠(Mouse)屬於　(A)輸入單元　(B)控制單元　(C)記憶單元　(D)輸出單元。

( ) 3. 要操作 64 位元系統的 AutoCAD 2020 其系統記憶體的基本需求建議值為　(A)1GB　(B)2GB　(C)4GB　(D)8GB。

( ) 4. 什麼功能鍵可切換文字視窗與繪圖畫面　(A) F1　(B) F2　(C) F6　(D) F8。

( ) 5. 控制動態 UCS 的功能鍵為　(A) F4　(B) F6　(C) F8　(D) F9。

( ) 6. AutoCAD 軟體自幾版之後，已將軟體功能從線條架構推進到實體模型領域　(A)2.6　(B)R9　(C)R10　(D)R12。

( ) 7. 功能區中，指令名稱之後有「▼」或「▶」符號，代表該項：　(A)會出現對話框　(B)會出現線上說明　(C)會出現文字視窗　(D)會出現副功能表。

( ) 8. 繪圖時，正交(ORTHO)模式的切換，是由哪一功能鍵來操作　(A) F6　(B) F7　(C) F8　(D) F9。

( ) 9. 欲畫相離兩圓的切線，應使用何種物件鎖點模式　(A)◎　(B)⟳　(C)╱　(D)⊠。

( )10. 以物件鎖點鎖定了⊠、╱後，又以臨時鎖定⊥來抓取物件，則系統會抓取　(A)⊠　(B)╱　(C)⊥　(D)視選擇位置而定。

( )11. 哪一個鎖點模式可開啟「鎖定設定值」對話框　(A)⧈　(B)⧉　(C)⊠　(D)⌐。

( )12. 可用於建立一個暫時性參考點，供相對偏移使用的物件鎖點為　(A)⌐　(B)⟜　(C)⟋　(D)╱。

*( )13. AutoCAD 圖檔之副檔名可為　(A)dwg　(B)dwt　(C)bak　(C)wrk。

*( )14. 滾輪滑鼠之滾輪有哪些常用之功能　(A)平移視圖　(B)上下捲動視圖　(C)縮放文件預覽　(D)可當一按鍵使用。

*(　) 15. 欲重複一個已經使用過的指令，可在「指令」提示下輸入　(A) Enter 鍵 (B)空白鍵　(C) Ins 鍵　(D)指向設備上的執行鍵。

*(　) 16. 下列何者簡稱是正確的　(A)電腦輔助繪圖--CAD　(B)電腦輔助製造--CAM　(C)電腦輔助工程分析--CAE　(D)實體模型--AME。

*(　) 17. 下列電腦週邊配備簡稱何者是正確的　(A)RAM--記憶體　(B)TFT-LCD--顯示螢幕　(C)DVD-ROM--光碟機　(D)MOUSE--滑鼠。

*(　) 18. 當格線間隔設定為 0，表示　(A)不顯示格線　(B)格線間距為 0　(C)格線間距為 1　(D)格線間距與鎖點相同。

*(　) 19. 位於螢幕底端的狀態列，會顯示何種訊息　(A)鎖點　(B)格線　(C)正交　(D)圖檔名稱。

*(　) 20. 一個「浮動式」功能區，可以　(A)拖曳於繪圖區的任一邊緣　(B)拖曳到螢幕的任何地方　(C)可覆蓋於所繪製的圖面上　(D)可重新組合排列。

*(　) 21. 欲執行 AutoCAD 指令的方式可由　(A)工具列中選擇一工具圖像　(B)功能表中選擇一指令　(C)指令行中輸入指令　(D)以 Enter 鍵重複上一個指令。

*(　) 22. 可由何種方式開啟或關閉執行中的物件鎖點模式　(A)按 F3 鍵　(B)按 Ctrl + F 鍵　(C)按 Shift 鍵+滑鼠「右鍵」　(D) 。

*(　) 23. 可鎖定兩物件的　(A)延伸交點　(B)交點　(C)外觀交點　(D)延伸外觀交點。

*(　) 24 下圖是以物件鎖點(OSNAP)設定何者物件鎖點模式所繪出的直線段
(A) ，　(B) ，　(C) ，　(D) 。

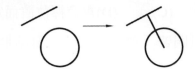

二、簡答題

1. 電腦輔助繪圖有何優點勝過傳統製圖？

2. 試列舉五個 AutoCAD 主要檔案類型並說明其意義？

3. 滾輪滑鼠的各按鍵功能為何？

4. 簡述如何有效率的應用電腦輔助繪圖？

5. 試簡述功能鍵 F1 ～ F12 所代表的意義？

6. AutoCAD 繪圖畫面主要分為哪五個區域？

7. AutoCAD 繪圖畫面的「狀態列」中提供哪些功能模式？

8. 指令輸入之方法有哪些？

9. 何謂鎖點(SNAP)模式與格線(GRID)格式。

10. 簡略說明「絕對值座標」、「相對座標」、「相對極座標」。

11. 試簡述 [物件鎖點設定(O)...] 圖像指令之功能

三、填充題

1. 請依絕對座標輸入法，填寫出圖形中各點位置。

(a)

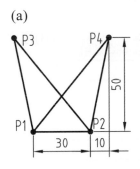

位置	X, Y
P1	50, 50
P2	
P3	
P4	

(b)

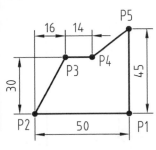

位置	X, Y
P1	100, 0
P2	
P3	
P4	
P5	

2. 請依相對座標輸入法，填寫出圖形中各點位置。

(a)

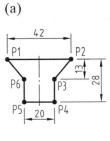

位置	@△X,△Y
P1 → P2	
P2 → P3	
P3 → P4	
P4 → P5	
P5 → P6	

(b)

位置	@△X,△Y
P1 → P2	
P2 → P3	
P3 → P4	
P4 → P5	
P5 → P6	
P6 → P7	

3. 請依相對極座標輸入法，填寫出圖形中各點位置。

(a)

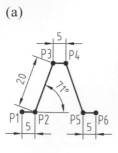

位置	@L<θ
P1 → P2	
P2 → P3	
P3 → P4	
P4 → P5	
P5 → P6	

(b)

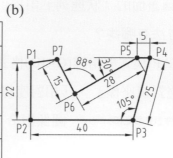

位置	@L<θ
P1 → P2	
P2 → P3	
P3 → P4	
P4 → P5	
P5 → P6	
P6 → P7	

4. 請綜合運用所學的座標定點方法，填寫出圖形中各點位置。

(a)

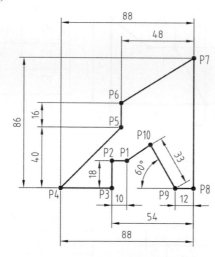

位置	綜合運用
P1 → P2	
P2 → P3	
P3 → P4	
P4 → P5	
P5 → P6	
P6 → P7	
P7 → P8	
P8 → P9	
P9 → P10	
P10 → P1	

(b)

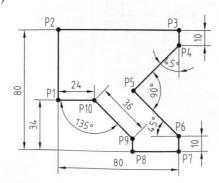

位置	綜合運用
P1 → P2	
P2 → P3	
P3 → P4	
P4 → P5	
P5 → P6	
P6 → P7	
P1 → P10	
P10 → P9	
P9 → P8	
P8 → P7	

CHAPTER **2**

螢幕顯示控制與繪圖環境設定

本章綱要

2-1 選取(SELECT)

　　配合各編輯指令選取一個或一群物件，來當成目前的選集。執行時，螢幕上的十字游標將換成點選框「□」，當靠近圖元時，圖元會變爲粗線，讓繪圖者確認所選的圖元是否正確，被選取到的物件會變成亮顯的粗線。

一、指令輸入方式

　　鍵盤輸入：SELECT<直接選取物件或鍵入以下〔說明〕項中選取方式之英文字。

二、指令提示

```
指令：SELECT Enter
選取物件：P                          <選取上一個指令所選取過的物件
選取物件：
.
.
選取物件： Enter                     <結束選取
```

【說明】

1.　**直接選取**：直接將選取小方框「□」碰選物件，如圖 2-1。

▲ 圖 2-1 　「直接選取」物件

2.　**上一個(Last)**：鍵入 L，選取最後完成的物件。

3.　**前一張(Previous)**：鍵入 P，重複選取上一個指令所選取過的物件，可節省再一次選取的時間。

4.　**全部(All)**：鍵入 ALL，除了物件所在的圖層被凍結(Freeze)之外，其餘的物件皆被選取。

5.　框選(Crossing)：第一點在右方，第二點在左方形成虛線矩形框，凡於虛線矩形框內及框線上的物件皆被選取，如圖 2-2。

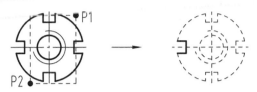

▲ 圖 2-2　「框選」物件

6.　視窗(Window)：第一點在左方，第二點在右方形成實線矩形框，凡完全置於實線矩形框內皆被選取，如圖 2-3。

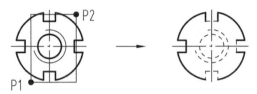

▲ 圖 2-3　「視窗」選取物件

7.　多邊形框選(CPolygon)：鍵入 CP，凡於虛線多邊形框內及框線上的物件皆被選取，如圖 2-4。

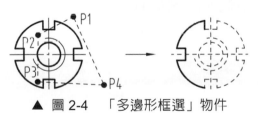

▲ 圖 2-4　「多邊形框選」物件

8.　多邊形窗選(WPolygon)：鍵入 WP，凡完全置於實線多邊形視窗內，皆被選取，如圖 2-5。

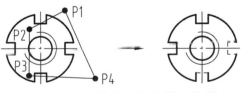

▲ 圖 2-5　「多邊形窗選」物件

9. 籬選(Fence)：鍵入 F，被連續線穿過的物件，皆被選取，如圖 2-6。

▲ 圖 2-6 「籬選」物件

10. 加入(Add)：鍵入 A，將選取到的物件加入選集中。

11. 移除(Remove)：鍵入 R，從目前已選入的選集中，剔除不選物件，如圖 2-7。

▲ 圖 2-7 「移除」物件

12. 退回(Undo)：鍵入 U，取消此次所選入的物件，回復至上一個動作。

三、技巧要領

1. 在繪圖區按滑鼠「右鍵」點選選項(O)...→「選取」頁籤，設定選取物件的功能，如圖 2-8。

▲ 圖 2-8 「選項」之「選取」對話視窗

(1) 點選框大小(P)：可調整水平捲軸中的滑塊，設定選物框的尺寸大小。範圍 0 至 50，內定為 3 個像素。

(2) 選取模式

    a.　□先選取後執行(N)：可先設定選取物件，再執行編修指令。如常用的「陣列」、「刪除」、「旋轉」、「圖塊」、「比例」、「移動」、「複製」、「鏡射」、「變更」、「分解」、「性質」、「拉伸」指令皆可設定此性質。

    b.　□使用 Shift 加入選集(F)：設定選取物件時，必須按住 Shift 鍵，才能做連續有效的選取。

    c.　□物件群組(O)：設定是否允許選取群組圖形。

    d.　□關聯式填充線(V)：設定是否可選取關聯式填充線。

    e.　□內附窗框(I)：設定是否在選取物件提示下，自動使用視窗或框選的方式選取圖形。

        (a)　□允許按住並拖曳物件(D)：設定在執行「視窗」或「框選」時，是必須按住「左鍵」不放，拖曳出一方框後，再放開「左鍵」；否則只要設定兩對角點即可產生選取方框，執行選取動作。

        (b)　□允許按住並拖曳套索(L)：設定在執行「視窗」或「框選」時，按住「左鍵」不放，拖曳出一個不規則的套索後，執行選取動作。

    f.　性質選項板的物件範圍(J)：在同一時間可以更改的物件數量，預設值為 25000 個。

(3) 掣點大小(Z)：設定掣點框之大小。範圍 1 至 255，內定為 5 個像素。

(4) 掣點：先選取圖形，出現藍色小方框，就可使用「掣點」功能。掣點功能詳見第 4-15 章節。

    a.　 掣點顏色(C)... ：設定已顯示的掣點中，被選取或沒有被選取等之掣點顏色；按 ▼ 鈕可選取欲更換的顏色。

    b.　□展示掣點(R)：設定掣點是否顯示。

    c.　□展示圖塊內的掣點(B)：設定當選取圖塊的物件時，是否會顯示圖塊內每個物件的掣點。

    d.　□展示掣點提示(T)：設定物件被選取後，是否會顯示掣點。

e. □展示動態掣點功能表(U)：設定游標置於多功能掣點之上時是否顯示動態功能表。

f. □允許 Ctrl 鍵循環行為(Y)：允許對多功能掣點使用 Ctrl 鍵循環行為。

g. □顯示群組的單一掣點(E)：顯示物件群組的單一掣點。

   □顯示群組的邊界框(X)：顯示圍繞群組物件實際範圍的邊界框。

h. 掣點顯示的物件選取範圍(M)：設定初始選集可顯示掣點的物件數量，有效範圍為 1 到 32,767。預設值為 100，但如果將物件新增到目前選集中，該限制則不適用。

(5) 預覽選取

a. □當指令作用中時(S)：開啟時，所設定的視覺效果只有在指令執行中才有作用。

b. □無作用中指令時(W)：開啟時，所設定的視覺效果只有在沒有執行指令時才有作用。

c. 視覺效果設定(G)...：點選後出現圖 2-9「視覺效果設定」對話視窗，以設定預覽的效果、顏色與透明度。

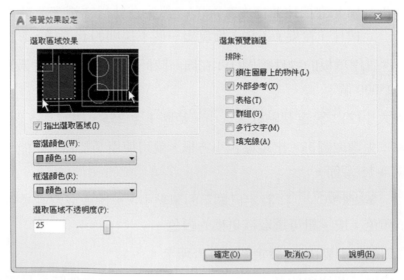

▲ 圖 2-9 「視覺效果設定」對話視窗

2-2　縮放(ZOOM)

　　能將目前的顯示畫面縮小或放大，以利圖形的觀看，對原圖尺寸並沒有影響。

一、指令輸入方式

1.　導覽列：

　　　　　　✓ 縮放實際範圍
　　　　　　縮放視窗
　　　　　　縮放回前次
　　　　　　即時縮放
　　　　　　縮放全部
　　　　　　動態縮放
　　　　　　縮放比例
　　　　　　縮放中心
　　　　　　縮放物件
　　　　　　拉近
　　　　　　拉遠

2.　功能區：《檢視》 →〈導覽〉→

　　　檢視
　　　向後　向前　　🖐 平移
　　　　　　　　　　⟲ 環轉 ▾
　　　　　　　　　　⚲ 實際範圍 ▾
　　　　　　　導覽

二、指令提示

```
指令：🔍 全部                                        <縮放圖像
指定視窗角點，輸入比例係數(nX 或 nXP)，或[全部(A) 中心點(C) 動態(D)
實際範圍(E) 前次(P) 比例(S) 視窗(W) 物件(O)]<即時>：
```

【說明】

1.　🔍 實際範圍 縮放實際範圍(E)：將目前圖形中所有的物件，顯示至螢幕的最大畫面。

2.　🔍 窗選 縮放視窗(W)：使用滑鼠直接於畫面點取對角兩點，將視窗內的物件放
　　大顯示，如圖 2-10。

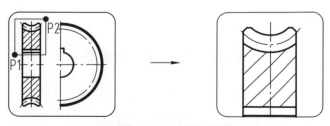

▲ 圖 2-10　縮放視窗

3.　縮放回前次(P)：重新顯示先前顯示過的畫面。若沒有先前畫面則指令
視窗會出現 "未儲存任何先前的視圖"，如圖 2-11。

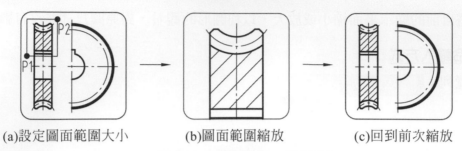

(a)設定圖面範圍大小　　　(b)圖面範圍縮放　　　(c)回到前次縮放

▲ 圖 2-11　圖面範圍、前次縮放

4.　即時縮放：功能同滾動滑鼠滾輪。

5.　縮放全部(A)：依照「圖面範圍」(LIMITS)指令所設定的圖紙尺寸來顯
示畫面，如果有圖形超過範圍外，則顯示所有圖形至最大畫面，如圖 2-12。

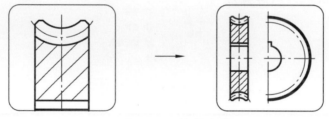

▲ 圖 2-12　縮放全部

6.　動態縮放(D)：以動態視圖來選取要觀看的圖形大小，如圖 2-13。

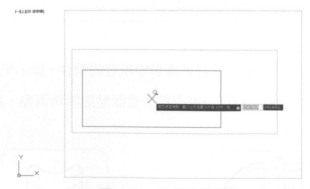

▲ 圖 2-13　動態縮放畫面

(1)　藍色虛線框代表目前設定的「圖面範圍」(LIMITS)。

(2)　綠色虛線框代表目前視圖中最後顯示的範圍。

(3) 動態白色實線框代表預備顯示的視圖範圍，中心「X」記號，可按滑鼠「左鍵」移動至欲放置位置後，按滑鼠「右鍵」執行縮放，螢幕就顯示剛才所決定的範圍，如圖 2-14。

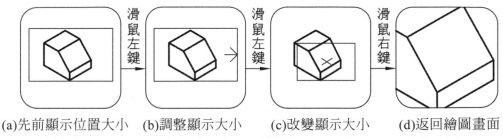

(a)先前顯示位置大小　(b)調整顯示大小　(c)改變顯示大小　(d)返回繪圖畫面

▲ 圖 2-14　動態縮放

7. ▢ 比例　縮放比例(S)：直接設定畫面顯示比例。

(1) 當直接輸入數值，如 2 或 0.5，則顯示依圖面實際尺寸設定大小，比例放大 2 倍或縮小 0.5 倍。

(2) 當輸入數值後加上 x，如 2x 或 0.5x，則顯示依「目前畫面」大小，比例放大 2 倍或縮小 0.5 倍。範例：如圖 2-15。

(3) 當輸入數值後加上 xp 表示以相對於「圖紙空間」單位來指定比例執行縮放，輸入方法同(1)、(2)。

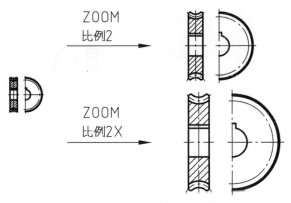

▲ 圖 2-15　縮放比例

8. 縮放中心點(C)：指定一點和顯示高度(或倍率)，使該點在螢幕中心位置顯示。高度表示在 Z 軸上觀看的高度值，高度值愈大，圖形顯示愈小，如圖 2-16。

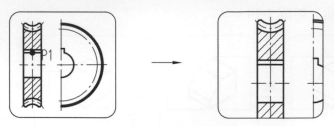

▲ 圖 2-16　縮放中心點

9. 縮放物件(O)：將目前圖形中被選取的物件，顯示至螢幕的最大畫面，如圖 2-17。

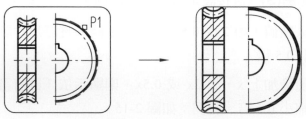

▲ 圖 2-17　縮放物件

10. 拉近：直接將目前畫面放大 2 倍。

11. 拉遠：直接將目前畫面縮小 0.5 倍，如圖 2-18。

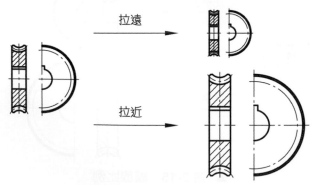

▲ 圖 2-18　拉近、拉遠縮放

2-3　即時平移(PAN)

允許在不更動縮放倍率情況下，可在畫面上任何方向移動圖形，就好像螢幕視窗不動而移動圖紙一般。

指令輸入方式

按住滑鼠滾輪。

【說明】

按住滑鼠「滾輪」，十字游標會變成「手型」游標。此時按住滑鼠滾輪上、下、左、右拖曳，即可看到圖形在畫面上移動，如圖 2-19。按下 Esc 鍵或 Enter 鍵結束指令，或按一下滑鼠「右鍵」按鈕以顯示快顯功能表。

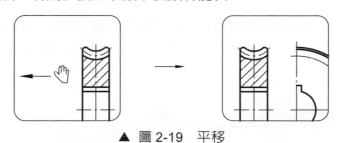

▲ 圖 2-19　平移

2-4　新建(NEW)

開啓一張新的圖檔開始繪圖。

一、指令輸入方式

1. 開始頁籤：

2. 檔案頁籤：

3. 快速存取工具列：

二、指令提示

指令：

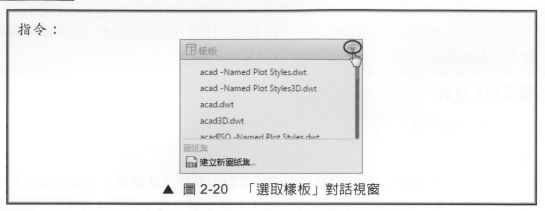

▲ 圖 2-20　「選取樣板」對話視窗

【說明】

1. 若不選取樣板，AutoCAD 將以預設的「樣板圖檔」環境，來做為新圖檔的繪圖環境，其規格如表 2-1。此法是最快速的開啓一張空白圖檔。

▼ 表 2-1　公制與英制樣板圖檔規格

設定值	樣板圖檔	圖面範圍
英制	acad.dwt	12 × 9
公制	acadiso.dwt	420 × 297(A3)

2. CNS A 系列圖紙規格及圖面範圍的設定參考值，如表 2-2。

▼ 表 2-2　圖紙及圖面範圍設定參考值

| 圖紙規格 | 區域 | | 圖框 | | 單位：mm |
	圖紙尺寸 = 設定右上角的點	設定左下角點	不需裝訂 預留距離	圖框左下點	圖框右上點
A0	1189 × 841	0, 0	15	15, 15	1174, 826
A1	841 × 594	0, 0	15	15, 15	826, 579
A2	594 × 420	0, 0	15	15, 15	579, 405
A3	420 × 297	0, 0	10	10, 10	410, 287
A4	297 × 210	0, 0	10	10, 10	287, 200

2-5　繪圖單位(UNITS)設定

設定圖檔單位的顯示格式，包含座標、角度的格式及精確度、方向的設定。

一、指令輸入方式

應用程式功能表：

二、指令提示

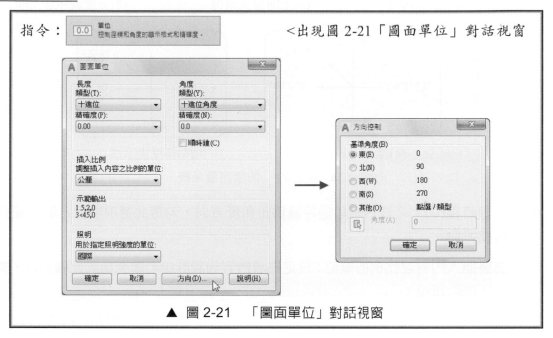

▲ 圖 2-21　「圖面單位」對話視窗

【說明】

1.　長度類型(T)：選擇座標單位的顯示格式，內定為十進位單位。按 鈕可選取欲設定的單位型式。

2.　精確度(P)、精確度(N)：設定小數點位數，最多可設至小數點後 8 位數。

3. **角度類型(Y)**：選擇角度的顯示格式，內定為十進位單位。按▼鈕可改變欲選取的單位型式，如圖 2-22。

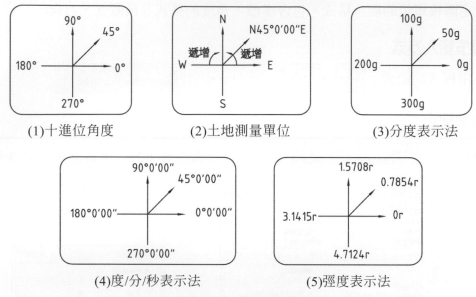

(1)十進位角度　　　　　(2)土地測量單位　　　　　(3)分度表示法

(4)度/分/秒表示法　　　　　(5)弳度表示法

▲ 圖 2-22　角度測量系統

4. **□順時鐘(C)**：系統內定以逆時鐘為正角度方向，勾選此選項則設定順時鐘為正角度方向。

5. **調整插入內容之比例的單位**：設定拖放內容如設計中心圖塊插入此圖面時，調整其比例的單位。

6. **照明**：指定光源的強度、光通量或照度單位，內定國際制採用燭光、流明與勒克斯。

7. 　方向(D)...　：按　方向(D)...　鍵後，會出現「方向控制」對話視窗，如圖 2-21。設定角度 0°的位置，內定值設定東方為 0°位置，並且角度的增量以逆時鐘為正方向，如圖 2-23。

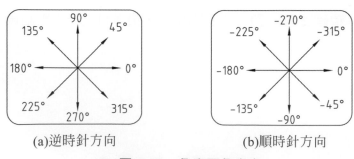

(a)逆時針方向　　　　　　　(b)順時針方向

▲ 圖 2-23　角度正負方向

2-6　圖層

圖層(LAYER)的定義是將不同性質的物件，如不同線型、不同顏色、文字書寫、尺度標註....等，放置於不同的 "層" 中，而這些層可視爲透明片一般，將這些 "層" 重疊起來，就形成一張完整的圖面，如圖 2-24。

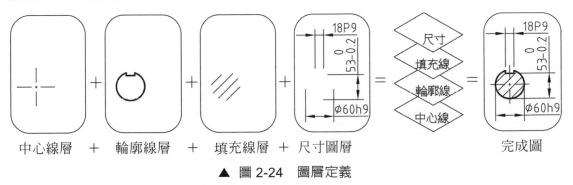

中心線層　＋　輪廓線層　＋　填充線層　＋　尺寸圖層　　　　　　完成圖

▲ 圖 2-24　圖層定義

圖層除了可設定各層專屬的顏色、線型之性質外，還可以設定各層爲顯示或不顯示狀態，如圖 2-25。

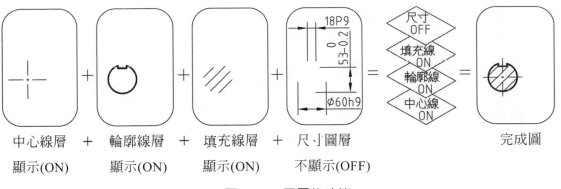

中心線層　＋　輪廓線層　＋　填充線層　＋　尺寸圖層　　　　　　完成圖
顯示(ON)　　　顯示(ON)　　　顯示(ON)　　　不顯示(OFF)

▲ 圖 2-25　圖層的功能

2-6-1　建立圖層

針對工程製圖中平常繪圖內容，建議圖層可依表 2-3 來建立，使圖層可依數字順序排序。

▼ 表 2-3　常用圖層設定建議表

圖層名稱	狀態	顏色	線型	使用時機
0	ON	青(4)	Continuous	填充線、表面織構符號、折斷線
1 輪廓線	ON	白(7)	Continuous	輪廓線、圖框線
2 虛線	ON	洋紅(6)	虛線	虛線
3 中心線	ON	黃(2)	中心線	中心線
4 尺度	ON	綠(3)	Continuous	尺度線、尺度界線、尺度數值
5 文字	ON	洋紅(6)	Continuous	標題欄文字、註解
6 假想線	ON	紅(1)	假想線	假想線

一、指令輸入方式

1.　功能區：《常用》→〈圖層〉→　圖層性質

2.　功能區：《檢視》→〈選項板〉→　圖層性質

二、指令提示

指令：圖層性質　　　＜在模型視埠出現圖 2-26「圖層性質管理員」或在配置視埠出現圖 2-27「圖層性質管理員」對話視窗

▲ 圖 2-26　模型視埠的「圖層性質管理員」對話視窗

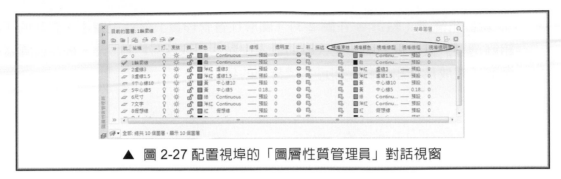

▲ 圖 2-27 配置視埠的「圖層性質管理員」對話視窗

【說明】

1. 在配置視埠的「圖層性質管理員」對話視窗比模型視埠的「圖層性質管理員」對話視窗多了六個功能項，分別為視埠凍結、視埠顏色、視埠線型、視埠線粗、視埠透明度與視埠出圖型式，可以讓使用者在配置視埠分別對不同的視埠作圖層的凍結與設定不同的顏色、線型、線粗、透明度與出圖型式，但不會改變原來在模型視埠的設定，如圖 2-28。

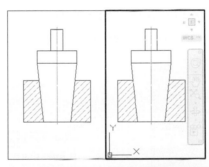

▲ 圖 2-28　圖紙空間相同圖層不同線型的設定

2. 新性質篩選：將性質相近的圖層篩選成一個集合，以便於對其共同性質的修改。利用圖 2-26 所設定的圖層，點選 出現圖 2-29「圖層篩選性質」對話視窗，建立圖層顏色為「洋紅色」的過濾器，如圖 2-30。

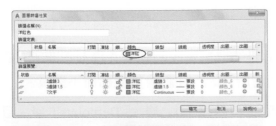

▲ 圖 2-29　「圖層篩選性質」對話視窗

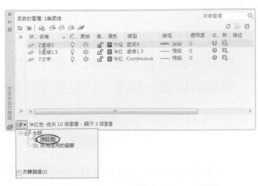

▲ 圖 2-30　「洋紅色」篩選

3.  新群組篩選：點選在圖 2-31「圖層性質管理員」對話視窗中，對新的「群組篩選 1」按滑鼠右鍵，從快顯功能表中點選 選取圖層▶→加入，後在繪圖區中選取所要成為群組的物件即可完成群組的建立。

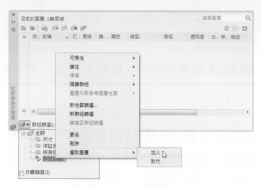

▲ 圖 2-31　新群組篩選

4. 圖層狀態管理員：點選圖 2-32 新建(N)... 鈕，出現圖 2-33「要儲存的新圖層狀態」對話視窗，儲存圖層的狀態與性質，若要修改已儲存的圖層狀態，只要直接點選名稱即可編輯修改。可利用 還原(R) 鈕還原原儲存的狀態與性質。

▲ 圖 2-32　「圖層狀態管理員」對話視窗　　▲ 圖 2-33「要儲存的新圖層狀態」對話視窗

5. 新圖層：建立新的圖層。按一下此鍵，在列示區即增添一個圖層。名稱建議採有意義的名字來定義，如：「中心線 10」、「輪廓線」、「虛線 3」...等。圖層名稱前加編號，圖層可依編號順序排列。

6. 所有視埠中已凍結的新圖層視埠：以此方式所新建的圖層在模型空間所有的操作不受影響，但在圖紙空間中，此圖層所有的物件將會被凍結而不顯現。

7. 刪除圖層：對已存在的圖層予以刪除，但內建「0」層、「Defpoints」層、目前層、圖面物件已使用的圖層是無法被刪除的。

8. 設為目前的：將選取的圖層設定為即將使用的圖層。由以下之方式設定「目前的圖層」：

(1) 在功能區《常用》→〈圖層〉之「圖層名稱」上點選圖層，即將該圖層設定為目前圖層，如圖 2-34。

▲ 圖 2-34　選取圖層設為目前層

(2) 在「圖層性質管理員」對話視窗的「圖層列示區」上點選該圖層後按 鍵或直接在該圖層上以滑鼠點選兩下，即將該圖層設定為目前圖層。

(3) 在功能區《常用》→〈圖層〉點選 設為目前的 圖像，進而選取圖面上的物件，使物件所在的圖層設為目前圖層。

9. 圖層列示區

位置符號		功能說明
1.	名稱	可使用 255 個字元建立有意義圖層名稱。
2.	💡	開：該圖層所畫的物件皆可看到。
	💡	關：該圖層所畫的物件皆不顯示。執行重生時，物件仍會進行運算動作
3.	☀	在全部視埠內解凍(Thaw)。
	❄	在全部視埠內凍結(Freeze)：該圖層不使用。執行「重生」時，物件不重新再運算，加速重牛動作。
4.	🔓	解鎖(unlock)：該圖層能繪圖與編輯修改。
	🔒	鎖護(Lock)：該圖層只能繪圖而無法編輯修改。
5.	□	顏色：見 2-6-5 章節。
6.	Continuous	線型：見 2-6-6 章節。
7.	預設	線粗：設定以線條寬度方式來表達線條粗細。
8.	透明度	設定圖層的透明度。

位置符號	功能說明
9.	顏色_7	出圖型式：出圖型式以顏色區分線條粗細。
10.	🖨	出圖：設定該圖層圖面繪於圖紙上。
	🖨⊘	不出圖：設定該圖層圖面不繪於圖紙上。
11.	🗔⚙	在配置視埠解凍該圖層。
	🗔❄	在配置視埠凍結該圖層。

10. 在功能區《常用》→〈圖層▾〉點選　　　前一個圖層：返回先前的工作圖層。

⬤ 2-6-2　圖層合併(LAYMRG)

將選取的圖層物件合併到所需的圖層上，並將選取的圖層刪除。

一、指令輸入方式

功能區：《常用》→〈圖層▾〉→

二、指令提示

指令：

在圖層上選取要合併的物件或[名稱(N)]：　　　　<選取要被合併的圖層物件

選取的圖層：8 中心線 5。

在圖層上選取要合併的物件或[名稱(N) 退回(U)]：　Enter

在目標圖層上選取物件或[名稱(N)]：　　　　<目標圖層物件

******** 警告 ********

您要將圖層 "8 中心線 5" 合併至圖層 "3 中心線 10"。

是否要繼續？[是(Y) 否(N)]<否(N)>：Y

正在刪除圖層 "8 中心線 5"。

已刪除 1 個圖層。

【說明】

1. 要合併的物件：要被合併圖層的物件。

2. 目標圖層上選取物件：要合併其他圖層的保留圖層上的物件。

3. 名稱(N)：點選要被合併層的名稱(N)，出現圖 2-35(a)「合併圖層」對話視窗，選取要被合併的圖層；點選要保留目標層的名稱(N)，出現圖 2-35(b)「合併至圖層」對話視窗，選取目標圖層，完成圖層的合併，且自動將被合併層刪除。

(a)

(b)

▲ 圖 2-35　合併圖層

2-6-3　圖層漫遊(LAYWALK)

顯示所選圖層的物件，隱藏其他圖層上的物件，並可另存新圖層以加速所需物件的呈現。

一、指令輸入方式

功能區：《常用》→〈圖層▼〉→

圖層漫遊

二、指令提示

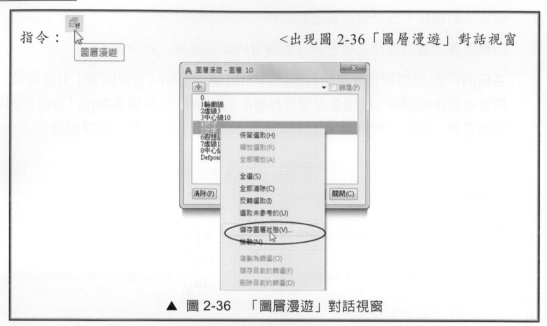

指令： <出現圖 2-36「圖層漫遊」對話視窗

▲ 圖 2-36 「圖層漫遊」對話視窗

【說明】

選取物件要顯示的圖層，並另存新圖層，如圖 2-36。點選儲存圖層狀態(V)，出現圖 2-37 以儲存新圖層。在〈圖層〉上會呈現儲存的新圖層名稱，如圖 2-38。

▲ 圖 2-37 「要儲存的新圖層狀態」對話視窗

▲ 圖 2-38 儲存的新圖層

2-6-4 圖層轉換器(LAYTRANS)

將目前圖檔內的圖層，轉換成參考圖檔、樣板檔或標準檔內的圖層。

一、指令輸入方式

功能區：《管理》 → 〈CAD 標準〉 → 圖層轉換器

二、指令提示

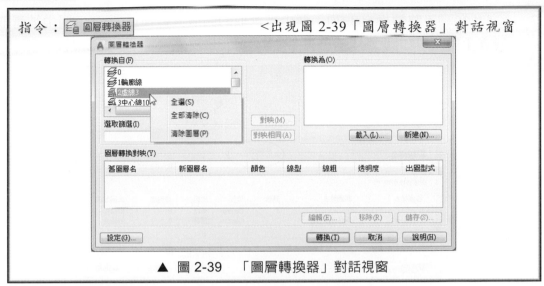

指令：**圖層轉換器**　　　　　　　　<出現圖 2-39「圖層轉換器」對話視窗

▲ 圖 2-39　　「圖層轉換器」對話視窗

【說明】

1. **轉換自(F)列示欄**：列出目前圖檔所有的圖層，可一次選取多個圖層來轉換，或按「右鍵」，做全選(S)、全部清除(C)或清除圖層(P)的動作。

2. **轉換為(O)列示欄**：列出按 載入(L)... 鈕載入圖檔內的圖層或按 新建(N)... 鈕新建的圖層，提供轉換用，一次只能選取一個圖層。

3. 載入(L)... ：載入指定圖檔的圖層。

4. 新建(N)... ：出現圖 2-40「新圖層」對話視窗，建立新的圖層與性質。

▲ 圖 2-40　　「新圖層」對話視窗

5. **選取篩選(I)**：以萬用字元來過濾選取所需的圖層，如 C＊，可選取所有 C 開頭的圖層。

6. 選取(C) ：選取符合過濾條件的圖層。

7. 對映(M) ：將轉換自(F)列示欄中被選取的圖層與轉換為(O)列示欄中被選取圖層產生對映，如圖 2-41。

▲ 圖 2-41　「圖層轉換器」對話視窗之對映

8. 對映相同(A) ：將轉換自(F)列示欄中與轉換為(O)列示欄中同名稱的圖層產生對映，如圖 2-42。

▲ 圖 2-42　「圖層轉換器」對話視窗之對映相同

9. 圖層轉換對映(Y)：顯示說明 7 或 8 中所對映圖層的清單。

10. 編輯(E)... ：編輯轉換為(O)列示欄中被選取圖層的性質。

11. 移除(R) ：將圖層轉換對映(Y)列示欄中被選取的圖層移除。

12. 儲存(S)... ：將圖層轉換對映(Y)列示欄的內容儲存成.dwg 或.dws 檔。

13. 設定(G)... ：出現圖 2-43「設定」對話視窗。

　(1) □強制物件顏色、線型與透明度為 ByLayer：強制被轉換圖層上的物件顏色、線型與透明度，全部改成 ByLayer。

　(2) □轉換圖塊中的物件(T)：設定圖塊內物件的圖層，是否也進行轉換。

　(3) □寫入異動記錄(W)：將轉換過程寫入記錄檔內。

　(4) □選取時展示圖層內容(S)：圖面視窗只展示出，轉換自(F)列示欄中被選取圖層的物件。

▲ 圖 2-43　「設定」對話視窗

14. 轉換(T) ：開始轉換圖層。

三、範例

　　開啓光碟中第 2 章圖層轉換範例一，將其第「0」層轉換成光碟中第 2 章圖層轉換範例二的「文字」層。

1. 指令：📇 圖層轉換器
　出現範例一「圖層轉換器」的對話視窗。

2. 在轉換自(F)列示欄點選第「0」層。

3. 按 載入(L)... 鈕載入圖範例二的圖層。

4. 在轉換為(O)列示欄中點選「文字」層。

5. 按 對映(M) 鈕。

6. 按 儲存(S)... 鈕，將圖層轉換對映(Y)列示欄的內容儲存成 .dwg 或 .dws 檔，或不儲存。

7. 按 轉換(T) 鈕，開始圖層轉換。

2-6-5 顏色(COLOR)

AutoCAD 2020 擁有 255 色，色碼為 1～255，依個人喜好來選定，但建議儘量採用前面七種標準顏色中的六種，五號顏色除外(因畫於螢幕不明顯)。

一、指令輸入方式

1. 功能區：《常用》→〈性質〉→

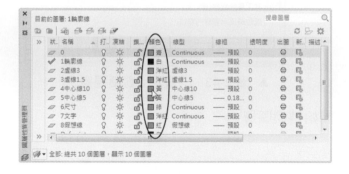

2. 圖層性質管理員：點選「顏色圖示」

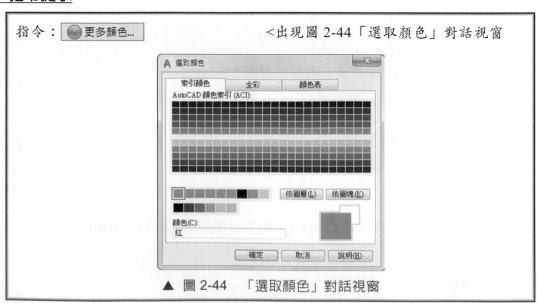

二、指令提示

指令：🔘 更多顏色... ＜出現圖 2-44「選取顏色」對話視窗

▲ 圖 2-44 「選取顏色」對話視窗

【說明】

1.　標準顏色：顏色代碼 1～9。

1	2	3	4	5	6	7	8	9
紅	黃	綠	青	藍	洋紅	白	8	9

2.　灰階：由黑至白 6 個灰階，顏色代碼為 250～255。

250	251	252	253	254	255

3.　全色盤：提供 240 個顏色，代碼由 10～249。

4.　邏輯顏色

(1)　 依圖層(L) ：依照「圖層」設定。表示要繪製物件的顏色與所在圖層設定的顏色相同。當改變圖層時，顏色會跟隨著改變。

(2)　 依圖塊(K) ：依照「圖塊」設定。表示圖面插入圖塊時，圖塊之顏色與原先繪製時之顏色相同。

三、技巧要領

圖面不同顏色，出圖列印時，可設定不同粗細之線條。

⬤ 2-6-6　線型(LINETYPE)

AutoCAD 內建了 acad.lin(使用於英制圖面)、acadiso.lin(使用於公制圖面)兩個線型檔案供使用者載入應用。但是 acadiso.line 中內建的線型除了 continuous 以外，並不符合 CNS 的規定，因而必須建立或添加線型到系統內。

2-6-6-1　建立或添加新的線型

1.　由鍵盤輸入建立

```
指令：-lt                          <"-"表示為指令視窗輸入
目前的線型：「ByLayer」
輸入選項[？ 建立(C)  載入(L)  設定(S)]：C
輸入要建立的線型名稱：線型名稱        <輸入欲建立的線型名稱
```

出現「建立或附加線型檔」的對話視窗，請選取 acadiso 的線型檔，並按下 儲存(S) 鍵，繼續進行：

請稍待，正在檢查線型是否已經定義...	<檢查線型是否存在
描述文字：線型名稱，線型描述	<輸入線型的描述內容
輸入線型樣式(在下一行上)：	
A，線型格式	<定義線型格式
新線型定義已儲存到檔案中。	
輸入選項[? 建立(C) 載入(L) 設定(S)]：	<結束指令

● 線型格式的定義：

　　A：表示兩邊端點為對齊方式。

　　正值：表示有線的長度。

　　負值：表示空白的長度。

　　0：表示一個點。

【範例】

建立 CNS 規定中心線 ── - ── - ── 線型。

指令：-lt

輸入選項[? 建立(C) 載入(L) 設定(S)]：C

輸入要建立的線型名稱：中心線

請稍待，正在檢查線型是否已經定義...

描述文字：── - ── - ──

輸入線型樣式(在下一行上)：

A, 10, -1, 0.5, -1

新線型定義已儲存到檔案中。

輸入選項[? 建立(C) 載入(L) 設定(S)]：

其中輸入樣式

A, 10, -1, 0.5, -1

10, 0.5：代表線條長度。

-1：代表空白 1mm。

自創 CNS 線型尺寸建議值，如表 2-4。

▼ 表 2-4 線型尺寸建議表

線型名稱	線型描述	A，線型格式	使用時機
虛線 1.5	---------	A,1.5,-1	短虛線
虛線 3	---------	A,3,-1	虛線
中心線 5	— - —	A,5,-1,0.5,-1	短中心線
中心線 10	—— - ——	A,10,-1,0.5,-1	中心線
假想線	—— - - ——	A,10,-1,0.5,-1,0.5,-1	假想線

2. 由文書處理軟體編修 acadiso.lin 檔，新增如表 2-4 中的線型。

2-6-6-2 直接使用 AutoCAD 所提供線型

一、指令輸入方式

1. 功能區：《常用》→〈性質〉→

2. 圖層性質管理員：點選「線型選項文字」

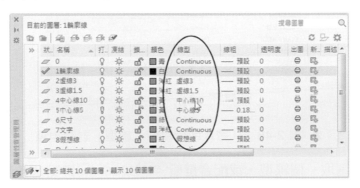

二、指令提示

指令： 其他...   <出現圖 2-45「線型管理員」對話視窗

▲ 圖 2-45　「線型管理員」對話視窗

【說明】

1. 線型列示區：列示目前已載入的線型名稱、外觀及描述該線型的使用。

2. 載入(L)...：將指定的線型檔(*.LIN)內的線型，加入線型列示區內。按 載入(L)... 鍵會出現「載入或重新載入線型」對話視窗，如圖 2-46。

▲ 圖 2-46　「載入或重新載入線型」對話視窗

(1) 以游標選取一個線型，或配合鍵盤 Ctrl 或 Shift 鍵點選多個線型。

(2) 游標於線型列示區中，按滑鼠「右鍵」，出現選項功能表後，點選表上的「全選(S)」，將線型載入圖檔內。

3. **整體比例係數(G)**：修改線型列示區中線型的比例，修改完後所有圖面上的線型比例都會改變。

4. **目前的物件比例(O)**：修改隨後要畫的線之線型比例，不影響先前所有圖面上的線型比例，但其畫出線的線型比例，為「**目前的物件比例(O)**」乘上「**整體比例係數(G)**」的值，才是最後的比例。

三、技巧要領

1. 在要修改的線條上，以滑鼠「左鍵」點選兩下，出現「性質」對話視窗，修改其上的「線型比例」的值，可對各別的線型作比例的修改。

2 點選 展示詳細資料(D) 可以呈現完整的線型資料。

◉ 2-6-7　複製性質(MATCHPROP)

將來源物件的圖層、顏色、線性等性質，複製給選取的目的物件，而成為與來源物件相同的性質。

一、指令輸入方式

快速存取工具列：

二、指令提示

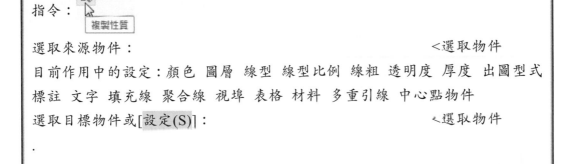

【說明】

1. 選取目標物件：選出要被複製性質的物件，可選取一個或多個。

2. 設定(S)：出現圖 2-47「性質設定」對話視窗。內定值為全部性質項目皆可複製
給目的物件。

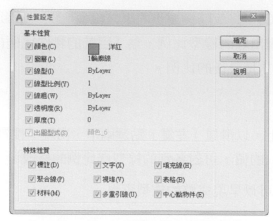

▲ 圖 2-47　「性質設定」對話視窗

三、範例

將文字大小修改成與「日期」字高一樣，如圖 2-48(b)。

P2 圖名：大自然之美　　　　　　　　　　　圖名：大自然之美

P1 日期：01/01/1800　　→　　日期：01/01/1800

P3 圖號：0101　　　　　　　　　　　　圖號：0101

　　　　　(a)　　　　　　　　　　　　　　　(b)

▲ 圖 2-48　「複製性質」範例

指令：
複製性質

選取來源物件：P1

目前作用中的設定值：顏色 圖層 線型 線型比例 線粗 透明度 厚度 出圖型式
標註 文字 填充線 聚合線 視埠 表格 材料 多重引線 中心點物件

選取目標物件或[設定(S)]：P2

選取目標物件或[設定(S)]：P3

選取目標物件或[設定(S)]： Enter

四、技巧要領

若圖面上沒有其他來源物件可參考時，則執行 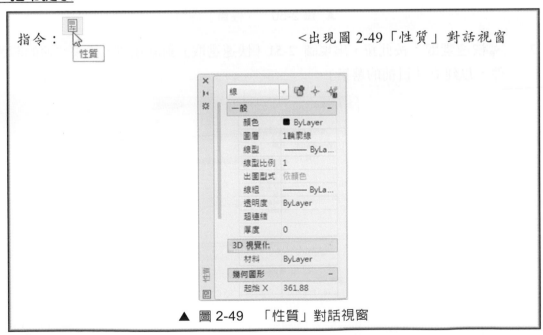〔性質〕指令。

⬤ 2-6-8　性質(PROPERTIES)

可修改圖面上物件的所有性質，且可用來查詢物件資料。

修改時可先選取物件或先編輯修改內容，再選取物件，兩種方式皆可以用來建立「目前的選集」。

一、指令輸入方式

1.　快速存取工具列：〔性質〕

2.　功能區：《檢視》→〈選項板〉→〔性質〕

二、指令提示

指令：〔性質〕　　　　　　　　　<出現圖 2-49「性質」對話視窗

▲ 圖 2-49　「性質」對話視窗

【說明】

1. 列示欄：列出被選取的物件名稱。按 ▼ 鈕可選取物件名稱，如圓、線、弧、多邊形...等。若出現「未選取」，表示沒有選取任何物件，所以其中僅列出目前圖檔的性質，包含：一般、3D 視覺化、出圖型式、檢視、雜項五大項。

2. 內容欄：表格式的列出被選取物件的各性質內容。亦可在內容欄內點選編修欲改變的性質，如圖 2-50。

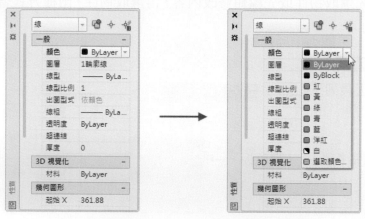

▲ 圖 2-50 「性質」內容

3. ▨ 快速選取：按此鈕，出現圖 2-51「快速選取」對話視窗，用來快速的篩選物件，以建立「目前的選集」。

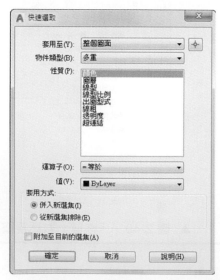

▲ 圖 2-51 「快速選取」對話視窗

(1) 套用至(Y)：設定要將選擇的條件套用於何處，可按 ▼ 鈕選取特定的物件裡面。

(2) ✛ 選取物件：選取物件形成「目前的選集」，按 Enter 鈕，回到圖 2-51 對話視窗中，顯示於「套用至(Y)」欄中。

(3) 物件類型(B)：設定要被選取的物件類型，可按 ▼ 鈕選取各類型。

(4) 性質(P)：顯示物件類型的性質內容。

(5) 運算子(O)：依照類型之性質的範圍，設定快速選取的模式。有「=」等於、「<>」不等於、「>」大於、「<」小於、「全選」功能項。

(6) 值(V)：配合性質的運算子，執行快速選取動作。

(7) 套用方式：設定使用(2) ✛ 選取物件選集，要「併入新選集(I)」或「從新選集排除(E)」。

(8) 附加至目前的選集(A)：設定選集的物件要取代或附加至目前的選集中。

4. ✛ 選取物件：重新選取物件。

5. 🖱 PICKADD 系統變數的切換值：切換系統變數 PICKADD 的值。

(1) 內定值為 1(打開)，即被選取的物件將加入目前的選集中；若要從選集中移除物件，選取時必須按住 Shift 鍵。

(2) 0(關閉)按住 Shift 鍵後選取物件，才能將物件加入目前的選集中。

三、範例

使用「性質」指令，完成圖 2-52(b)的修改。

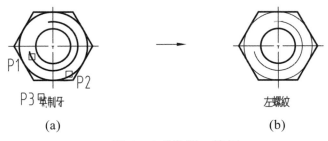

(a)　　　　　　　　　　　　(b)

▲ 圖 2-52「性質」範例

步驟：

1. 直接選取物件：P1，P2

2.

指令： ＜出現「性質」對話視窗，選取「圖層」選項，列表中的「0」層，完成細實線的修改

3. 按 Esc 鍵，取消掣點。

4. 選取物件 P3，在「性質」對話視窗，選取「文字」選項中的「內容」，將「英制牙」改爲「左螺紋」，完成文字內容。

2-7 基本樣板的建立

繪製一張 CNS 製圖標準 A3 的樣板圖檔，如圖 2-53：

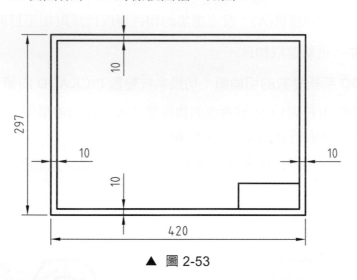

▲ 圖 2-53

1. 開一張新圖

指令： +

2. 設定大小於整個螢幕範圍。

指令： 全部

3. 設定「圖層」

指令：　　　　　　　　　　＜出現對話視窗，按 鍵，參照表 2-3 所列，
　　　　　　　　　　　　　　　　建立各圖層名稱，顏色及線型，狀態皆為打開

4. 設定「製圖設定」工具

(1) 設定滑鼠右鍵與物件鎖點選項。
(2) 設定「正交」、「物件鎖點」、「物件鎖點追蹤」、「動態輸入」為打開模式。

5. 畫邊框

指令：　　　　　　　　　　　　　　　　　　　＜依圖 2-53 尺度完成邊框

6. 儲存為樣板圖檔 CNS-A3.dwt

指令：　　儲存　　　　＜在對話視窗中，選取存檔類型為「圖面樣板(*.dwt)」，
　　　　　　　　　　　　　目錄位置於\cht\Template，將日前畫面儲存為 CNS-A3，
　　　　　　　　　　　　　並以「CNS 製圖標準 A3 圖紙」描述存檔

7. 使用 CNS-A3 樣板圖檔

指令：　　　　　　　　　　　　　　　　＜新頁籤中選出「CNS-A3.dwt」樣板檔，
　　　　　　　　　　　　　　　　　　　即可開啟一張以 CNS-A3 為底稿的新圖面

2-8　建立 CAD 標準檔

　　針對字型、圖層、標註型式與線型，建構一個標準的繪圖環境，讓繪圖者有共同的規範，以利繪製完成後，圖檔的交流，或作為審核與其他圖檔之間的設定差異，進而修正圖檔設定，達到一致性。

2-8-1 標準檔的建立

標準檔的建立有下列兩種方式：

1. 開啟一張新圖檔，將字型、圖層、標註型式與線型設定完成，並加入其他所需的物件後，以 ⊟ 另存... 的方式，選取 AutoCAD 圖面標準建立圖面標準(dws)檔，並鍵入檔名儲存。

2. 開啟一張符合所需設定的圖檔，加入其他所需要的物件，刪除圖形物件與多餘的物件，後以 ⊟ 另存... 的方式，儲存成*.dws 的檔案。

2-8-2 規劃標準檔(STANDARDS)

指定能聯結圖檔的標準檔，以便進行製圖標準的比對。

一、指令輸入方式

功能區：《管理》→〈CAD 標準〉→ 規劃

二、指令提示

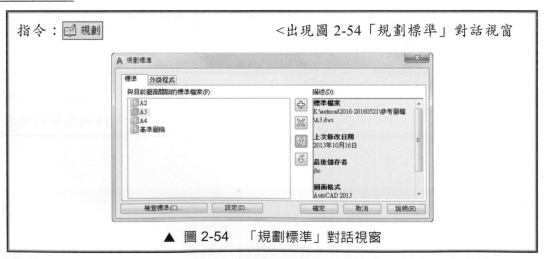

指令：規劃　　　　　　　　＜出現圖 2-54「規劃標準」對話視窗

▲ 圖 2-54 「規劃標準」對話視窗

【說明】

1. 標準頁籤

    (1) ⊞：選取一個標準檔(*.dws)，加入左邊的列示框中。

(2)　⊠：將選取的標準檔刪除。

(3)　⇧：將選取的標準檔，往上移一行。

(4)　⇩：將選取的標準檔，往下移一行。

(5)　[　　檢查標準(C)...　　]：功能詳見 2-8-3 章節。

(6)　[　設定(S)...　]：出現圖 2-55「CAD 標準設定」對話視窗。

▲ 圖 2-55　「CAD 標準設定」對話視窗

 a.　通知設定：

  (a)　停用標準通知(D)：不顯示違反 CAD 標準的訊息。

  (b)　標準違犯時顯示警示(A)：顯示違反 CAD 標準的訊息。

  (c)　顯示標準狀態列圖示(I)：在狀態列上顯示 CAD 標準檔案圖示。

 b.　檢查標準設定：

  (a)　□自動修復非標準性質(U)：自動以標準檔中同名稱的設定取代不合標準的設定。

  (b)　□展示忽略的問題(S)：不勾選此選項，則 2-8-3 章節說明 6 被勾選的問題將不被顯示。

  (c)　用於取代偏好的標準檔案(P)：當有數個標準圖檔時，設定優先取代的標準圖檔。

2.　外掛程式頁籤：列出可用的檢查程式項目，目前只有圖層、文字型式、標註型式與線型四項。

● 2-8-3　檢查標準項目（CHECK STANDARDS）

檢查所開啟的圖檔與標準檔的設定是否一致，進而修正不符標準的項目。

一、指令輸入方式

功能區：《管理》→〈CAD 標準〉→ ✔ 檢查

二、指令提示

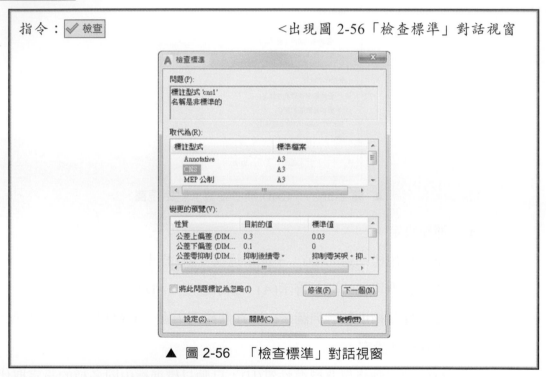

指令： ✔ 檢查　　　　　　　　　　　　　＜出現圖 2-56「檢查標準」對話視窗

▲ 圖 2-56　「檢查標準」對話視窗

【說明】

1. 問題(P)列示欄：列出不符合標準的項目。

2. 取代為(R)列示欄：列出可置換的標準設定，前方打勾表示建議項目。

3. 修復(F) ：用取代為(R)列示欄內的設定，取代問題(P)列示欄的設定。

4. 變更的預覽(V)列示欄：列示變更前後的設定值差異。

5. 下一個(N) ：進入到下一個問題。

6. □將此問題標記為忽略(I)：設定此問題是否將被忽略，不作更換的處理。

7. 設定(S)... ：功能同 2-8-2 章節。

2-9 建立工作區

針對各個不同的工作需要，建立獨立的工作區，來設定各自的功能區、功能表與工具列，以提升工作效率。

2-9-1 建立工作區

針對各個不同的工作需要，去設定所需的功能區、功能表與工具列。

一、指令輸入方式

1. 快速存取工具列→ 製圖與註解

   - 製圖與註解
   - 3D 基礎
   - 3D 塑型
   - 另存目前工作區...
   - 工作區設定...
   - 自訂...

2. 功能區：《管理》→〈自訂〉→ CUI 使用者介面

二、指令提示

指令：自訂...   <出現圖 2-57「自訂使用者介面」對話視窗

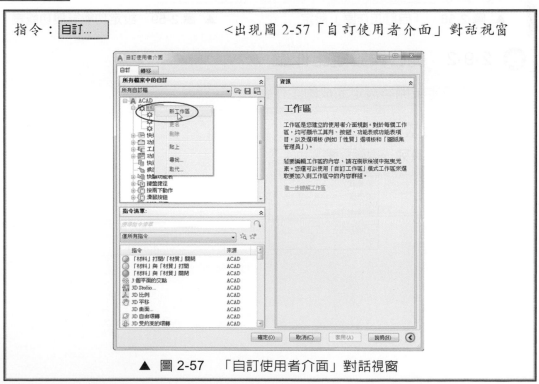

▲ 圖 2-57 「自訂使用者介面」對話視窗

【說明】

1. 如圖 2-57 以滑鼠「右鍵」，點選「新工作區」選項，出現新的工作區名，輸入工作區名稱，後點選圖 2-58 自訂工作區(C) 鈕。

2. 在圖 2-59 中勾選所要開啓的功能區與功能表，點選 完成(D) 鈕，完成工作區的設定。

▲ 圖 2-58　「自訂工作區」設定

▲ 圖 2-59　設定功能區與功能表

● 2-9-2　開啓與設定工作區

依所需設定或開啓設定完成的工作區。

一、指令輸入方式

快速存取工具列→

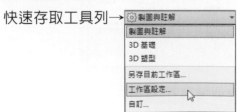

二、指令提示

指令：工作區設定...　　　　　　　<出現圖 2-60「工作區設定」對話視窗

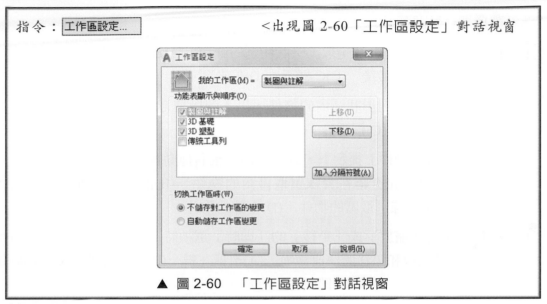

▲ 圖 2-60　「工作區設定」對話視窗

【說明】

1. 我的工作區(M)：當點選下拉式功能表列的工具(T)→工具列▶→AutoCAD▶→工作區工具列之 [製圖與註解] 時，將開啓已設定在「我的工作區(M)」中的工作區。

2. 功能表顯示與順序(O)：以勾選工作區的方式，設定工作區是否顯示在工作區切換的選項中。以 上移(U) 與 下移(D) 鈕移動工作區的顯示順序。

3. 切換工作區時(W)：設定是否對工作區的功能區、功能表與工具列的改變作儲存。

實力練習

一、選擇題(*為複選題)

( ) 1. 在編輯指令中，欲選取上一次所選的圖元，應使用何種選取方式： (A)All 全部 (B)L 最後 (C)C 框選 (D)P 前次。

( ) 2. 欲選取不規則形狀區內的物件，以下列何種方式選取最簡單 (A)籬選 F (B)視窗 W (C)框選 C (D)多邊形框選 CP。

( ) 3. 在「選取物件」提示下，以滑鼠由左至右拖動實線框，則有哪些物件會被選到 (A)完全落在實線選取區內的物件 (B)部份落在實線區內的物件 (C)穿過實線選取區的物件 (D)全部的物件。

( ) 4. 當使用「縮放」或「平移」的「即時」選項時，可按下何者以使用游標功能，在縮放和平移間快速移動 (A)滑鼠左鍵 (B)滑鼠右鍵 (C) Shift 鍵與滑鼠左鍵 (D) Shift 鍵與滑鼠右鍵。

( ) 5. 當「快速縮放」打開，以「動態」縮放時 (A)綠色的虛線框為圖面實際範圍 (B)藍色框表示目前視圖 (C)含有 X 的視圖框可四處拖動 (D)按下滑鼠的右鍵，可縮放視圖框。

( ) 6. 在「即時」縮放模式中，按住滑鼠左鍵以垂直地移動游標至視窗上方，即可 (A)縮小 (B)放大 (C)拉遠 (D)不動。

( ) 7. 若欲將每物件顯示出來的大小為相對於圖面範圍(原圖)時的兩倍大，應輸入 (A)2x (B)2 (C)2p (D)2xp。

( ) 8. 何者情況無法設定為目前層 (A)鎖護的圖層 (B)關閉的圖層 (C)凍結的圖層 (D)外部參考相依的圖層。

( ) 9. 當顏色(COLOR)指令設定為黃色，目前圖層設定為紅色，則所畫出的物件將呈現 (A)紅色 (B)黃色 (C)綠色 (D)白色。

( )10. 哪一個圖像可以使指定的物件圖層為目前層 (A)▨ (B)▨ (C)▨ (D)▨。

( )11. 欲自創線型在指令行可輸入何指令 (A)-LAYER (B)LAYER (C)-LT (D)LT。

( )12. AutoCAD 所提供之線型檔檔名為 (A)ACADISO.LIN (B)ACAD.PAT (C)ACAD.PGP (D)ACAD.MNU。

*(　) 13. 若欲從選集中移除不想選取的物件，可在「選取物件」提示下輸入　(A)R　(B)add　(C)Remove　(D)同時按下 Shift 鍵。

*(　) 14. 在選取物件提示下，以滑鼠由右至左拖動虛線窗框，則有哪些物件會被選到　(A)完全落在虛線選取區內的物件　(B)部份落在虛線選取區內的物件　(C)穿過虛線選取的物件　(D)全部物件。

*(　) 15. 下列何者情況無法以「視窗 W」方式，選取到物件　(A)在關閉層上的物件　(B)在鎖護層上的物件　(C)加入過濾選集內的物件　(D)視窗顯示之外的物件。

*(　) 16. 要結束「即時縮放」模式，可以由　(A)按 Esc 鍵　(B)按 Enter 鍵　(C)放開滑鼠右鍵　(D)放開滑鼠左鍵。

*(　) 17. 要使用「即時平移」功能，可由　(A)使用 平移 圖像　(B)使用 即時 圖像　(C)在指令行輸入 PAN　(D)由「檢視」頁籤選擇「平移」。

*(　) 18. 樣板圖面可以是　(A)依需要自訂的樣板　(B)AutoCAD 所提供的預設樣板　(C)使用既有的圖面當作樣板　(D)開啟「從草圖開始」。

*(　) 19. 欲設定小數點的精確位數，可使用什麼指令來設定　(A)單位(UNITS)　(B)使用精靈　(C)圖面範圍(LIMITS)　(D)格線(GRAP)。

*(　) 20. 單位控制(DDUNITS)指令可定義　(A)作圖之範圍　(B)座標格式　(C)角度格式　(D)小數點之位數。

*(　) 21. 在同一個圖層上的物件　(A)只能有一種線型　(B)可以有多種線型　(C)只能有一種顏色　(D)可以有多種顏色。

*(　) 22. 被凍結(Freeze)圖層的物件　(A)無法看見　(B)不會被列印出圖　(C)不會被重生　(D)可被解凍。

*(　) 23. 使用哪一圖像可以將一個物件的某些或全部性質複製到一個或多個物件上　(A) 　(B) 　(C) 　(D) 。

二、簡答題

1. 列舉簡述選取物件(SELECT)指令中，最熟悉的五個選取方式。

2. 列舉簡述縮放(ZOOM)指令中，最熟悉的五個縮放方式。

3. 試比較縮放(ZOOM)之比例為 2 與 2x 有何差異？

4. 試簡述 AutoCAD 2020 開啟新檔案有幾種方法？

5. 何謂「圖層」？其功能有哪些？

6. 請寫出定義 CNS 製圖標準中的中心線與虛線的線型格式？

7. 請比較複製性質(MATCHPROP)與性質(PROPERTIES)指令之差異？

CHAPTER **3**

繪圖與修改指令（一）

本章綱要

3-1 線(LINE)

配合座標系統或以滑鼠在螢幕上直接點取座標，來建立直線。

一、指令輸入方式

功能區：《常用》→〈繪製〉→ 線

二、指令提示

```
指令： 線

指定第一點：

<輸入線的第一點位置或直接按 Enter 鍵，表示接續上一次線的動作

指定下一點或[退回(U)]：                    <輸入線的第二點位置

指定下一點或[退回(U)]：U                    <退回前一點位置

指定下一點或[退回(U)]：                    <重輸入線的第二點位置

.

.

指定下一點或[關閉(C) 結束(X) 退回(U)]：C    <閉合圖形並結束
```

【說明】

線指令功能運用，如圖 3-1。

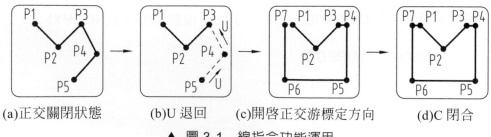

(a)正交關閉狀態　　　(b)U 退回　　(c)開啟正交游標定方向　　(d)C 閉合

▲ 圖 3-1 線指令功能運用

三、範例

1. 以座標輸入與「正交」配合游標定方向法，繪製完成圖 3-2。

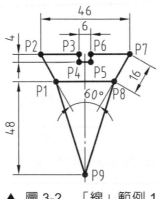

▲ 圖 3-2　「線」範例 1

指令：線

指定第一點：P1　　　　　　　　　　　　　　　　　<任意定一點

指定下一點或[退回(U)]：@16<120 Enter

　　　　　　　　　　<P2：輸入極座標長度 16 且與 0°方向夾角 120°

指定下一點或[結束(X) 退回(U)]：<正交打開>20 Enter

　　　　　　　　　　　<P3：游標右移，鍵入 20

指定下一點或[關閉(C) 結束(X) 退回(U)]：4 Enter　<P4：游標下移，鍵入 4

指定下一點或[關閉(C) 結束(X) 退回(U)]：6 Enter　<P5：游標右移，鍵入 6

指定下一點或[關閉(C) 結束(X) 退回(U)]：4 Enter　<P6：游標上移，鍵入 4

指定下一點或[關閉(C) 結束(X) 退回(U)]：20 Enter

　　　　　　　　　　<P7：游標右移，鍵入 20

指定下一點或[關閉(C) 結束(X) 退回(U)]：@16<240 Enter

　　　　　　　　　　<P8：輸入極座標，與 0°方向夾角 240°

指定下一點或[關閉(C) 結束(X) 退回(U)]：C　　　<閉合並結束

指令：Enter　　　　　　　　　　　　　　　　<重複線指令

指定第一點：Enter　　　　　　　　　　　　　　<接續 P1

指定下一點或[退回(U)]：@15,-48 Enter　　　　　<P9：輸入相對座標

指定下一點或[結束(X) 退回(U)]：P8　　　　　　<鎖交點

2. 配合「製圖設定」中的鎖點、格線、正交之設定，繪製完成圖 3-3。

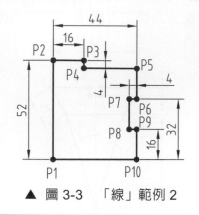

▲ 圖 3-3 「線」範例 2

指令：_線

指定第一點：P1   <任意定一點

指定下一點或[退回(U)]：<鎖點打開><正交打開><格線打開>P2

                                                    <距離設定為 4，游標上移 18 格

指定下一點或[結束(X) 退回(U)]：P3   <游標右移 4 格

指定下一點或[關閉(C) 結束(X) 退回(U)]：P4   <游標下移 1 格

指定下一點或[關閉(C) 結束(X) 退回(U)]：P5   <游標右移 7 格

指定下一點或[關閉(C) 結束(X) 退回(U)]：P6   <游標下移 4 格

指定下一點或[關閉(C) 結束(X) 退回(U)]：P7   <游標左移 1 格

指定下一點或[關閉(C) 結束(X) 退回(U)]：P8   <游標移下 4 格

指定下一點或[關閉(C) 結束(X) 退回(U)]：P9   <游標右移 1 格

指定下一點或[關閉(C) 結束(X) 退回(U)]：P10   <游標下移 4 格

指定下一點或[關閉(C) 結束(X) 退回(U)]：C   <閉合並結束

四、技巧要領

1. 將正交打開，將游標移至要畫線方向，直接輸入距離即可，迅速取得線段。

2. 繪圖時，使用鍵盤輸入「絕對座標」、「相對座標」、「相對極座標」方法定點，並
配合「物件鎖點模式」，以提高圖形的準確度。

3-2　矩形(RECTANG)

繪製矩形框，並可設定畫出倒角的、圓角的、有厚度的、有寬度的矩形。

一、指令輸入方式

功能區：《常用》→〈繪製〉→

二、指令提示

指令：

指定第一個角點或[倒角(C)　高程(E)　圓角(F)　厚度(T)　寬度(W)]：

　　　　　　　　　　　　　　　　　　　<輸入矩形第一點

指定其他角點或[面積(A)　尺寸(D)　旋轉(R)]：<輸入矩形對角頂點或其他選項

【說明】

　　矩形指令各功能運用，如圖 3-4。

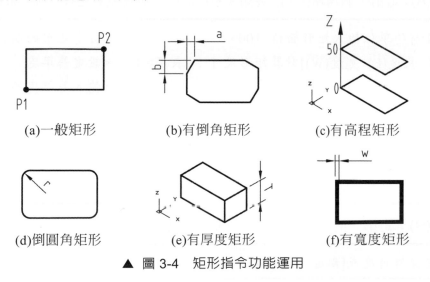

(a)一般矩形　　　　(b)有倒角矩形　　　　(c)有高程矩形

(d)倒圓角矩形　　　(e)有厚度矩形　　　　(f)有寬度矩形

▲ 圖 3-4　矩形指令功能運用

1. 倒角(C)：設定矩形倒角矩離，如圖 3-4(b)。

指定矩形的第一個倒角距離<0>：a   <輸入倒角距離

指定矩形的第二個倒角距離<0>：b   <輸入倒角距離

2. 高程(E)：設定矩形所在的基準平面 Z 軸上的高度，如圖 3-4(c)。

指定矩形的高程<0>：50   <設定矩形在 Z 軸上的高度

3. 圓角(F)：設定矩形倒圓角的圓角半徑，如圖 3-4(d)。

指定矩形的圓角半徑<0>：r   <設定矩形倒圓角的半徑值

4. 厚度(T)：設定矩形的厚度值，如圖 3-4(e)。

指定矩形的厚度<0>：T   <設定矩形的厚度值

5. 寬度(W)：設定矩形的線寬度，如圖 3-4(f)。

指定矩形的線寬<0>：W   <設定矩形的線寬值

6. 面積(A)：定第一個角點後，直接輸入矩形的面積與長或寬之任一值，來繪製矩形。

以目前的單位輸入矩形面積<100>：   <設定矩形的面積值

根據[長度(L) 寬度(W)]計算矩形尺寸：<長度>：   <設定基準處

輸入矩形長度<10>：   <輸入基準處的尺寸

7. 尺寸(D)：定第一個角點後，直接輸入矩形的長、寬值，再指定另一角點繪製矩形。

指定矩形的長<10>：   <設定矩形的長、寬值

指定矩形的寬<30>：

8. 旋轉(R)：定第一個角點後，輸入矩形要旋轉的角度再指定另一角點繪製矩形。

指定旋轉角度或[點選點(P)]<45>：   <指定旋轉角度值

<u>三、範例</u>

以矩形(RECTANG)指令繪製完成圖 3-5。

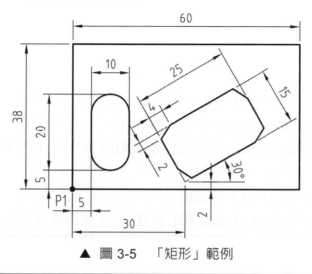

▲ 圖 3-5　「矩形」範例

指令：

指定第一個角點或[倒角(C) 高程(E) 圓角(F) 厚度(T) 寬度(W)]：P1
指定其他角點或[面積(A) 尺寸(D) 旋轉(R)]：@60,38 Enter
　　　　　　　　　　　　　　　　　　<與第一點之相對座標值

指令：Enter　　　　　　　　　　　　　　　<重複矩形指令
指定第一個角點或[倒角(C) 高程(E) 圓角(F) 厚度(T) 寬度(W)]：F
　　　　　　　　　　　　　　　　　　<設定矩形要倒圓角
指定矩形的圓角半徑<0.0>：5 Enter　　　<設圓角半徑為 5
指定第一個角點或[倒角(C) 高程(E) 圓角(F) 厚度(T) 寬度(W)]：
_from 基準點：P1<偏移>：@5,5　　　　　　<配合鎖點自(from)定位
指定其他角點或[面積(A) 尺寸(D) 旋轉(R)]：@10,20

指令：Enter
目前的矩形模式：圓角＝5.0

指定第一個角點或[倒角(C) 高程(E) 圓角(F) 厚度(T) 寬度(W)]：C

<設定矩形要倒角

指定矩形的第一個倒角距離<5.0>：4 `Enter`

指定矩形的第二個倒角距離<5.0>：2 `Enter`

指定第一個角點或[倒角(C) 高程(E) 圓角(F) 厚度(T) 寬度(W)]：

_from 基準點：P1<偏移>：@30, 2 `Enter`

指定其他角點或[面積(A) 尺寸(D) 旋轉(R)]：R　　　<設定矩形要旋轉

指定旋轉角度或[點選點(P)]<0.0>：30 `Enter`　　　　<設定旋轉角度

指定其他角點或[面積(A) 尺寸(D) 旋轉(R)]：D　　　<指定矩形的長、寬值

指定矩形的長<10.0>：25 `Enter`

指定矩形的寬<10.0>：15 `Enter`

指定其他角點或[面積(A) 尺寸(D) 旋轉(R)]：右上方的任意點

四、技巧要領

1. 矩形為一聚合線(PLINE)，若要編修矩形，則需先 　　 矩形，為單一條線才可編修。

2. 先前設定的條件值會保留為內定值，若再繪製條件不相同矩形時，要先修改條件值。

3-3 文字

AutoCAD 提供寫文字的指令有：文字型式(STYLE)、單行文字(DTEXT)、多行文字(MTEXT)、編輯文字(DDEDIT)等指令。

◎ 3-3-1 文字型式(STYLE)

設定或修改文字字體。

一、指令輸入方式

1. 功能區：《常用》 → 〈註解▼〉→ 🅰

2. 功能區：《註解》 → 〈文字〉→ »

3.　功能區：

二、指令提示

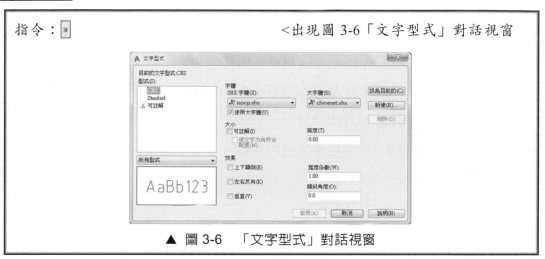

指令：▯　　　　　　　　　　　　　<出現圖 3-6「文字型式」對話視窗

▲ 圖 3-6　「文字型式」對話視窗

【說明】

1.　型式(S)：顯示目前使用的文字型式名稱，可挑選已設定的文字型式名稱；或按 新建(N)... 鍵，建立新的文字型式；或按 刪除(D) 鍵刪除已經不用的文字型式名稱。

(1)　可註解性文字型式：文字型式前方有「⚘」圖示，表示此一型式為可註解文字型式，以此型式所寫的文字當註解比例更改時，文字比例也跟著改變。若原型式為非註解文字型式，可勾選「可註解(I)」，令其成為可註解文字型式。當勾選「使文字方向符合配置(M)」時，文字方向不會因旋轉或鏡射等操作而改變文字方向。

(2)　非可註解文字型式：文字型式前方沒有「⚘」圖示，此型式所寫的文字當註解比例更改時，文字比例不會改變。

2.　字體

(1)　字體名稱(F)或 SHX 字體(X)：包含 AutoCAD 標準字型檔*.shx、Windows 系統的 Ture Type 字型檔。當勾選「使用大字體(U)」時，則只有*.shx 字體可供選擇。當挑選出一種字體時，左下角「預覽」窗會顯示相對的字體樣式。建議將字體設為「isocp.shx」。

(2) 字體型式(Y)或大字體(B)：設定「使用大字體(U)」時，採用 AutoCAD 標準字型檔*.shx，可使用 AutoCAD 提供的中文 chineset.shx 字體。若採用 Windows 系統的 Ture Type 字型檔，可設定爲粗體或斜體字。

(3) 高度(T)：設定文字的高度。此處輸入「0」代表不設定，等到書寫文字時，再依實際需要設定高度。

3. 效果

(1) 上下顛倒(E)：例如 AUTOCAD→∀ⱭϽΟTUA

(2) 左右反向(K)：例如 AUTOCAD→ⱭAϽOTUA

(3) 垂直(V)：例如 AUTOCAD————————→

(4) 寬度係數(W)：爲字寬與字高的比值。

係數＝0.5 → AUTOCAD

係數＝1 → AUTOCAD

係數＝2 → AUTOCAD

(5) 傾斜角度(O)

角度＝0 → AUTOCAD

角度＝15 → AUTOCAD

角度＝-15→ AUTOCAD

4. 套用(A)：設定目前使用的文字型式，應用到圖面上書寫。

5. 關閉(C) 或 取消：執行 套用(A) 後可按 關閉(C) 或 x，完成字型設定；或按 取消 鍵取消設定。

三、技巧要領

1. 以 True Type 字型寫出的文字在螢幕上永遠是填實(FILL)的狀態；列印時可以設定「文字填實」(TEXTFILL＝0)參數，印出空心文字。

2. 設定文字型式時，如選擇的字體前有@符號的字型，會依所選的字型而以直式的方式顯示。

3-3-2　單行文字(DTEXT)

單行文字也可以輸入多行的文字，按 `Enter` 鍵換行即可。

一、指令輸入方式

1.　功能區：《常用》→〈註解〉→

　　　　　　　 A
　　　　　　文字

　　　　　　　 A　多行文字

　　　　　　　 A　單行文字

2.　功能區：《註解》→〈文字〉→

　　　　　　　 A
　　　　　　單行文字

　　　　　　　 A　多行文字

　　　　　　　 A　單行文字

二、指令提示

> 指令：A 單行文字
>
> 目前的文字型式：　文字高度：　可註解：　對正：<顯示目前所設定的字型
>
> 指定文字的起點或[對正(J)　型式(S)]：

【說明】

1.　起點：於畫面直接輸入起始點。

> 指定高度<2.5>：　　　　　　　　　　　　　　　　 <輸入文字高度
>
> 指定文字的旋轉角度<0>：　　　　　　　　　　　　 <輸入文字書寫方向角度

2.　對正(J)：設定文字書寫時對正方式，如圖 3-7。

> 指定文字的起點或[對正(J)　型式(S)]：J
>
> 請輸入選項[左(L)　中心(C)　右(R)　對齊(A)　中央(M)　佈滿(F)　左上(TL)
>
> 中上(TC)　右上(TR)　左中(ML)　正中(MC)　右中(MR)　左下(BL)　中下(BC)
>
> 右下(BR)]：

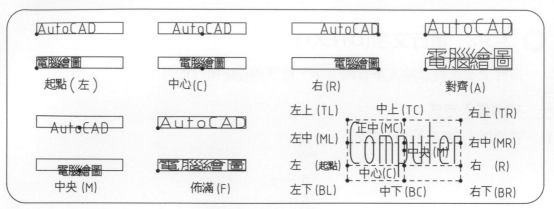

▲ 圖 3-7　文字對正方式

3. 型式(S)：選擇已設定過的文字型式樣式。

> 指定文字的起點或[對正(J)　型式(S)]：S
>
> 輸入型式名稱或[?]<Standard>：　　　　<輸入已設定過的字型名稱或按？查詢

4. 常用「特殊符號」的介紹：在書寫文字或標註尺寸時，常用到一些鍵盤上沒有的特殊符號，如公差(±)、圓直徑(Ø)、角度(°)符號....等，則可直接輸入代號字元，如表 3-1。

▼ 表 3-1　常用的特殊符號代號

特殊符號	代號	範例	輸入方式
公差符號(±)	%%P	60±0.02	60%%P0.02
直徑符號(Ø)	%%C	Ø30	%%C30
角度符號(°)	%%D	45°	45%%D
百分比符號(%)	%%%	30%	30%%%
文字畫頂線	%%O	$\overline{\text{AUTOCAD}}$	%%OAUTOCAD
文字畫底線	%%U	<u>AUTOCAD</u>	%%UAUTOCAD
0～126 之 ASCII 碼符號 %%nnn		{CAD}	%%123CAD%%125

三、範例

以單行文字(DTEXT)指令，完成圖 3-8。

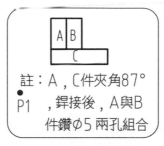

▲ 圖 3-8　「單行文字」範例

指令：　[A 單行文字]

目前的文字型式：「CNS」　　文字高度：3　可註解：否　對正：左

指定文字的起點或[對正(J) 型式(S)]：P1　　　　　　　　<設定起點

指定高度<3>：5 `Enter`　　　　　　　　　　　<文字高度5

指定文字的旋轉角度<0>：`Enter`　　　　　　　<文字書寫方向角度

"註：A, C 件夾角 87%%d" `Enter`　　　　　　　<在繪圖區輸入文字內容

"，銲接後, A 與 B" `Enter`

" 件鑽%%c5 兩孔組合"

四、技巧要領

1. 文字「對齊」方式中輸入的文字會在兩點間自動設定字高排列，字的高度受字的多寡影響；「佈滿」方式，則文字寫在兩點之間，但可以設定高度。

2. 輸入文字過程中，可按 `Ctrl` 鍵＋ `Space` 鍵，切換中英文輸入模式；按 `Ctrl` 鍵＋ `Shift` 鍵切換中文輸入法，如注音、倉頡……等。

3. 連按兩次 `Enter` 可結束指令。

3-3-3　多行文字(MTEXT)

在指定書寫文字邊界框後，可使用「多行文字編輯器」編修文字內容，並可以建立縮排與定位點從而更容易地正確對齊表格中的文字與編號，書寫於圖面上。

一、指令輸入方式

1. 功能區：《常用》→〈註解〉→ A 多行文字

2. 功能區：《註解》→〈文字〉→ A 多行文字

二、指令提示

指令： A 多行文字

目前的文字型式："Standard" 文字高度：2.5 可註解：否

<顯示目前所設定的文字型式

指定第一角點： <指定文字邊界框第一點

請指定對角點或[高度(H) 對正(J) 行距(L) 旋轉(R) 文字型式(S) 寬度(W)

欄(C)]： <指定文字邊界框第二點

【說明】

指定書寫文字的邊界框後，則出現圖 3-9《文字編輯器》頁籤。

▲ 圖 3-9 《文字編輯器》頁籤

1. 文字編輯區

    (1) 在此區域輸入欲書寫文字。當文字太長超過所設定的邊界框寬度時，邊界框會自動延伸；若按下 Enter 鍵，即結束目前段落，並開始另一個新行。

    (2) 可將游標移至該字元上，按住滑鼠「左鍵」並拖曳使字元反白，選取出欲編輯的文字。

    (3) 當游標在此區域時，按滑鼠「右鍵」即彈出快顯功能表，如圖 3-10，作相關的設定或選取其中的功能。

    (4) 可像 Word 軟體般建立縮排與定位點。

▲ 圖 3-10　「多行文字編輯區」的快顯功能表

2.　《文字編輯器》頁籤

(1)　〈型式〉面板

a.　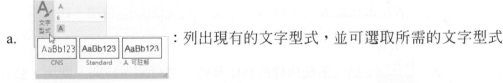：列出現有的文字型式，並可選取所需的文字型式

做變更。

b.　：將文字設為註解性文字可隨時改變比例。

c.　2.5 ▼字體高度：對選取的文字字體高度做調整。

d.　A：將選取的文字區域，填加背景顏色。

(2)　〈格式化〉面板

a.　isocp ▼字體：對選取的文字字體做變更。

b.　ByLayer ▼文字顏色：對選取的文字做顏色變更。

c.　：對選取的英文、數字字元轉換成文字或分數的堆疊。欲轉換時，

必須加入特殊字元「^」、「#」及「/」符號。

(a)　$28.7 {+0.02 \atop -0.04}$ 必須輸入為：28.7 + 0.02 ^ -0.04，並將+0.02 ^ -0.04 反白。

(b) 5^2　　必須輸入為：52^，並將 2^ 反白。

(c) $32\frac{1}{8}$　必須輸入為：32 1/8，並將 1/8 反白。

(d) $32\frac{1}{8}$　必須輸入為：32 1 # 8，並將 1 # 8 反白。

d. ＄0/ ＄：設定文字的傾斜角度，以垂直軸作為基準，順時鐘方向為正角度。

e. ＄ab 1＄：設定文字間的距離。

f. ＄1＄：設定文字寬與高的比值。

(3) 〈段落〉面板

執行文書處理的功能如：對齊、編號、段落、行距與列數設定功能等。

(4) 〈插入〉面板

a. ＄行數＄：設定行數與高度。

b. ＄@ 符號＄：點選後出現圖 3-10 的符號選項表，以插入特殊的字元，若所需的字元未在此表上，可再點選表上的其他(O)...選項，出現圖 3-11「字元對應表」對話視窗來選取。

c. ＄功能變數＄：插入系統內建的功能參數，如日期與時間、圖塊、公式等。

(5) 〈選項〉面板

＄尺規＄：設定是否顯示尺規。

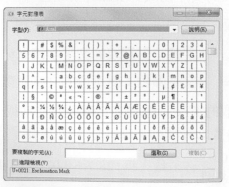

▲ 圖 3-11　「字元對應表」對話視窗

三、技巧要領

1. 一次執行的「多行文字」(MTEXT)指令，不管所建文字多寡，只能視為一物件。

2. 在文字外框按滑鼠左鍵可結束指令。

◉ 3-3-4　文字修改

3-3-4-1　編輯文字(DDEDIT)

用來修改文字內容或修改屬性定義(ATTDEF)物件。

一、指令輸入方式

在文字上快按滑鼠「左鍵」兩下。

【說明】

在文字上快按滑鼠「左鍵」兩下，出現文字框或《文字編輯器》頁籤，直接在區域內修改文字。

二、範例

以編輯(DDEDIT)指令完成圖 3-12(b)。

	P1	P2		P3
1	齒輪	5	中碳鋼	滲碳熱處理
件號	名　　稱	件數	材料	備　註

1	小齒輪	10	中碳鋼	高週波熱處理
件號	名　　稱	件數	材料	備　註

(a)　　　　　　　　　　　　　　　(b)

▲ 圖 3-12　「編輯」範例

```
指令：在文字上快按滑鼠左鍵兩下
1.P1 處                        <選取文字，內容改為小齒輪
2.P2 處                        <選取文字，內容改為 10
3.P3 處                        <選取文字，內容改為高週波熱處理
4.在文字框外點選結束修改文字     <結束編輯
```

3-3-4-2　比例(SCALETEXT)

以即有的基準點或自選新的基準點，來調整所有被選取文字的高度或比例。

一、指令輸入方式

功能區：《註解》→〈文字▼〉→ Aₐ 文字比例

二、指令提示

```
指令：Aₐ 文字比例
選取物件：                                    <選取文字
.
.
選取物件： Enter                             <結束選取文字
輸入調整比例的基準點選項[既有(E) 左(L) 中心(C) 中央(M) 右(R) 左上(TL)
中上(TC) 右上(TR) 左中(ML) 正中(MC) 右中(MR) 左下(BL) 中下(BC)
右下(BR)]<右>：                            <選取基準點
指定新的模型高度或[圖紙高度(P) 物件相符(M) 比例係數(S)]<5>：
                                            <輸入新的高度或比例
```

【說明】

1.　輸入調整比例的基準點：各基準點位置同 3-3-2 節圖 3-7。

2.　指定新的模型高度：指定新的字高。

3.　圖紙高度(P)：重新設定可註解文字的字高。

4.　物件相符(M)：點選所需高度的文字，讓二者字高相同。

5.　比例係數(S)：輸入新的比例值，如圖 3-13。

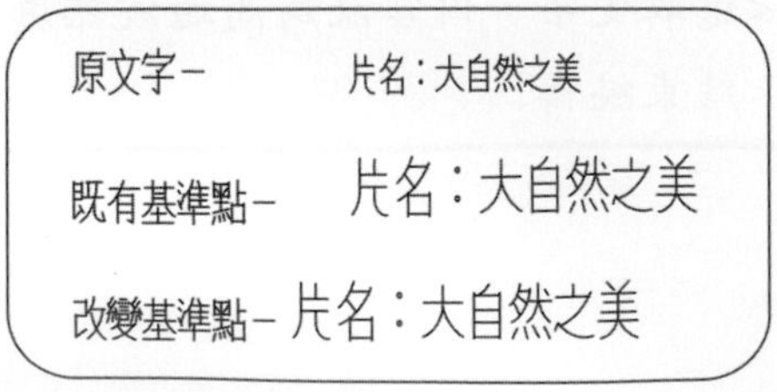

原文字－	片名:大自然之美
既有基準點－	片名:大自然之美
改變基準點－	片名：大自然之美

(a)改變文字比例

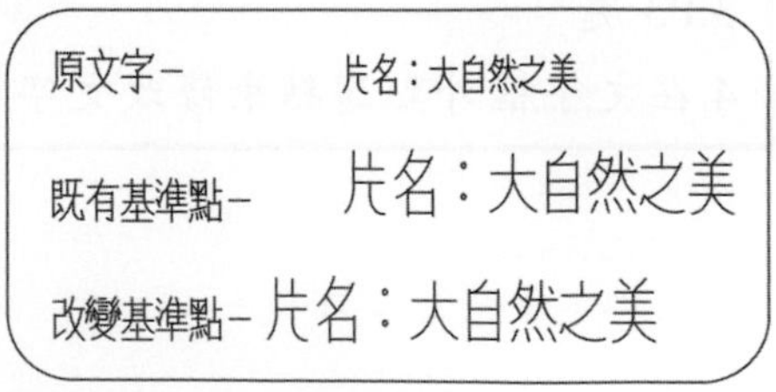

原文字－	片名:大自然之美
既有基準點－	片名:大自然之美
改變基準點－	片名：大自然之美

(b)改變文字高度

▲ 圖 3-13

3-3-4-3　文字對正方式(JUSTIFYTEXT)

不改變文字位置的狀況下，變更單行文字、多行文字、引線文字與屬性定義的基準點。

一、指令輸入方式

功能區：《註解》→〈文字〉→

二、指令提示

```
指令：[A 文字對正]

選取物件：                                    <選取文字
.
.
選取物件： Enter                              <結束選取文字
輸入對正方式選項[左(L) 對齊(A) 佈滿(F) 中心(C) 中央(M) 右(R) 左上(TL)
中上(TC) 右上(TR) 左中(ML) 正中(MC) 右中(MR) 左下(BL) 中下(BC)
右下(BR)]<左>：                              <輸入新基準點
```

【說明】

對正方式同 3-3-2 節圖 3-7。

三、技巧要領

修改文字內容，變更文字位置、字型、字高等性質，也可由 [圖元 性質] 指令來編修。

3-4　分解(EXPLODE)

將聚合線、圖塊、關聯性尺寸、填充線等複元體，分解成單一個圖元所組合的圖形。

一、指令輸入方式

功能區：《常用》→〈修改〉→ [分解]

二、指令提示

```
指令：            分解

選取物件：                          <選取物件
.
.
選取物件： Enter                    <執行分解並結束指令
```

【說明】

聚合線、圖塊、關聯性尺寸、填充線等複元體分解成單一個圖元，如圖 3-14。

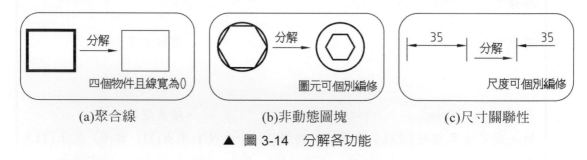

| (a)聚合線 | (b)非動態圖塊 | (c)尺寸關聯性 |

▲ 圖 3-14　分解各功能

三、技巧要領

物件分解後，則保持其原有的圖層、顏色、線型狀態。

3-5　刪除(ERASE)

將目前圖面物件刪除不要。

一、指令輸入方式

功能區：《常用》→〈修改〉→ 刪除

二、指令提示

【說明】

選取物件方式可依編輯指令：「選取(SELECT)」提供之各方法。

三、範例

以刪除(ERASE)指令，配合視窗(Window)與框選(Crossing)選取物件，完成圖 3-15(d)。

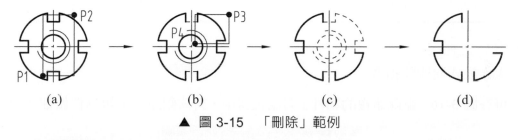

(a)　　　　　　　　(b)　　　　　　　　(c)　　　　　　　　(d)

▲ 圖 3-15　「刪除」範例

```
指令：
    刪除
選取物件：P1 指定對角點：P2 找到 2 個          <形成視窗範圍，得(b)圖
選取物件：P3 指定對角點：P4 找到 7 個(1 重複)，共 8
                                           <形成框選範圍，得(c)圖
選取物件： Enter                           <結束選取，得(d)圖
```

四、技巧要領

1. 刪除物件方法，也可以先選物件，再按鍵盤上的 Del 鍵刪除。

2. 若刪除到不該刪的物件時，可以利用 ⤺▾ 指令救回。

3-6　刪除重複的物件(OVERKILL)

刪除目前圖面重疊不要的物件。

一、指令輸入方式

功能區：《常用》→〈修改▼〉→
刪除重複的物件

二、指令提示

```
指令：
        刪除重複的物件

選取物件：                                    <選取圖元
.
.
選取物件： Enter                              <出現圖 3-16
```

【說明】

1. 操作模式同刪除指令。

2. 可在圖 3-16「刪除重複的物件」對話視窗中，對欲刪除的重複物件做細部設定。

▲ 圖 3-16　「刪除重複的物件」對話視窗

3-7　退回(UNDO)與重做(REDO)

● 3-7-1　退回(UNDO)

　　將目前執行過的指令退回不做或按  選擇任一要退回的指令，將先前所執

行的指令一次全數退回。

一、指令輸入方式

快速存取工具列：

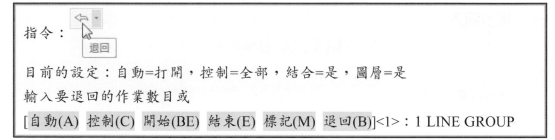

二、指令提示

1. 只退回一個指令

指令：

目前的設定：自動=打開，控制=全部，結合=是，圖層=是
輸入要退回的作業數目或
[自動(A) 控制(C) 開始(BE) 結束(E) 標記(M) 退回(B)]<1>：1 LINE GROUP

2. 退回一個或一個以上的指令

指令：

目前的設定：自動=打開，控制=全部，結合=是，圖層=是
輸入要退回的作業數目或
[自動(A) 控制(C) 開始(BE) 結束(E) 標記(M) 退回(B)]<1>：2 LINE GROUP
CIRCLE GROUP

【說明】

1. 數目：表示設定退回最近 N 個執行過程，當數目為 1 時，表示在指令列下執行 U 指令。

2. 自動(A)：控制由功能中選取執行巨集群組時，是否在其前後分別加上 Group 群組及 End 結束群組。

3. 控制(C)：執行退回(U)指令功能。可退回全部(A)或無(N)退回或一個(O)退回。

4. 開始(BE)、結束(E)：從開始建立 Group 群組後，一直到執行結束(E)結束群組中，所有指令視為單一指令。

5. 標記(M)：在退回訊息中加註標記，以利快速退回。

6. 退回(B)：將一次退回到最近一次所做的標記物件位置。

3-7-2　重做(REDO)

　　回復最後一次或多次「退回」的動作，與退回(U)動作相反，須緊跟在退回(U)指令之後執行才有作用。

一、指令輸入

快速存取工具列：

二、指令提示

1. 只回復一個指令

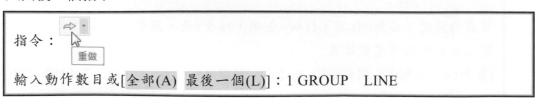

指令：

輸入動作數目或[全部(A)　最後一個(L)]：1 GROUP　LINE

2.　回復一個或一個以上的指令

指令：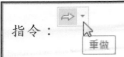

輸入動作數目或[全部(A)　最後一個(L)]：2 GROUP　LINE　LINE

【說明】

1.　全部(A)：回復全部「退回」的動作。

2.　最後一個(L)：回復最後一次「退回」的動作。

3-8　移動(MOVE)

可將一個或一群物件由目前位置移至其他位置上。

一、指令輸入方式

功能區：《常用》→〈修改〉→ 移動

二、指令提示

指令：移動

選取物件：　　　　　　　　　　　　　　　<選取物件

.

.

選取物件：Enter　　　　　　　　　　　　<結束選取

指定基準點或[位移(D)]<位移>：　　　　　<選取基準點或設定位移量

指定第二點或<使用第一點做為位移>：　　　<選取移動新位置定點

【說明】

1. 指定基準點：設定以搬移基準點方式移動物件。

> 指定基準點或[位移(D)]<位移>：P1   <以滑鼠指定一任意點
>
> 指定第二點或<使用第一點做為位移>：@X, Y `Enter`
>
>   或@L<θ `Enter`
>
>   <輸入與前一點 P1 之相對座標或極座標位移量

2. 位移(D)：設定以位移量方式移動物件。

> 指定基準點或[位移(D)]<位移>： `Enter`
>
> 指定位移<0.0, 0.0, 0.0>：X, Y `Enter`   <直接輸入移動量

三、範例

以移動(MOVE)指令，完成圖 3-17(b)。

(a)   (b)

▲ 圖 3-17 「移動」範例

> 指令： [移動]
>
> 選取物件：P1   1 找到   <選取矩形物件
>
> 選取物件： `Enter`   <結束選取
>
> 指定基準點或[位移(D)]<位移>：_mid 於 P2
>
>   <以矩形邊中間點做移動基準點
>
> 指定第二點或<使用第一點做為位移>：_mid 於 P3
>
>   <移動基準點移動至矩形邊中間點

> 指令： `Enter`   <重複執行移動指令
>
> MOVE 選取物件：P4   1 找到   <選取矩形物件

選取物件： Enter

指定基準點或[位移(D)]<位移>：_mid 於　P5

　　　　　　　　　　　　　　　<矩形邊中間點 P5 為移動基準點

指定第二點或<使用第一點做為位移>：_mid 於 P6

　　　　　　　　　　　　　　　<移動基準點至矩形邊中間，得(b)圖

3-9　修剪(TRIM)

將多出的線、圓、弧等物件修剪到所設定的邊界，或按住 Shift 鍵切換成延伸功能。

一、指令輸入

功能區：《常用》→〈修改〉→

二、指令提示

指令：

目前的設定：投影=UCS　邊=延伸　　　　　　　<目前邊界狀態說明

選擇修剪邊...

選取物件或<全選>：　　　　　　　　　　　<選取修剪圖元的邊界

.

.

選取物件： Enter 　　　　　　　　　　　　<結束選取

選取要修剪的物件，或按住 shift 並選取要延伸的物件，或

[籬選(F) 框選(C) 投影(P) 邊(E) 刪除(R)]：　　<選取欲修剪或延伸的物件

.

.

選取要修剪的物件，或按住 shift 並選取要延伸的物件，或

[籬選(F) 框選(C) 投影(P) 邊(E) 刪除(R) 退回(U)]： Enter 　<結束修剪

【說明】

1. **選擇修剪邊或全選**：選出要修剪圖元的邊界物件，或按 `Enter` 鍵全選所有圖元皆為修剪的邊界物件。

2. **選取要修剪的物件，或按住 shift 鍵並選取要延伸的物件**：選出要修剪的圖元，或按住 `Shift` 鍵切換成延伸功能。

3. **籬選(F)**：以籬選的方式選取圖元。

4. **框選(C)**：以框選的方式選取圖元。

5. **投影(P)**：指定 3D 空間中，修剪時的投影模式，如圖 3-18。

 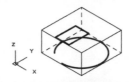 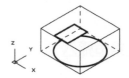

(a)無，不做投影修剪　　(b)UCS，以目前 UCS 投影修剪　　(c)視圖，以目前視圖投影修剪

▲ 圖 3-18　修剪的投影模式

6. **邊(E)**：設定圖元不相交時，邊界物件是否可延伸來做修剪，如圖 3-19。

(a)不延伸，不能修剪　　　(b)延伸，可修剪

▲ 圖 3-19　修剪的邊界模式

7. **刪除(R)**：刪除選取的圖元。

8. **退回(U)**：取消上一次修剪的動作，恢復被修剪的圖元。

三、範例

以修剪(TRIM)指令，配合籬選(Fence)選取物件與延伸邊緣模式，完成圖 3-20(c)。

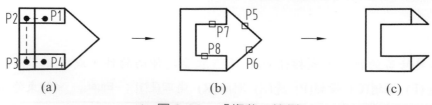

(a)　　　　　　　　　　　(b)　　　　　　　　　　　(c)

▲ 圖 3-20　「修剪」範例

指令：

目前的設定：投影=UCS　邊=無

選擇修剪邊...

選取物件或<全選>： Enter 　　　　　　　　　<所有物件皆為邊界

選取要修剪的物件，或按住 Shift 並選取要延伸的物件，或

[籬選(F) 框選(C) 投影(P) 邊(E) 刪除(R)]：F 　　　<以籬選方式選取修剪物件

指定第一個籬選點：P1 　　　　　　　　　　<定 P1 點為籬選第一點

指定下一個籬選點或[退回(U)]：P2 　　　　　<通過 P2 點

指定下一個籬選點或[退回(U)]：P3 　　　　　<通過 P3 點

指定下一個籬選點或[退回(U)]：P4 　　　　　<通過 P4 點

指定下一個籬選點或[退回(U)]： Enter

選取要修剪的物件，或按住 Shift 並選取要延伸的物件，或

[籬選(F) 框選(C) 投影(P) 邊(E) 刪除(R) 退回(U)]：E

輸入隱含的邊延伸模式[延伸(E) 不延伸(N)]<不延伸>：E

　　　　　　　　　　　　　　　　　<設定邊緣延伸模式

選取要修剪的物件，或按住 Shift 並選取要延伸的物件，或

[籬選(F) 框選(C) 投影(P) 邊(E) 刪除(R) 退回(U)]：P5

選取要修剪的物件，或按住 Shift 並選取要延伸的物件，或

[籬選(F) 框選(C) 投影(P) 邊(E) 刪除(R) 退回(U)]：P6

選取要修剪的物件，或按住 Shift 並選取要延伸的物件，或

[籬選(F) 框選(C) 投影(P) 邊(E) 刪除(R) 退回(U)]：P7

　　　　　　　　　　　　　　　<按住 Shift 選 P7

選取要修剪的物件，或按住 Shift 並選取要延伸的物件，或

[籬選(F) 框選(C) 投影(P) 邊(E) 刪除(R) 退回(U)]：P8

　　　　　　　　　　　　　　　<按住 Shift 選 P8

選取要修剪的物件，或按住 Shift 並選取要延伸的物件，或

[籬選(F) 框選(C) 投影(P) 邊(E) 刪除(R) 退回(U)]： Enter

　　　　　　　　　　　　　　　　<結束指令，得(c)圖

四、技巧要領

1. 選取要修剪的物件方式，可配合應用「選取(SELECT)」編輯指令中所提供的各方法，尤其是「籬選(F)」方式產生多重修剪之功用。

2. 文字、圖塊等物件，無法當作修剪邊界或被修剪的物件。

 綜合練習(一)

以線(LINE)、矩形(RECTANG)、物件鎖點(OSNAP)、刪除(ERASE)、修剪(TRIM)等指令完成下列各圖。

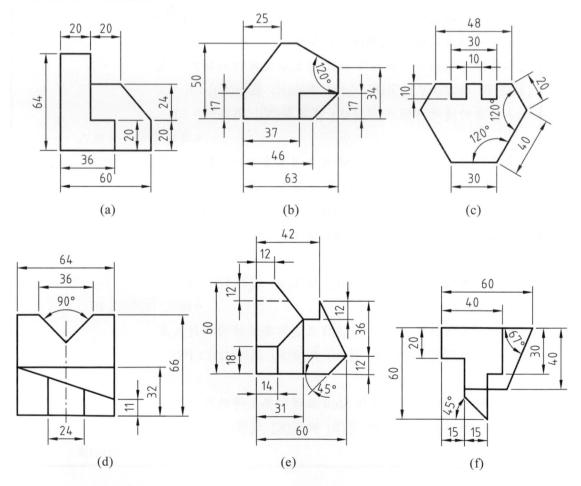

(a)　　　　　　　　(b)　　　　　　　　(c)

(d)　　　　　　　　(e)　　　　　　　　(f)

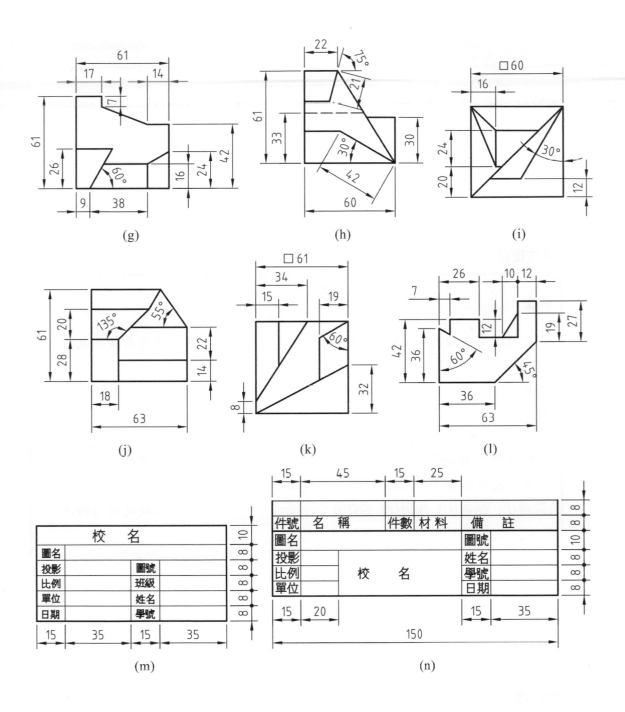

(g) (h) (i)

(j) (k) (l)

(m) (n)

3-10　延伸(EXTEND)

可將線、弧、聚合線等圖元延長到所設定的邊界物件上，或按住 Shift 鍵切換成修剪功能。

一、指令輸入方式

功能區：《常用》→〈修改〉→ 延伸

二、指令提示

```
指令：  延伸

目前的設定：投影=UCS 邊=延伸              <目前邊界狀態說明
選擇邊界邊...
選取物件或<全選>：                        <選取物件
.
.
選取物件：  Enter                        <結束選取
選取要延伸的物件，或按住 Shift 並選取要修剪的物件，或
[籬選(F) 框選(C) 投影(P) 邊(E)]：          <選取欲延伸的物件
.
.
選取要延伸的物件，或按住 Shift 並選取要修剪的物件，或
[籬選(F) 框選(C) 投影(P) 邊(E) 退回(U)]：  Enter    <結束延伸
```

【說明】

1. **選擇邊界邊**：選出做為延伸圖元的邊界物件，或按 Enter 鍵全選所有圖元皆為延伸的邊界物件。

2. **選取要延伸的物件，或按住 Shift 並選取要修剪的物件**：選出要延伸的圖元，選取位置儘量靠近要延伸的一端，或按住 Shift 鍵切換成修剪功能。

3. **籬選(F)**：以籬選的方式選取圖元。

4. **框選(C)**：以框選的方式選取圖元。

5. 投影(P)：指定在 3D 空間中延伸圖元時的投影模式，如圖 3-21。

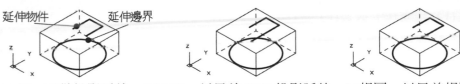

(a)無，不做投影延伸　　(b)UCS，以目前 UCS 投影延伸　　(c)視圖，以目前視圖投影延伸

▲ 圖 3-21　延伸投影模式

6. 邊(E)：設定圖元不相交時，邊緣物是否可延伸來做延伸的邊界，如圖 3-22。

(a)邊界不延伸　　　　　　(b)邊界延伸

▲ 圖 3-22　延伸的邊界模式

7. 退回(U)：取消上一次延伸的動作，恢復被延伸的圖元。

三、範例

以延伸(EXTEND)指令，完成圖 3-23(b)。

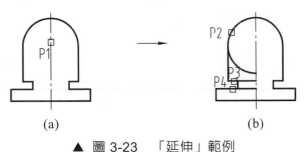

(a)　　　　　　　　　　　(b)

▲ 圖 3-23　「延伸」範例

```
指令：[→|  ▾]
       [延伸]

目前的設定：投影=UCS　邊=延伸            <目前邊界狀態說明
選擇邊界邊...
選取物件或<全選>：P1　找到 1 個          <選取邊界
選取物件：[Enter]                        <結束選取
選取要延伸的物件，或按住 Shift 並選取要修剪的物件，或
[籬選(F) 框選(C) 投影(P) 邊(E)]：P2       <選取欲延伸物件
```

選取要延伸的物件，或按住 Shift 並選取要修剪的物件，或

[籬選(F) 框選(C) 投影(P) 邊(E) 退回(U)]：P3　　　<選取欲延伸物件

選取要延伸的物件，或按住 Shift 並選取要修剪的物件，或

[籬選(F) 框選(C) 投影(P) 邊(E) 退回(U)]：P4　　　<選取欲延伸物件

選取要延伸的物件，或按住 Shift 並選取要修剪的物件，或

[籬選(F) 框選(C) 投影(P) 邊(E) 退回(U)]： Enter 　　　<結束指令

四、技巧要領

1. 選取延伸的物件方式，可配合應用「選取(SELECT)」編輯指令中所提供的各方法，尤其是「籬選(F)」方式，產生多重延伸之功用。

2. 文字、圖塊、引線等物件，不能使用延伸指令來延伸。

3-11　偏移(OFFSET)

平行複製出線、弧、圓、聚合線等物件。

一、指令輸入方式

功能區：《常用》→〈修改〉→ 偏移

二、指令提示

指令： 偏移

目前的設定：刪除來源=否　　圖層=來源　　OFFSETGAPTYPE=0

指定偏移距離或[通過(T) 刪除(E) 圖層(L)]<10.0>：　　　<輸入偏移距離

選取要偏移的物件或[結束(E) 退回(U)]<結束>：　　　<選取偏移物件

指定要在哪一側偏移的點或[結束(E) 多重(M) 退回(U)]<結束>：

<點選偏移方向點

．

．

．

選取要偏移的物件或[結束(E) 退回(U)]<結束>： Enter 　　　<結束指令

【說明】

1. 通過(T)：指定通過某一點繪出與原圖平行的物件。

2. 刪除(E)：指定偏移後是否刪除來源物件。

3. 圖層(L)：指定偏移後的物件其所在的圖層是來源物件的圖層或目前的圖層。

4. 多重(M)：以相同的距離多次偏移。

三、範例

以偏移(OFFSET)指令，完成圖 3-24(c)。

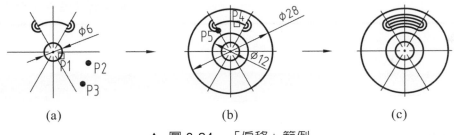

(a)　　　　　　　　　　(b)　　　　　　　　　　(c)

▲ 圖 3-24　「偏移」範例

指令：

[偏移]

目前的設定：刪除來源=否　　圖層=來源　　OFFSETGAPTYPE=0

指定偏移距離或[通過(T)　刪除(E)　圖層(L)]<15.0>：3 Enter

　　　　　　　　　　　　　　　　　　　<輸入偏移距離 3

選取要偏移的物件或[結束(E)　退回(U)]<結束>：P1　　　<選取圓

指定要在哪一側偏移的點或[結束(E)　多重(M)　退回(U)]<結束>：P2

　　　　　　　　　　　　　　　　　　　<定偏移方向

選取要偏移的物件或[結束(E)　退回(U)]<結束>： Enter 　　　<結束指令

指令： Enter 　　　　　　　　　　　　　　<重複指令

目前的設定：刪除來源=否　　圖層=來源　　OFFSETGAPTYPE=0

指定偏移距離或[通過(T)　刪除(E)　圖層(L)]<3.0>：11 Enter

　　　　　　　　　　　　　　　　　　　<輸入偏移距離 11

選取要偏移的物件或[結束(E)　退回(U)]<結束>：P1　　　<選取圓

指定要在哪一側偏移的點或[結束(E)　多重(M)　退回(U)]<結束>：P3

　　　　　　　　　　　　　　　　　　　<定偏移方向

選取要偏移的物件或[結束(E) 退回(U)]<結束>： Enter

　　　　　　　　　　　　　　　　　　　　　　　　<結束指令，得(b)圖

指令： Enter 　　　　　　　　　　　　　　　　　<重複指令

目前的設定：刪除來源=否　　圖層=來源　　OFFSETGAPTYPE=0

指定偏移距離或[通過(T) 刪除(E) 圖層(L)]<11.0>：T　　　<以通過點偏移

選取要偏移的物件或[結束(E) 退回(U)]<結束>：P4　　　<選取圓

指定通過點或[結束(E) 多重(M) 退回(U)]<結束>：M　　　<多重偏移

指定通過點或[結束(E) 多重(M) 退回(U)]<下一個物件>：P5

　　　　　　　　　　　　　　　　　　　　　　　　<定通過點

　　　　　　　　　　　　　　　　　<重複偏移點方式完成(c)圖

3-12　複製(COPY)

將選取的圖元複製到另一指定位置上。

一、指令輸入方式

功能區：《常用》→〈修改〉→

二、指令提示

指令：

選取物件：　　　　　　　　　　　　　　　　　<選取欲複製的圖元

.

.

選取物件： Enter 　　　　　　　　　　　　　　<結束選取

目前的設定：複製模式=多重

指定基準點或[位移(D) 模式(O)]<位移>：　　　　<輸入基準點或位移量

指定第二點或[陣列(A)]<使用第一點做為位移>：　<輸入位置或相對位移量

指定第二點或[陣列(A) 結束(E) 退回(U)]<結束>： Enter 　<結束指令

【說明】

1. 基準點：設定以搬移基準點方式複製物件。

> 指定基準點或[位移(D)　模式(O)]<位移>：P1 　　　<以游標指定任意一點
> 指定第二點或[陣列(A)]<使用第一點做為位移>：@X, Y
> 　　　　　　　　　　　　　　　　　　或@L<θ
> 　　　　　<輸入與前一點 P1 之相對座標或極座標位移量

2. 位移(D)：設定以位移量方式複製物件。

> 指定基準點或[位移(D)　模式(O)]<位移>：　Enter
> 指定位移<0.0, 0.0, 0.0>：X, Y, Z　Enter　　　　<輸入 X, Y, Z 之移動量

3. 模式(O)：設定複製的次數為一次或多數。

> 指定基準點或[位移(D)　模式(O)]<位移>：O
> 輸入複製模式選項[單一(S)　多重(M)]<多重>：　Enter

4. 陣列(A)：複製指定的個數排列在線性陣列中，陣列的詳細說明請參閱 4-4 章節。

> 指定第二點或[陣列(A)]<使用第一點做為位移>：A
> 輸入要排成陣列的項目個數：3　Enter
> 指定第二點或[擬合(F)]：

三、範例

以複製(COPY)指令，完成圖 3-25(b)。

(a) 　　　　　　　　　　　　　(b)

▲ 圖 3-25　「複製」範例

> 指令：
> 選取物件：P1　指定對角點：P2　2 找到　　　<以視窗方式選取物件

選取物件： Enter   <結束選取

目前的設定：複製模式=多重

指定基準點或[位移(D) 模式(O)]<位移>： Enter

指定位移<0.0, 0.0, 0.0>：@25, 0 Enter   <以位移距離複製物件，得(b)圖

3-13 複製巢狀物件(NCOPY)

在圖塊或外部參考中的巢狀圖元，在不需分解的情形下直接複製個別的物件。

一、指令輸入方式

功能區：《常用》→〈修改▼〉→
複製巢狀物件

【說明】

操作模式同複製指令。

綜合練習(二)

以線(LINE)、矩形(RECTANG)、偏移(OFFSET)、移動(MOVE)、複製(COPY)，延伸(EXTEND)指令繪製下列各圖。

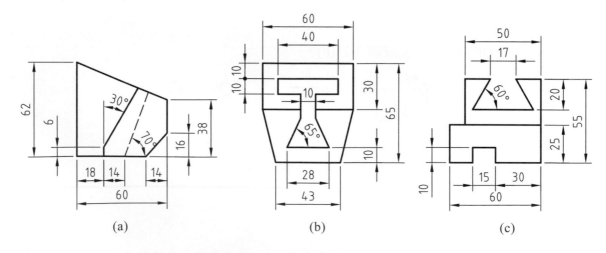

(a)   (b)   (c)

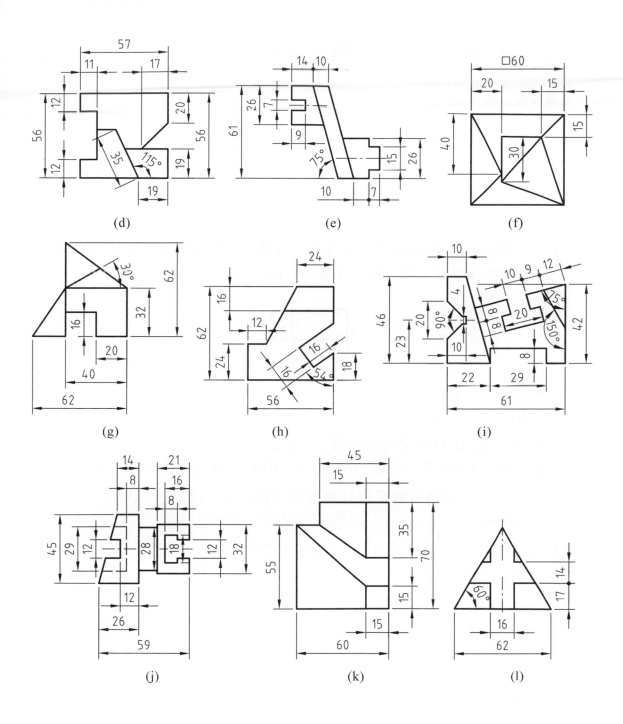

(d)

(e)

(f)

(g)

(h)

(i)

(j)

(k)

(l)

實力練習

一、選擇題(*為複選題)

( ) 1. 哪個圖像指令可建立單一或多條分離的線段物件 (A) (B)線 (C)聚合線 (D) 。

( ) 2. 在線(LINE)指令執行時，要取消前次的線段，需輸入 (A) Esc 鍵 (B) Enter 鍵 (C)U (D)C。

( ) 3. 下圖是以□指令所繪出，A 為第一角點，則對角線 B 應輸入 (A)20, 10 (B)20, -10 (C)@20, -10 (D)@-20, -10。

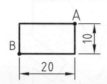

( ) 4. 若字型的旋轉角度等於 15 度，則表示文字由 0 度起 (A)向下偏移 75 度 (B)向上偏移 75 度 (C)向下偏移 15 度 (D)向上偏移 15 度。

( ) 5. 單行文字(DTEXT)指令中，哪一種對正方式能將 Computer 整個文字的垂直 與水平方向都對正中點 (A)中心 C (B)中央 M (C)正中 MC (D)對齊 Q。

( ) 6. 下列哪一個指令圖像可以修改文字的內容 (A) (B) (C) (D) 。

( ) 7. 建立文字時，哪一種對正方式會拉伸或擠壓文字且可設定字高，以填滿指 定的空間 (A)對齊 A (B)佈滿 F (C)正中 MC (D)中央 M。

( ) 8. 文字輸入欲在圖形繪出「Ø」的直徑符號，控制碼為 (A) %%C (B) %%D (C) %%P (D) %%%。

( ) 9. 哪一種指令對於文字的輸入，可不限行數的填入於指定寬度，而且每段落 形成一單一物件 (A)文字(TEXT) (B)單行文字(DTEXT) (C)多行文字 (MTEXT) (D)QTEXT。

(　　) 10. 下圖在「選取物件」提示下，直接點取 P1、P2 兩點，執行何指令，所產生的結果　(A)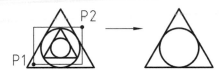(B)(C)(D)。

(　　) 11. 利用 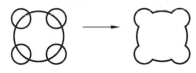 指令，回復 UNDO 指令的動作，可回復　(A)一次　(B)兩次　(C)三次　(D)全部指令。

(　　) 12. 下圖是執行哪一個指令所產生的結果　(A)(B)(C)(D)。

(　　) 13. 下圖是執行哪一個指令所產生的結果　(A)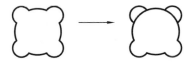(B)(C)(D)。

(　　) 14. 下圖是執行哪一個指令所產生的結果　(A)(B)(C)(D)。

(　　) 15. 下圖是執行哪一個指令所產生的結果　(A)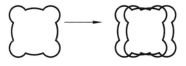(B)(C)(D)。

(　　) 16. 下圖是執行哪一個指令所產生的結果　(A)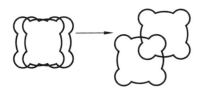(B)(C)(D)。

(　　) 17. 以 的物件可能會有哪些變化　(A)圖層　(B)線型　(C)顏色　(D)線寬。

*(　) 18. 對於線(LINE)指令下列何者正確　(A)可使用滑鼠定點方式輸入起點　(B)以 U 回答「下一點」可使線段退回前一段　(C)以空白鍵或 `Enter` 鍵結束指令 (D)以 C 回答「下一點」可使線段的終點連接至第一條線的起點。

*(　) 19. 變更文字型式哪些選項，會對既有的文字產生作用　(A)寬度係數　(B)字體 (C)文字高度　(D)傾斜角度。

*(　) 20. 可由下列何種指令，來修改文字性質　(A)在文字上快按滑鼠左鍵兩下 (B)CHANGE　(C)PROPERTIES　(D)▤。

*(　) 21. 分解(EXPLODE)指令可以分解　(A)橢圓(ELLIPSE)　(B)填充線(BHATCH) (C)聚合線(PLINE)　(D)尺寸標註(DIM)。

*(　) 22. ⇥指令無法改變　(A)圓　(B)環　(C)建構線　(D)射線。

二、簡答題

1. 試簡述下列各圖像指令之功能：

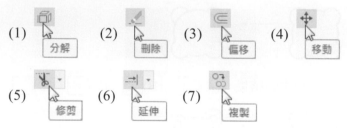

(1) 分解　　(2) 刪除　　(3) 偏移　　(4) 移動

(5) 修剪　　(6) 延伸　　(7) 複製

2. 列舉簡述單行文字(DTEXT)書寫時，有哪些對正方式？

3. 試舉例書寫單行文字(DTEXT)五個特殊符號的輸入方式。

4. 執行多行文字(MTEXT)指令時，欲使用自訂的文字編輯器，其設定方法為何？

5. 簡述修剪(TRIM)指令中，有哪二種修剪邊緣模式？

6. 簡述移動(MOVE)指令中，定位方式有哪二種？

7. 簡述延伸(EXTEND)指令中，3D 空間的延伸投影模式有哪幾種？

CHAPTER **4**

繪圖與修改指令（二）

本章綱要

4-1 圓(CIRCLE)

一、指令輸入方式

功能區：《常用》→〈繪製〉→

二、指令提示

指令： ⊘ 中心點、半徑

指定圓的中心點或[三點(3P) 兩點(2P) 相切、相切、半徑(T)]：

【說明】

圓指令功能運用，如圖 4-1。

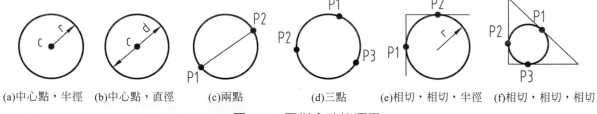

(a)中心點，半徑　(b)中心點，直徑　(c)兩點　(d)三點　(e)相切，相切，半徑　(f)相切，相切，相切

▲ 圖 4-1　圓指令功能運用

1.　中心點、半徑(R)：輸入圓心及半徑畫圓。

指定圓的中心點或[三點(3P) 兩點(2P) 相切、相切、半徑(T)]：c

　　　　　　　　　　　　　　　　　　　　　　　　　＜輸入圓心點

指定圓的半徑或[直徑(D)]：r　　　　　　　　　　　　＜輸入半徑值

2. 中心點、直徑(D)：輸入圓心及直徑畫圓。

指定圓的中心點或[三點(3P) 兩點(2P) 相切、相切、半徑(T)]：c

                              <輸入圓心點

指定圓的半徑或[直徑(D)]<10>：_d

指定圓的直徑<20>：   <輸入直徑值
---

3. 兩點(2P)：定出直徑上兩端點來畫圓。

指定圓的中心點或[三點(3P) 兩點(2P) 相切、相切、半徑(T)]：_2p

指定圓直徑的第一個端點：P1   <輸入第一點

指定圓直徑的第二個端點：P2   <輸入第二點
---

4. 三點(3P)：定出圓周上不共線三點來畫圓。

指定圓的中心點或[三點(3P) 兩點(2P) 相切、相切、半徑(T)]：_3p

指定圓上的第一點：P1   <輸入第一點

指定圓上的第二點：P2   <輸入第二點

指定圓上的第三點：P3   <輸入第三點
---

5. 相切、相切、半徑(T)：選取二個相切的圖元，再輸入半徑來畫圓。

指定圓的中心點或[三點(3P) 兩點(2P) 相切、相切、半徑(T)]：_ttr

指定物件上的點做為圓的第一個切點：P1   <選取近切點 P1

指定物件上的點做為圓的第二個切點：P2   <選取近切點 P2

指定圓的半徑<10>：r   <輸入半徑值
---

6. 相切、相切、相切：以切點的物件鎖點模式來三點畫圓。

指定圓的中心點或[三點(3P) 兩點(2P) 相切、相切、半徑(T)]：_3p

指定圓上的第一點：_tan 於 P1   <選取相切物件

指定圓上的第二點：_tan 於 P2   <選取相切物件

指定圓上的第三點：_tan 於 P3   <選取相切物件

三、範例

以圓(CIRCLE)指令，完成圖 4-2(d)。

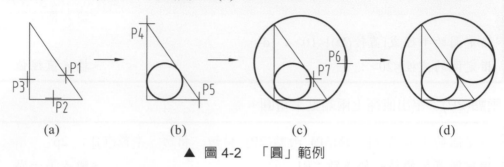

(a)　　　　　　　　　(b)　　　　　　　　　(c)　　　　　　　　　(d)

▲ 圖 4-2 「圓」範例

指令： ◯ 相切、相切、相切	
指定圓的中心點或[三點(3P) 兩點(2P) 相切、相切、半徑(T)]：_3p	
指定圓上的第一點：_tan 於 P1	＜輸入第一點
指定圓上的第二點：_tan 於 P2	＜輸入第二點
指定圓上的第三點：_tan 於 P3	＜輸入第三點，得(b)圖
指令： ◯ 兩點	
指定圓的中心點或[三點(3P) 兩點(2P) 相切、相切、半徑(T)]：_2p	
指定圓直徑的第一個端點：_int 於 P4	＜輸入第一點
指定圓直徑的第二個端點：_int 於 P5	＜輸入第二點，得(c)圖
指令： ◯ 相切、相切、半徑	
指定圓的中心點或[三點(3P) 兩點(2P) 相切、相切、半徑(T)]：_ttr	
指定物件上的點做為圓的第一個切點：P6	＜輸入第一點
指定物件上的點做為圓的第二個切點：P7	＜輸入第二點
指定圓的半徑<10.0>：8 Enter	＜輸入半徑值，得(d)圖

四、技巧要領

定位時要配合物件鎖點(OSNAP)指令，以增加定位正確性。

4-2　弧(ARC)

繪製圓弧指令。弧的定義，如圖 4-3。

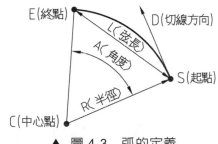

▲ 圖 4-3　弧的定義

一、指令輸入方式

功能區：《常用》→〈繪製〉→

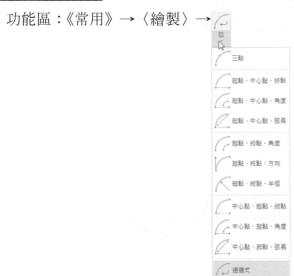

二、指令提示

指令： 三點

指定弧的起點或[中心點(C)]：　　　　　　　　　＜輸入起始點或其他選項

指定弧的第二點或[中心點(C)　終點(E)]：　　　＜輸入第二點

指定弧的終點：　　　　　　　　　　　　　　　＜輸入終止點

【說明】

　　弧內定以逆時針方向繪製，若要以順時針方向繪製，可在輸入第三個功能項前依指示按 Ctrl 鍵或輸入負角度。弧指令功能運用，如圖 4-4。

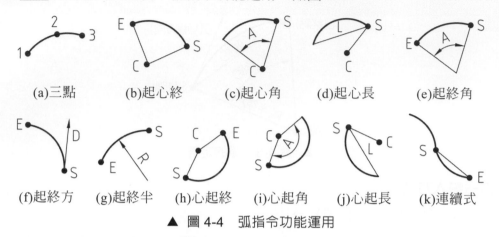

(a)三點　　　(b)起心終　　　(c)起心角　　　(d)起心長　　　(e)起終角

(f)起終方　　(g)起終半　　(h)心起終　　(i)心起角　　(j)心起長　　(k)連續式

▲ 圖 4-4　弧指令功能運用

1.　三點：以不共線三點來定義圓弧。

2.　起點、中心點、終點：以起始點、圓弧中心點及終止點來定義圓弧。

3.　起點、中心點、角度：以起始點、圓弧中心點及對應弧角來定義弧。當弧由逆時針方向繪出，弧角為正值；若弧由順時針方向繪出，弧角為負值，如圖 4-5。

▲ 圖 4-5　弧角的正負方向

4.　起點、中心點、弦長：以起始點、圓弧中心及弦長來定義圓弧。弦長為正值時，則繪出小於 180°圓弧；若為負值，則繪出大於 180°圓弧，如圖 4-6。

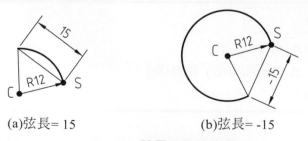

(a)弦長= 15　　　　　　　(b)弦長= -15

▲ 圖 4-6　弦長正負值定義

5. 起點、終點、角度：以起始點、終止點及對應弧角來定義圓弧。

6. 起點、終點、方向：以起始點、終止點及起始點的切線方向來定義圓弧。

7. 起點、終點、半徑：以起始點、終止點及半徑來定義圓弧。半徑為正值時，則繪出小於 180°圓弧；若為負值，則繪出大於 180°圓弧，如圖 4-7。

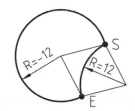

▲ 圖 4-7　半徑正負值定義

8. 連續式：以上一個圓弧或直線終止方向為起始方向，再輸入一終止點來定義圓弧。

三、範例

以弧(ARC)指令，完成圖 4-8(b)。

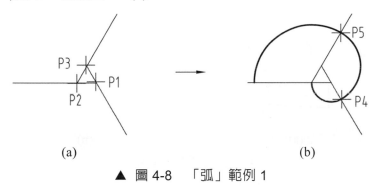

(a)　　　　　　　　　　　　　　　(b)

▲ 圖 4-8　「弧」範例 1

指令：[中心點、起點、角度]

指定弧的起點或[中心點(C)]：_c

指定弧的中心點：_int 於 P1　　　　　　　　　　　　　<輸入弧中心點

指定弧的起點：_int 於 P2　　　　　　　　　　　　　<輸入起始點

指定弧的終點(按住 Ctrl 以切換方向)或[角度(A)　弦長(L)]：_a

　　　　　　　　　　　　　　　　　　　　　　　　　<選擇輸入角度

指定夾角(按住 Ctrl 以切換方向)：120 Enter　　　　　　<弧角=120°

```
指令： Enter                                              <重複畫弧指令

ARC 指定弧的起點或[中心點(C)]：C

指定弧的中心點：_int 於 P3

指定弧的起點：_int 於 P4

指定弧的終點(按住 Ctrl 以切換方向)或[角度(A) 弦長(L)]：A

指定夾角(按住 Ctrl 以切換方向)：120
```

```
指令： Enter

ARC 指定弧的起點或[中心點(C)]：C

指定弧的中心點：_int 於 P2

指定弧的起點：_int 於 P5

指定弧的終點(按住 Ctrl 以切換方向)或[角度(A) 弦長(L)]：A

指定夾角(按住 Ctrl 以切換方向)：120 Enter                  <得(b)圖
```

2. 以弧(ARC)指令，完成圖 4-9(b)。

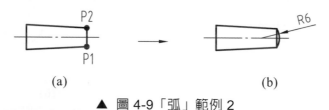

(a)   (b)

▲ 圖 4-9「弧」範例 2

```
指令： 起點、終點、半徑

指定弧的起點或[中心點(C)]：P1                             <輸入起始點 P1

指定弧的第二點或[中心點(C) 終點(E)]：_e

指定弧的終點：P2                                         <輸入終點

指定弧的中心點(按住 Ctrl 以切換方向)或[角度(A) 方向(D) 半徑(R)]：_r
                                                        <輸入半徑值

指定弧的半徑(按住 Ctrl 以切換方向)：6 Enter              <弧半徑
```

4-3 鏡射(MIRROR)

將對稱於某軸的圖形，僅畫出其半視圖，而另一半視圖以鏡射指令來完成。

一、指令輸入方式

功能區：《常用》→〈修改〉→

二、指令提示

```
指令：[鏡射]

選取物件：                              <選取欲鏡射的物件
.
.
.
選取物件： Enter                         <結束選取
指定鏡射線的第一點：                     <對稱軸上的第一點
指定鏡射線的第二點：                     <對稱軸上的第二點
是否刪除來源物件？[是(Y) 否(N)]<否>：     <鏡射後，是否刪除原來物件
```

【說明】

若圖形中有文字時，可先設定鏡射文字(MIRRTEXT)系統變數。當 MIRRTEXT = 0 (OFF)表示文字不鏡射，MIRRTEXT = 1(ON)表示文字鏡射，系統變數內定值為 0，如圖 4-10。

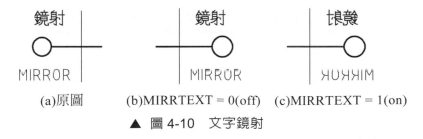

(a)原圖　　　(b)MIRRTEXT = 0(off)　(c)MIRRTEXT = 1(on)

▲ 圖 4-10　文字鏡射

三、範例

1. 以鏡射(MIRROR)指令，完成圖 4-11(d)。

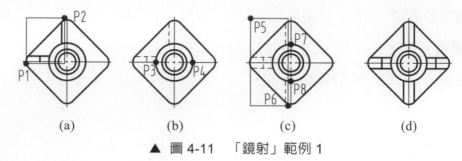

▲ 圖 4-11　「鏡射」範例 1

指令：　📐
　　　　鏡射

選取物件：P1　指定對角點：P2　找到 3 個　　　<以視窗方式選取物件

選取物件：　Enter　　　　　　　　　　　　　　<結束選取，得(b)圖

指定鏡射線的第一點：_int 於 P3　　　　　　　<選取對稱軸 P3，P4

指定鏡射線的第二點：_int 於 P4

是否刪除來源物件？[是(Y) 否(N)]<否>：　Enter　　<不刪除原來物件，得(c)圖

指令：　Enter　　　　　　　　　　　　　　　<重複鏡射物件

選取物件：P5　指定對角點：P6　找到 6 個

選取物件：　Enter

指定鏡射線的第一點：_int 於 P7

指定鏡射線的第二點：_int 於 P8

是否刪除來源物件？[是(Y) 否(N)]<否>：　Enter　　<得(d)圖

2. 以鏡射(MIRROR)指令，完成圖 4-12(c)。

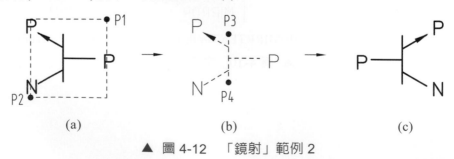

▲ 圖 4-12　「鏡射」範例 2

指令：MIRRTEXT Enter　　　　　　　　　　　<確認文字鏡射變數值

MIRRTEXT 的新值<0>：　Enter　　　　　　　　<文字鏡射後方向不變

指令：⚠

　　　　鏡射

選取物件：P1 指定對角點：P2　找到 10 個　　　<以框選方式選取物件(a)圖

選取物件：　Enter　　　　　　　　　　　　<結束選取，得(b)圖

指定鏡射線的第一點：P3　　　　　　　　　　<選取對稱軸 P3，P4

指定鏡射線的第二點：P4

是否刪除來源物件？[是(Y) 否(N)]<否>：Y　　　<鏡射後刪除原來物件，得(c)圖

四、技巧要領

若圖形之對稱為水平或垂直時，則可打開正交模式，可準確定出鏡射線。

4-4　陣列(ARRAY)

依照選取的物件，做矩形陣列、路徑陣列或環形陣列的排列方式複製出大量的圖形。可利用掣點設定行與列的數目或在圖 4-13 的《陣列建立》頁籤中輸入所需的值。

▲ 圖 4-13　《陣列建立》頁籤

◉ 4-4-1　矩形陣列(ARRAYRECT)

一、指令輸入方式

功能區：《常用》→〈修改〉→

二、指令提示

```
指令： [矩形陣列]
選取物件：                                <選取欲陣列的物件
.
.
選取物件： Enter                          <結束選取
類型=矩形   關聯式=是
選取掣點以編輯陣列或[關聯式(AS) 基準點(B) 計數(COU) 間距(S) 行數(COL)
列數(R) 層數(L) 結束(X)]<結束>：
```

【說明】

1. **選取掣點以編輯陣列**：點選掣點並移動游標以調整原點位置、列與行之數量或間距，如圖 4-14。

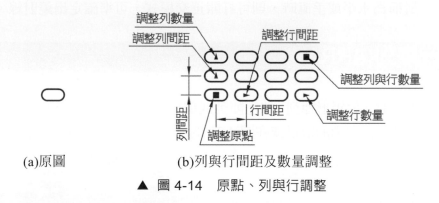

　　　　(a)原圖　　　　　　　　(b)列與行間距及數量調整

▲ 圖 4-14　原點、列與行調整

2. **關聯式(AS)**：將複製出的物件以關聯的形式建立，可藉由編輯陣列的性質來一次編輯所有複製出的物件。否則，複製出的物件以獨立物件的形式存在，可對單獨物件編輯不會影響其他物件。

3. **基準點(B)**：在來源物件上指定一個點，以做為陣列新的基準點。

```
選取掣點以編輯陣列或[關聯式(AS) 基準點(B) 計數(COU) 間距(S) 行數(COL)
列數(R) 層數(L) 結束(X)]<結束>：B
指定基準點或[關鍵點(K)]<形心>：
```

(1) **關鍵點(K)**：指定一個參數式製圖的約束點，以做為來源物件上陣列的基準點。

(2) **形心**：以電腦內定的形心為基準點。

4.　計數(COU)：輸入列與行的數目。

　　表示式(E)：使用數學公式或方程式直接計算出值。

5.　間距(S)：輸入列與行的間距。

　　單位格(U)：點選不共線二點形成一個矩形區域，以定出列與行的間距。

6.　行數(COL)：設定行數與行間距。

　　總計(T)：首列(行)至未列(行)的間距。

7.　列數(R)：設定列數與列間距。

8.　層數(L)：設定層數，複製成 3D 空間的物件數量。

三、範例

以矩形陣列(ARRAYRECT)指令，完成圖 4-15(c)。

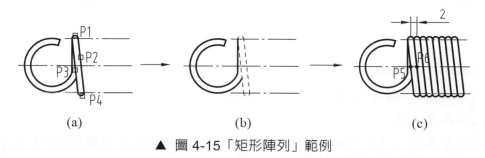

(a)　　　　　　　　　　(b)　　　　　　　　　　(c)

▲ 圖 4-15「矩形陣列」範例

1.

指令：[矩形陣列]

選取物件：P1 找到 1 個　　　　　　　　　　　　　<選取欲矩形陣列的物件

選取物件：P2 找到 1 個，共 2

選取物件：P3 找到 1 個，共 3

選取物件：P4 找到 1 個，共 4

選取物件：[Enter]　　　　　　　　　　　　　　　<結束選取，得(b)圖

2.游標點選左上掣點，後下移調成 1 列按左鍵

3.游標點選最右方掣點，後右移調成 8 行按左鍵

4.

選取掣點以編輯陣列或[關聯式(AS)　基準點(B)　計數(COU)　間距(S)　行數(COL)

列數(R)　層數(L)　結束(X)]<結束>：S　　　　　　<以游標選取間距(S)

指定行間距或[單位格(U)]<6.0>：P5　指定第二點：P6　<輸入行的間距

指定列間距<30.0>：　Enter　　　　　　　　　　　　　　　<只有一列間距不拘

選取掣點以編輯陣列或[關聯式(AS)　基準點(B)　計數(COU)　間距(S)　行數(COL)

列數(R)　層數(L)　結束(X)]<結束>：　Enter　　　　　　　<得(c)圖

◯ 4-4-2　路徑陣列(ARRAYPATH)

一、指令輸入方式

功能區：《常用》→〈修改〉→ ○○○ 路徑陣列

二、指令提示

指令： ○○○ 路徑陣列

選取物件：　　　　　　　　　　　　　　　　　<選取欲陣列的物件

.

.

選取物件：　Enter　　　　　　　　　　　　　　<結束選取

類型=路徑　　關聯式=是

選取路徑曲線：

選取掣點以編輯陣列或[關聯式(AS)　方法(M)　基準點(B)　切線方向(T)　項目(I)

列數(R)　層數(L)　對齊項目(A) Z方向(Z)　結束(X)]<結束>：

【說明】

1. 選取路徑曲線：選取要成為陣列路徑的曲線。

2. 方法(M)：依所需的陣列個數，將路徑長度等分或等距。

3. 切線方向(T)：陣列後物件依照路徑旋轉的相對方向，如圖 4-16。

選取掣點以編輯陣列或[關聯式(AS)　方法(M)　基準點(B)　切線方向(T)　項目(I)

列數(R)　層數(L)　對齊項目(A) Z方向(Z)　結束(X)]<結束>：T

指定切線方向向量的第一點或[法線(N)]：P1　　　　<切線方向的第一點

指定切線方向向量的第二點：P2　　　　　　　　<切線方向的第二點

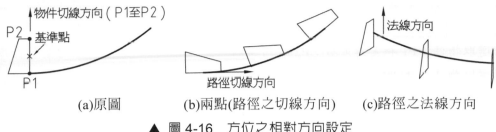

(a)原圖　　　　　(b)兩點(路徑之切線方向)　　(c)路徑之法線方向

▲ 圖 4-16　方位之相對方向設定

4. 項目(I)：重新設定物件間的距離與個數。

選取掣點以編輯陣列或[關聯式(AS)　方法(M)　基準點(B)　切線方向(T)　項目(I)
列數(R)　層數(L)　對齊項目(A)　Z 方向(Z)　結束(X)]<結束>：I
指定沿路徑項目之間的距離或[表示式(E)]<18>：
最大項目數=　　　　　　　　　　　　　<提示路徑可放置的最大個數
指定項目數目或[填入完整路徑(F)　表示式(E)]<2>：

填入完整路徑(F)：將物件填滿路徑。

5. 對齊項目(A)：設定是否要使陣列後的物件相切於路徑方向，如圖 4-17。

(a)原圖　　　　　(b)相切於路徑方向　　　　(c)不相切於路徑方向

▲ 圖 4-17　陣列物件對齊項目設定

6. Z 方向(Z)：設定是否保留物件原始的 Z 方向或是沿著 3D 路徑排列陣列後的物件。

三、範例

以路徑陣列(ARRAYPATY)指令，完成圖 4-18(b)。

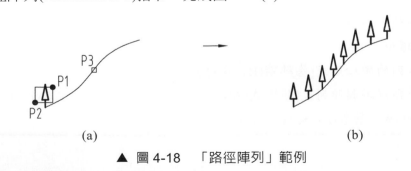

(a)　　　　　　　　　　　　　　　(b)

▲ 圖 4-18　「路徑陣列」範例

```
指令： ╭○○○ 路徑陣列

選取物件：P1 指定對角點：P2 找到 5 個          <以框選選取物件

選取物件： Enter

類型=路徑   關聯式=是

選取路徑曲線：P3

選取掣點以編輯陣列或[關聯式(AS) 方法(M) 基準點(B) 切線方向(T) 項目(I)
列數(R) 層數(L) 對齊項目(A) Z方向(Z) 結束(X)]<結束>：
** 項目間距 **
指定項目之間的距離：          <游標點選右上掣點，後調成 8 行按左鍵
選取掣點以編輯陣列或[關聯式(AS) 方法(M) 基準點(B) 切線方向(T) 項目(I)
列數(R) 層數(L) 對齊項目(A) Z方向(Z) 結束(X)]<結束>：M
輸入路徑方式[等分(D) 等距(M)]<等距>：D          <以等分方式放置
選取掣點以編輯陣列或[關聯式(AS) 方法(M) 基準點(B) 切線方向(T) 項目(I)
列數(R) 層數(L) 對齊項目(A) Z方向(Z) 結束(X)]<結束>： Enter     <得(b)圖
```

⬤ 4-4-3　環形陣列(ARRAYPOLAR)

一、指令輸入方式

功能區：《常用》→〈修改〉→ ┌─────────┐
　　　　　　　　　　　　　　│ ○○○ 環形陣列 │
　　　　　　　　　　　　　　└─────────┘

二、指令提示

```
指令： ○○○ 環形陣列

選取物件：                    <選取欲陣列的物件
.
.
選取物件： Enter               <結束選取
類型=環形   關聯式=是
指定陣列的中心點或[基準點(B) 旋轉軸(A)]：
選取掣點以編輯陣列或[關聯式(AS) 基準點(B) 項目(I) 夾角(A) 填滿角度(F)
列數(ROW) 層數(L) 旋轉項目(ROT) 結束(X)]<結束>：
```

【說明】

1. 指定陣列的中心點：設定陣列物件的中心點，如圖 4-19(b)。

2. 旋轉軸(A)：設定陣列物件的旋轉軸，如圖 4-19(c)。

(a)原圖　　　　　(b)中心點陣列　　　　(c)旋轉軸陣列

▲ 圖 4-19　以中心點或旋轉軸陣列物件

3. 夾角(A)：陣列物件間的夾角，如圖 4-20。系統內定以逆時鐘為正角度，若需要繪順時鐘的陣列圖形，可在圖 2-21 圖面單位對話視窗勾選☑順時鐘(C)。

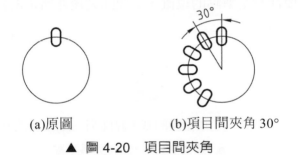

(a)原圖　　　　　　　(b)項目間夾角 30°

▲ 圖 4-20　項目間夾角

4. 填滿角度(F)：指定陣列物件要佈滿的角度(+ = 逆時針，- = 順時針)，輸入正角度為逆時鐘方向旋轉，負角度為順時鐘方向旋轉，如圖 4-21。

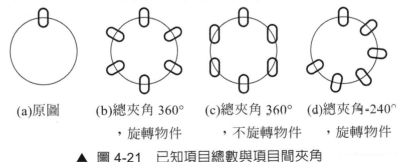

(a)原圖　　(b)總夾角 360°　　(c)總夾角 360°　(d)總夾角 -240°
　　　　　　，旋轉物件　　　　，不旋轉物件　　，旋轉物件

▲ 圖 4-21　已知項目總數與項目間夾角

5. 列數(ROW)：設定環形陣列的列數，並可設定各列間距 Z 軸的高程距離，如圖 4-22。

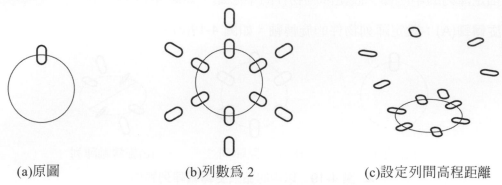

(a)原圖　　　　　　　(b)列數為 2　　　　　　　(c)設定列間高程距離

▲ 圖 4-22　列數與 Z 軸高程距離

6. 旋轉項目(ROT)：設定是否將環形陣列後的物件，繞著陣列中心點旋轉，如圖 4-21。旋轉時要注意基準點的位置，以免陣列後非所需的圖形，如圖 4-23。

(a)原圖　　　(b)以預設的基準點陣列　　(c)以新的基準點陣列

▲ 圖 4-23　物件陣列基準點

三、範例

以環形陣列(ARRAYPOLAR)指令，完成圖 4-24(c)。

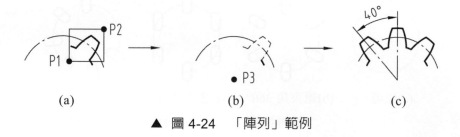

(a)　　　　　　　　　　(b)　　　　　　　　　　(c)

▲ 圖 4-24　「陣列」範例

1.	
指令：　⚬⚬ 環形陣列	
選取物件：P1 指定對角點：P2 找到 4 個	<以視窗選取物件
選取物件：　Enter	<結束選取，得(b)圖

類型=環形　關聯式=是

指定陣列的中心點或[基準點(B)　旋轉軸(A)]：P3

2.在《陣列建立》頁籤中項目輸入 3；夾角輸入 40

3.點選 ✔ 關閉陣列

4-5　編輯陣列(ARRAYEDIT)

修改陣列的編輯指令。

一、指令輸入方式

1.　在關聯式陣列物件上按滑鼠左鍵一下。

2.　功能區：《常用》→〈修改▾〉→ 🔲 編輯陣列

二、指令提示

指令：🔲 編輯陣列

選取陣列：   <選取陣列物件

輸入選項[來源(S)　取代(REP)　基準點(B)　列數(R)　行數(C)　圖層(L)　重置(RES)

結束(X)]<結束>：   <輸入編輯選項

【說明】

在陣列物件上按滑鼠「左鍵」一下後，若為矩形陣列則出現圖 4-13《陣列建立》頁籤，若為路徑陣列或環形陣列則出現各自的《陣列》頁籤以編輯陣列。

1.　**編輯來源/來源(S)**：點選陣列中的任一物件作為來源件加以編輯，以改變陣列中的所有物件。點選物件後會出現〈編輯陣列〉面板，於編輯後要點選儲存變更或捨棄變更，以結束編輯。

2. 取代項目/取代(REP)：以新的物件取代部份原來陣列中的物件或全數取代，如圖 4-26。點選取代項目，則提示：

> 選取取代物件：　　　　　　　　　　　　　＜輸入要取代的物件
>
> 選取取代物件的基準點或[關鍵點(K)]＜形心＞：　＜選取要取代的物件的基準點
>
> 選取陣列中要取代的項目或[來源物件(S)]：
>
> 　　　　　　　　　　　　　　　　＜點選要取代的部份或點選 S 全數取代

來源物件(S)：點取 S 則所有陣列中的物件將全數被取代。

(a)原圖　　　　　(b)部份取代　　　　　(c)全部取代

▲ 圖 4-26　取代項目

3. 重置陣列/重置(RES)：還原遭刪除的物件且移除說明 2 取代項目的任何操作。

4-6　多邊形(POLYGON)

能繪出 3 到 1024 個邊的正多邊形。

一、指令輸入方式

功能區：《常用》→〈繪製〉→

二、指令提示

> 指令：
>
> 輸入邊的數目<4>：　　　　　　　　　　＜多邊形的邊數
>
> 指定多邊形的中心點或[邊(E)]：　　　　　　＜定中心點或邊長方式繪製
>
> 輸入一個選項[內接於圓(I)　外切於圓(C)]<I>：　＜點選內接於圓或外切於圓
>
> 指定圓的半徑：

【說明】

1.　多邊形中心點：假想圓的中心點。

指定多邊形的中心點或[邊(E)]：P1	<定中心點
輸入一個選項[內接於圓(I)　外切於圓(C)]<I>：	<點選內接於圓或外切於圓
指定圓的半徑：r	<輸入假想圓的半徑值

2.　內接於圓(I)/外切於圓(C)：繪製內接或外切於假想圓的多邊形，如圖 4-27。

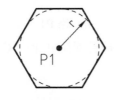

　　　(a)內接於圓　　　　　　　(b)外切於圓　　　　　　　(c)邊

▲ 圖 4-27　多邊形的各種輸入法

3.　邊(E)：設定多邊形以邊長繪出，如圖 4-27。

指定多邊形的中心點或[邊(E)]：E	<選擇以邊長繪製
指定邊的第一個端點：P1	<輸入邊第一點
指定邊的第二個端點：P2	<輸入邊第二點

三、範例

以多邊形(POLYGON)指令，完成圖 4-28(c)。

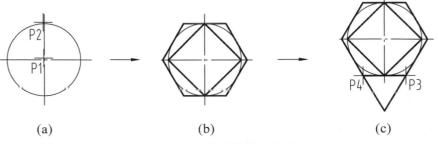

　　　(a)　　　　　　　　　　(b)　　　　　　　　　　(c)

▲ 圖 4-28「多邊形」範例

指令：

[多邊形]

輸入邊的數目<3>：4 Enter	<輸入邊數
指定多邊形的中心點或[邊(E)]：_int 於 P1	<輸入中心點
輸入一個選項[內接於圓(I) 外切於圓(C)]<I>： Enter	<點選內接於圓
指定圓的半徑：_int 於 P2	<輸入半徑值
指令： Enter	
輸入邊的數目<4>：6 Enter	<輸入邊數
指定多邊形的中心點或[邊(E)]：_int 於 P1	<輸入六邊形中心點於 P1
輸入一個選項[內接於圓(I) 外切於圓(C)]<I>：C	<點選外切於圓
指定圓的半徑：_int 於 P2	<輸入半徑值，得(b)圖
指令： Enter	
輸入邊的數目<6>：3	<輸入邊數
指定多邊形的中心點或[邊(E)]：E	<以邊長繪製
指定邊的第一個端點：P3	<輸入邊第一點
指定邊的第一個端點：P4	<輸入邊第二點，得(c)圖

四、技巧要領

多邊形圖形屬於聚合線，為整體的圖元，如欲編修需先執行 [分解]，使各邊成為單一線段。

4-7 比例(SCALE)

將物件按所需比例縮小或放大。可應用於製圖習用表示法中的局部放大視圖繪製。

一、指令輸入方式

功能區：《常用》→〈修改〉→ [比例]

二、指令提示

指令：
比例

選取物件：　　　　　　　　　　　　　　<選取物件

.

.

選取物件： Enter 　　　　　　　　　　　<結束選取

指定基準點：　　　　　　　　　　　　　<設定基準點

指定比例係數或[複製(C) 參考(R)]：　　<直接輸入比例值或以參考方式縮放

【說明】

1. 比例係數：直接輸入物件欲縮放比例數值。當值大於 1 表示放大，值介於 0～1 之間表示縮小。

2. 複製(C)：複製來源物件後比例縮放。

3. 參考(R)：以參考值方式縮放，如圖 4-29。

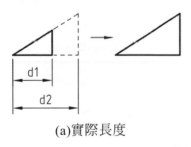 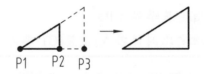

(a)實際長度　　　　　　　　　　　　　(b)定三點方式

▲ 圖 4-29　參考值式縮放

(1) 實際長度縮放

指定比例係數或[複製(C) 參考(R)]：R　　　<輸入以參考方式縮放
指定參考長度<1>：d1 Enter 　　　　　　　<輸入物件目前的實際長度值
指定新長度或[點(P)]：d2 Enter 　　　　　　<輸入物件縮放後的長度值

(2) 定三點方式縮放

指定比例係數或[複製(C) 參考(R)]：R　　　<輸入以參考方式縮放
指定參考長度：P1　　　　　　　　　　　　<輸入新基準點

指定第二點：P2	<選取物件上一已知點
指定新長度或[點(P)]：P3	<選取物件縮放至新位置點

三、範例

1. 以比例(SCALE)指令，完成圖 4-30(b)圖。

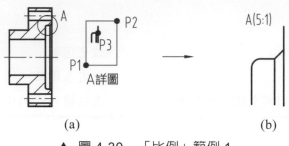

(a)　　　　　　　　　　　(b)

▲ 圖 4-30　　「比例」範例 1

指令：　比例	
選取物件：P1　指定對角點：P2　找到 6 個	<以視窗選取物件
選取物件：　Enter	<結束選取
指定基準點：P3	<設定基準點
指定比例係數或[複製(C)　參考(R)]：5 Enter	<輸入比例值，得(b)圖

2. 以比例(SCALE)指令，完成圖 4-31(c)。

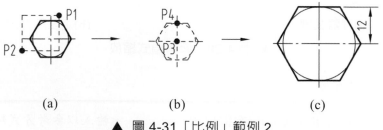

(a)　　　　　　　　　(b)　　　　　　　　　(c)

▲ 圖 4-31「比例」範例 2

指令：　比例	
選取物件：P1　指定對角點：P2　找到 4 個	<以框選選取物件
選取物件：　Enter	<結束選取，得(b)圖
指定基準點：P3	<設定比例基準點

指定比例係數或[複製(C) 參考(R)]：R	<選擇以參考方式縮放
指定參考長度<1>：P3	<輸入新基準點
指定第二點：P4	<選取物件
指定新長度或[點(P)]：12	<輸入值，得(c)圖

四、技巧要領

執行比例縮放後，若物件不見時，可能放大至畫面外，可以快按滑鼠滾輪兩下，將其顯示出來。

綜合練習(一)

以圓(CIRCLE)、弧(ARC)、鏡射(MIRROR)、陣列(ARRAY)及曾學習過的指令，完成下列各圖。

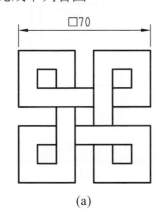

(a)

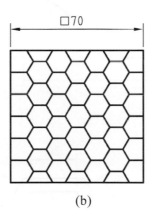

(b)

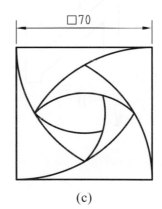

(c)

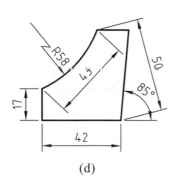

(d)

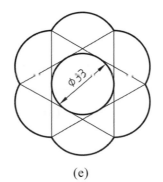

(e)

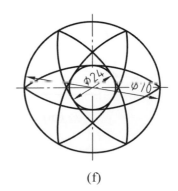

(f)

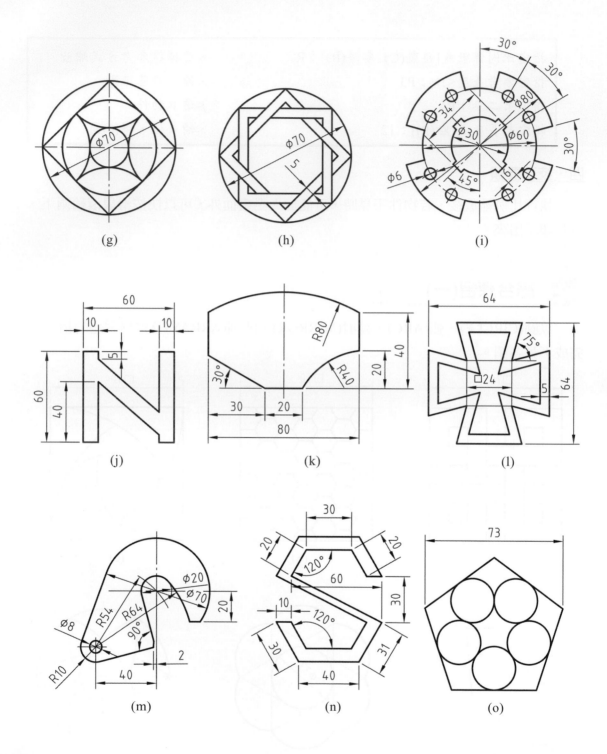

4-8　旋轉(ROTATE)

將物件繞著指定點旋轉一個角度。可應用於製圖習用表示法中的轉正視圖繪製。

一、指令輸入方式

功能區：《常用》→〈修改〉→　旋轉

二、指令提示

指令：　旋轉

目前使用者座標系統中的正向角：ANGDIR=逆時鐘方向 ANGBASE=0

選取物件：　　　　　　　　　　　　　<選取物件

.

.

選取物件： Enter 　　　　　　　　　<結束選取

指定基準點：　　　　　　　　　　　　<輸入基準點

指定旋轉角度或[複製(C) 參考(R)]：　　<直接輸入角度值或以參考方式旋轉

【說明】

1.　旋轉角度：直接改變角度，輸入正值為逆時鐘旋轉，負值為順時鐘旋轉。

2.　複製(C)：複製來源物件後旋轉。

3.　參考(R)：以參考值式的相對角度旋轉，如圖 4-32。

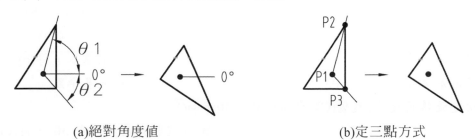

(a)絕對角度值　　　　　　　　　　(b)定三點方式

▲ 圖 4-32　參考值方式旋轉

(1) 絕對角度值旋轉

指定旋轉角度或[複製(C) 參考(R)] : R	<參考方式旋轉
指定參考角度<0> : θ1	<輸入物件目前位置相對於 0 度的絕對角度
指定新角度或[點(P)] : θ2	<輸入物件新的位置相對於 0 度的絕對角度

(2) 定三點方式旋轉

指定旋轉角度或[複製(C) 參考(R)] : R	<以參考方式旋轉
指定參考角度<0> : P1	<輸入新基準點
指定第二點 : P2	<選取物件目前方向上的一點
指定新角度或[點(P)] : P3	<選取物件新方向上的一點

三、範例

1. 以旋轉(ROTATE)指令，完成圖 4-33(c)。

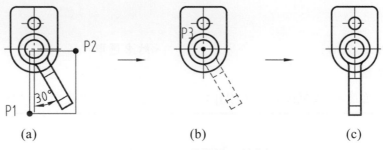

(a)　　　　　　　　(b)　　　　　　　　(c)

▲ 圖 4-33 「旋轉」範例 1

指令：🔄 旋轉	
目前使用者座標系統中的正向角：ANGDIR=逆時鐘方向　ANGBASE=0	
選取物件：P1　指定對角點：P2　找到 7 個	<以視窗選取物件
選取物件：Enter	<結束選取，得(b)圖
指定基準點：_int 於 P3	<輸入基準點
指定旋轉角度或[複製(C) 參考(R)] : -30 Enter	
	<輸入旋轉角度順時鐘 30°，得(c)圖

2.　以旋轉(ROTATE)指令，完成圖 4-34(b)。

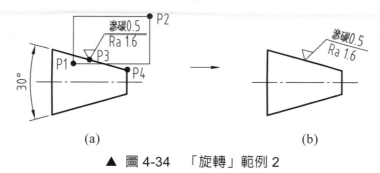

(a)　　　　　　　　　　　　　　　　　　(b)

▲ 圖 4-34　「旋轉」範例 2

指令：

旋轉

目前使用者座標系統中的正向角：ANGDIR=逆時鐘方向　ANGBASE=0

選取物件：P1 指定對角點：P2　找到 6 個　　　<以視窗選取物件

選取物件： Enter 　　　　　　　　　　　　　　<結束選取

指定基準點：P3　　　　　　　　　　　　　　<輸入基準點

指定旋轉角度或[複製(C) 參考(R)]：R　　　　<以參考方式旋轉

指定參考角度<0>： Enter 　　　　　　　　　<新基準點同前一基準點 P3

指定新角度或[點(P)]：_int 於 P4　　　　　　<選取新方向上的一點，得(b)圖

4-9　圓角(FILLET)

在物件之間倒出圓弧，或是將兩條線予以接齊。

一、指令輸入方式

功能區：《常用》 → 〈修改〉 →

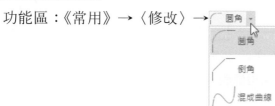

二、指令提示

> 指令： [圓角 ▾]
> 目前的設定：模式=修剪，半徑=0
> 選取第一個物件或[退回(U) 聚合線(P) 半徑(R) 修剪(T) 多重(M)]：
> 選取第二個物件，或按住 Shift 並選取物件以套用角點或[半徑(R)]：

【說明】

1. 選取第一個物件：選取要圓角的第一個邊。

2. 退回(U)：在多重(M)圓角狀態下回復上一個圓角動作。

3. 聚合線(P)：對聚合線的各頂點同時畫出圓角。

4. 半徑(R)：設定改變欲倒圓角的圓弧大小。

5. 修剪(T)：設定執行倒圓角後，修剪或不修剪邊線，如圖 4-35。

(a)原圖　　　　　(b)修剪邊線　　　　(c)不修剪邊線

▲ 圖 4-35　圓角修剪邊線設定

6. 多重(M)：對多個物件連續做倒出圓弧，不需重複執行圓角指令。

7. 選取第二個物件，或按住 Shift 並選取物件以套用角點：選取第二邊即畫出一個圓弧來，圓弧的大小為目前半徑值或按住 Shift 並選取第二邊以倒出半徑為 0 的角點，也可輸入 R 重新設定半徑，如圖 4-36。

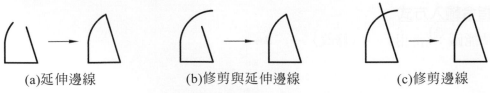

(a)延伸邊線　　　　　(b)修剪與延伸邊線　　　　　(c)修剪邊線

▲ 圖 4-36　圓角修剪與延伸邊線

三、範例

以圓角(FILLET)指令，完成圖 4-37(b)。

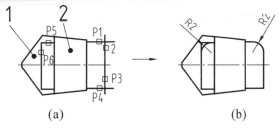

(a)　　　　　　　　　　　　　(b)

▲ 圖 4-37　「圓角」範例

指令：圓角 ▾

目前的設定：模式=修剪，半徑=5.0

選取第一個物件或[退回(U)　聚合線(P)　半徑(R)　修剪(T)　多重(M)]：R
<設定圓弧大小

請指定圓角半徑<5.0>：2 Enter　　　　　　　<設定圓角半徑

選取第一個物件或[退回(U)　聚合線(P)　半徑(R)　修剪(T)　多重(M)]：P1
<選第一邊

選取第二個物件，或按住 Shift 並選取物件以套用角點或[半徑(R)]：P2
<選第二邊

指令：Enter

目前的設定：模式=修剪，半徑=2.0

選取第一個物件或[退回(U)　聚合線(P)　半徑(R)　修剪(T)　多重(M)]：P3

選取第二個物件，或按住 Shift 並選取物件以套用角點或[半徑(R)]：P4
<按住 Shift 倒圓角的第二邊

指令：Enter　　　　　　　　　　　　　　　<重複圓角指令

目前的設定：模式=修剪，半徑=2.0

選取第一個物件或[退回(U)　聚合線(P)　半徑(R)　修剪(T)　多重(M)]：T
<設定修剪邊線

輸入「修剪」模式選項[修剪(T)　不修剪(N)]<修剪>：N　　<邊線不修剪

選取第一個物件或[退回(U)　聚合線(P)　半徑(R)　修剪(T)　多重(M)]：P5

選取第二個物件，或按住 Shift 並選取物件以套用角點或[半徑(R)]：P6　<得(b)圖

4-10 倒角(CHAMFER)

將兩條相交的線倒出斜角，或是將兩條線予以接齊。

一、指令輸入方式

功能區：《常用》→〈修改〉→ ⟨／ 倒角 ▾⟩

二、指令提示

指令：⟨／ 倒角 ▾⟩
(TRIM 模式)目前的倒角　距離 1=0，距離 2=0　　　　<目前設定狀態
選取第一條線或[退回(U)　聚合線(P)　距離(D)　角度(A)　修剪(T)　方式(E)
多重(M)]：

【說明】

1. 選取第一條線：選取第一條要倒角的線。

2. 退回(U)：在多重(M)倒角狀態下回復上一個倒角動作。

3. 聚合線(P)：對聚合線的各頂點同時做出倒角。

4. 距離(D)：設定改變第一條線及第二條線欲倒角的距離。

5. 角度(A)：設定使用倒角角度方式來倒角，如圖 4-38。

選取第一條線或[退回(U)　聚合線(P)　距離(D)　角度(A)　修剪(T)　方式(E)
多重(M)]：A
輸入第一條線的倒角長度<10>：d1 Enter　　　　　　　<輸入數值
輸入自第一條線的倒角角度<0>：α Enter　　　　　　　<輸入角度

▲ 圖 4-38　使用倒角角度與長度

6. 修剪(T)：設定執行倒角後，修剪或不修剪邊線，如圖 4-39。

(a)原圖　　　　　(b)修剪邊線　　　　(c)不修剪邊線

▲ 圖 4-39　倒角修剪邊緣設定

7. 方式(E)：設定內定值使用距離(D)或角度(A)方式來倒角。

8. 多重(M)：對多個物件連續做倒出斜角，不需重複執行倒角指令。

9. 選取第二條線或按住 Shift 並選取線以套用角點：選取第二條線即可倒出一個斜角來或按住 Shift 並選取第二條線以倒出距離為 0 的角點，如圖 4-40。

(a)延伸邊　　　　　　(b)修剪與延伸邊線　　　　　　(c)修剪邊線

▲ 圖 4-40　倒角修剪與延伸邊線

三、範例

以倒角(CHAMFER)指令，完成圖 4-41(c)。

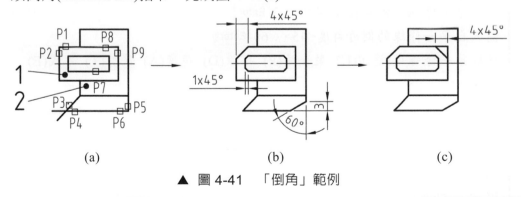

(a)　　　　　　　　　　(b)　　　　　　　　　　(c)

▲ 圖 4-41　「倒角」範例

指令：┌ 倒角 ▼

(TRIM 模式)目前的倒角　距離 1=10.0；距離 2=10.0

選取第一條線或[退回(U) 聚合線(P) 距離(D) 角度(A) 修剪(T) 方式(E) 多重(M)]：D　　　　　　　　　　<設定倒角距離

請指定第一個倒角距離<10.0>：4 Enter　　　<第一條線的倒角距離

請指定第二個倒角距離<4.0>： Enter   <第二條線的倒角距離

選取第一條線或[退回(U) 聚合線(P) 距離(D) 角度(A) 修剪(T) 方式(E)

多重(M)]：P1   <倒角第一邊

選取第二條線，或按住 Shift 並選取線以套用角點或[距離(D) 角度(A)

方式(M)]：P2   <倒角第二邊

指令： Enter   <重複倒角指令

(TRIM 模式)目前的倒角　距離 1=4.0；距離 2=4.0

選取第一條線或[退回(U) 聚合線(P) 距離(D) 角度(A) 修剪(T) 方式(E)

多重(M)]：P3   <選取倒角的第一條線

選取第二條線，或按住 Shift 並選取線以套用角點或[距離(D) 角度(A)

方式(M)]：P4   <按住 Shift 並選取倒角的第二條線

指令： Enter

(TRIM 模式)目前的倒角　距離 1=4.0；距離 2=4.0

選取第一條線或[退回(U) 聚合線(P) 距離(D) 角度(A) 修剪(T) 方式(E)

多重(M)]：A   <設定以角度方式

輸入第一條線的倒角長度<4.0>：3 Enter

輸入自第一條線的倒角角度<45>：60 Enter

選取第一條線或[退回(U) 聚合線(P) 距離(D) 角度(A) 修剪(T) 方式(E)

多重(M)]：P5

選取第二條線，或按住 Shift 並選取線以套用角點或[距離(D) 角度(A)

方式(M)]：P6

指令： Enter

(TRIM 模式)目前的倒角　長度=3.0，角度=60

選取第一條線或[退回(U) 聚合線(P) 距離(D) 角度(A) 修剪(T) 方式(E)

多重(M)]：D

輸入第一個倒角距離<4.0>：1 Enter

輸入第二個倒角距離<1.0>： Enter

選取第一條線或[退回(U)　聚合線(P)　距離(D)　角度(A)　修剪(T)　方式(E)
多重(M)]：P　　　　　　　　　　　　＜設定對聚合線物件執行指令
請選取 2D 聚合線或[距離(D)　角度(A)　方式(M)]：P7
　　　　　　　　　　　　　　＜選取聚合線，得(b)圖 4 條線被倒角

指令： Enter

(TRIM 模式)目前的倒角距離 1=1.0；距離 2=1.0

選取第一條線或[退回(U)　聚合線(P)　距離(D)　角度(A)　修剪(T)　方式(E)
多重(M)]：D

輸入第一個倒角距離<1.0>：4 Enter

輸入第二個倒角距離<4.0>： Enter

選取第一條線或[退回(U)　聚合線(P)　距離(D)　角度(A)　修剪(T)　方式(E)
多重(M)]：T　　　　　　　　　　　　　　　　＜設定修剪邊線

輸入「修剪」模式選項[修剪(T)　不修剪(N)]<不修剪>：N　　＜邊線不修剪

選取第一條線或[退回(U)　聚合線(P)　距離(D)　角度(A)　修剪(T)　方式(E)
多重(M)]：P8

選取第二條線，或按住 Shift 並選取線以套用角點或[距離(D)　角度(A)
方式(M)]：P9

4-11　切斷(BREAK)

可將線、弧、圓等圖元截斷成兩個物件。

一、指令輸入方式

功能區：《常用》→〈修改▾〉→ 切斷

二、指令提示

指令： 切斷

選取物件：

【說明】

1. 選取物件，再輸入切斷第二點

> 選取物件：P1　　　　　　　　　　　　<選取物件，同時定義切斷第一點
>
> 指定第二截斷點或[第一點(F)]：P2　<選取第二點，如圖 4-42

▲ 圖 4-42　定兩點切斷

2. 重新定義第一點

> 選取物件：P1　　　　　　　　　　　　<選取物件
>
> 指定第二截斷點或[第一點(F)]：F　　<重新定義第一點
>
> 指定第一截斷點：P2　　　　　　　　　<選取第一點
>
> 指定第二截斷點：P3　　　　　　　　　<選取第二點，如圖 4-43

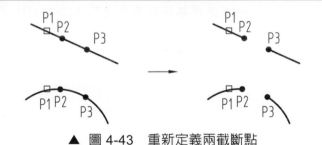

▲ 圖 4-43　重新定義兩截斷點

3. 原地切斷物件

(1) 方式一 [切斷]

> 選取物件：P0　　　　　　　　　　　　<選取物件
>
> 指定第二截斷點或[第一點(F)]：F
>
> 指定第一截斷點：P1　　　　　　　　　<重新定義切斷第一點
>
> 指定第二截斷點：@ Enter　　　　　　<第二點與第一點位置相同，如圖 4-44(a)

(2)　方式二

選取物件：P1　　　　　　　　　　　　＜選取物件，同時定義切斷第一點

指定第二截斷點或[第一點(F)]：_f

　　　　　　　　　　　　　　　　　　＜第一點與選取物件點位置相同，如圖 4-44(b)

指定第一截斷點：P1

指定第二截斷點：@

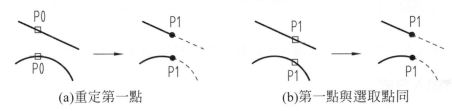

(a)重定第一點　　　　　　　　　　(b)第一點與選取點同

▲ 圖 4-44　原地切斷物件

三、範例

以切斷(BREAK)指令，完成圖 4-45(b)。

(a)　　　　　　　　　　　　　　(b)

▲ 圖 4-45　「切斷」範例

指令：

選取物件：P1　　　　　　　　　　　　＜選取物件

指定第二截斷點或[第一點(F)]：Γ　　　＜重新定義第一點

指定第一截斷點：_int 於 P2　　　　　＜選取切斷的第一點

指定第二截斷點：_nea 於 P3　　　　　＜選取切斷的第二點

指令： Enter	<重複切斷指令
選取物件：_int 於 P4	
指定第二截斷點或[第一點(F)]：_nea 於 P5	<得(b)圖

四、技巧要領

圓切斷時，需以逆時鐘方式輸入第二點，否則效果會相反。

4-12　接合(JOIN)

將一條或多條的線、聚合線、雲形線、弧或橢圓弧連接或閉合。

一、指令輸入方式

功能區：《常用》→〈修改▼〉→ 接合

二、指令提示

指令： 接合

選取要一次接合的來源物件或多個物件：

選取要接合的物件：

選取要接合到來源的弧或[關閉(L)]：

選取要接合的物件： Enter 　　　　　　<結束指令

【說明】

1. 選取來源物件：選取要接合的來源物件，如線、弧、聚合線、雲形線，以產生接合的動作。不同的來源物件如線、弧等會產生不同的提示，如圖 4-46。

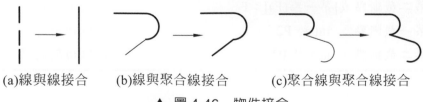

(a)線與線接合　　　(b)線與聚合線接合　　　(c)聚合線與聚合線接合

▲ 圖 4-46　物件接合

(d)雲形線與雲形線接合　　(e)弧與弧接合

▲ 圖 4-46　物件接合(續)

2. 關閉(L)：弧或橢圓弧閉合成單一物件，如圖 4-47。

選取要接合到來源的弧或[關閉(L)]：L

弧已轉換為圓。

(a)弧的閉合　　　　(b)橢圓弧的閉合

▲ 圖 4-47　物件閉合

4-13　拉伸(STRETCH)

將選取到的物件作拉伸移動，而未被選取到的部分與原來圖形保持連結關係。

一、指令輸入方式

功能區：《常用》→〈修改〉→　拉伸

二、指令提示

指令：　拉伸

以「框選窗」或「多邊形框選」選取要拉伸的物件...

選取物件：指定對角點：	<以框選方式選取物件
選取物件：Enter	<結束選取
指定基準點或[位移(D)]<位移>：	<點選基準點位置或輸入位移量
指定第二點或<使用第一點做為位移>：	<輸入拉伸後的位置

【說明】

1. 基準點：設定以基準點到第二點的距離為拉伸物件的距離，如果在「指定第二點」提示下按下 Enter ，會將第一點做為 X, Y, Z 的位移。

> 指定基準點或[位移(D)]<位移>：P1　　　　　<以游標定任意一點
>
> 指定第二點或<使用第一點做為位移>：@X, Y
>
> 　　　　　　　　　　　　　　或@L<θ
>
> 　　　　　　　　<輸入與前一點 P1 之相對座標或極座標位移量

2. 位移(D)：設定以位移量方式拉伸物件。

> 指定基準點或[位移(D)]<位移>： Enter
>
> 指定位移<0.0, 0.0, 0.0>：X, Y, Z Enter 　　　<輸入 X, Y, Z 之移動量

三、範例

以拉伸(STRETCH)指令，完成圖 4-48(c)。

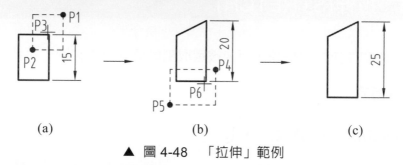

　　　(a)　　　　　　　　　　(b)　　　　　　　　　(c)

▲ 圖 4-48　「拉伸」範例

> 指令：
>
> ［拉伸］
>
> 以「框選窗」或「多邊形框選」選取要拉伸的物件...
>
> 選取物件：P1　指定對角點：P2　找到 2 個　　　<以框選選取物件
>
> 選取物件： Enter 　　　　　　　　　　　　　　<結束選取
>
> 指定基準點或[位移(D)]<位移>：_int 於 P3　　　<拉伸基準點
>
> 指定第二點或<使用第一點做為位移>：5 Enter 　　<游標上移，得(b)圖

指令： Enter

以「框選窗」或「多邊形框選」選取要拉伸的物件...

選取物件：P4 指定對角點：P5 找到 3 個   <以框選選取物件

選取物件： Enter   <結束選取

指定基準點或[位移(D)]<位移>：_int 於 P6   <拉伸基準點

指定第二點或<使用第一點做為位移>：5 Enter   <游標下移，得(c)圖

四、技巧要領

含有關聯式的尺寸標註與物件一起拉伸，隨著物件長度的改變，尺寸值會自動更新。

4-14 調整長度(LENGTHEN)

可以改變線或弧的長度。

一、指令輸入方式

功能區：《常用》→〈修改▼〉→ 調整長度

二、指令提示

指令： 調整長度

選取要測量的物件或[差值(DE) 百分比(P) 總長度(T) 動態(DY)]：

            <選取線或弧

【說明】

1. 差值(DE)：依輸入增減量調整長度或角度，如圖 4-49。接著提示：

輸入長度差值或[角度(A)]<0.0>：

選取要變更的物件或[退回(U)]：

(a)原圖   (b)長度差值   (c)角度差值

▲ 圖 4-49   差值方式調整長度、角度

2. 百分比(P)：依輸入百分比方式來調整長度。接著提示：

> 輸入百分比長度<50.0>：
>
> 選取要變更的物件或[退回(U)]：

3. 總長度(T)：依輸入總長度或總角度值來調整長度。

> 指定總長度或[角度(A)]<0.0>：
>
> 選取要變更的物件或[退回(U)]：

4. 動態(DY)：以動態控制終點位置。

> 選取要變更的物件或[退回(U)]：

三、範例

以調整長度(LENGTHEN)指令，完成圖 4-50(b)。

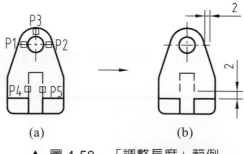

(a)   (b)

▲ 圖 4-50   「調整長度」範例

> 指令：
>
> 選取要測量的物件或[差值(DE) 百分比(P) 總長度(T) 動態(DY)]：DE
>
> <選擇以差值方式調整長度

輸入長度差值或[角度(A)]<-1.0>：2 `Enter`	<長度差值，往外延伸
選取要變更的物件或[退回(U)]：P1	<選取要變更的物件
選取要變更的物件或[退回(U)]：P2	<選取要變更的物件
選取要變更的物件或[退回(U)]：P3	<選取要變更的物件
選取要變更的物件或[退回(U)]：`Enter`	<結束選取物件

指令：`Enter`	<重複調整長度指令
選取要測量的物件或[差值(DE) 百分比(P) 總長度(T) 動態(DY)]	
	<差值(DE)>：`Enter`
輸入長度差值或[角度(A)]<2.0>：-2 `Enter`	
選取要變更的物件或[退回(U)]：P4	
選取要變更的物件或[退回(U)]：P5	<得(b)圖

四、技巧要領

以動態方式調整物件長度，配合鎖取邊界上的點，其功能如同延伸或修剪指令。

4-15　掣點(GRIPS)

不需輸入指令，直接選取物件，被選物件上出現藍色小方框，再選取藍色小方框，則該方框變成紅色小方框，如圖 4-51，並循環出現拉伸(STRETCH)、移動(MOVE)、旋轉(ROTATE)、比例(SCALE)、鏡射(MIRROR)，五大編輯指令。

▲ 圖 4-51　物件各掣點位置

一、指令輸入方式

不需輸入任何指令，直接選取物件。

二、指令提示

直接選取物件，被選取物件即出現掣點狀態。移動游標點選掣點後，按滑鼠「右鍵」，出現如圖 4-52 快顯功能表。

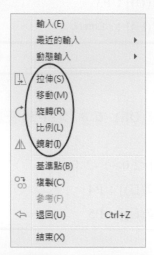

▲ 圖 4-52　快顯功能表

五大循環指令，可利用 Space 或 Enter 鍵切換。

1. 拉伸

指定拉伸點或[基準點(B)　複製(C)　退回(U)　結束(X)]：

2. 移動

指定移動點或[基準點(B)　複製(C)　退回(U)　結束(X)]：

3. 旋轉

指定旋轉角度或[基準點(B)　複製(C)　退回(U)　參考(R)　結束(X)]：

4. 比例

指定比例係數或[基準點(B)　複製(C)　退回(U)　參考(R)　結束(X)]：

5. 鏡射

指定第二點或[基準點(B)　複製(C)　退回(U)　結束(X)]：

【說明】

1.　基準點(B)：設定各編輯指令的基準點。

2.　複製(C)：可進行複製圖形的動作。

3.　退回(U)：取消前一次執行的動作。

4.　結束(X)：離開掣點模式。

三、範例

1.　利用掣點(GRIPS)指令，完成圖 4-53(b)。

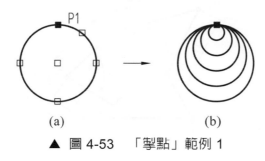

(a)　　　　　　　　　　　(b)

▲ 圖 4-53　「掣點」範例 1

```
指令：直接選取物件：P1
**拉伸**
指定拉伸點或[基準點(B) 複製(C) 退回(U) 結束(X)]：_scale
                                <按右鍵切換到比例縮放功能
**比例**
指定比例係數或[基準點(B) 複製(C) 退回(U) 參考(R) 結束(X)]：C
                                        <複製圖元
**比例(多重)**
指定比例係數或[基準點(B) 複製(C) 退回(U) 參考(R) 結束(X)]：0.8 Enter
                                        <比例係數
**比例(多重)**
指定比例係數或[基準點(B) 複製(C) 退回(U) 參考(R) 結束(X)]：0.6 Enter
                                        <比例係數
**比例(多重)**
指定比例係數或[基準點(B) 複製(C) 退回(U) 參考(R) 結束(X)]：0.4 Enter
                                        <比例係數
```

比例(多重)

指定比例係數或[基準點(B) 複製(C) 退回(U) 參考(R) 結束(X)]：0.2 Enter

                                                    ＜比例係數

比例(多重)

指定比例係數或[基準點(B) 複製(C) 退回(U) 參考(R) 結束(X)]： Enter

                                                    ＜結束指令

2. 利用掣點(GRIPS)指令，繪製完成圖 4-54。

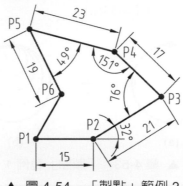

▲ 圖 4-54　「掣點」範例 2

指令： 線

指定第一點：P1　　　　　　　　　　　　　　　　　　　　　　＜任意定一點

指定下一點或[退回(U)]：15 Enter　　　　　　　　　　　　　＜滑鼠右移

指定下一點或[封閉(C) 退回(U)]： Enter　　　　　　　　　　＜結束指令

指令：直接點選直線　　　＜點選直線後點選 P2 掣點，按滑鼠右鍵選 旋轉(R)

** 旋轉 **

指定旋轉角度或[基準點(B) 複製(C) 退回(U) 參考(R) 結束(X)]：C

** 旋轉(多重) **

指定旋轉角度或[基準點(B) 複製(C) 退回(U) 參考(R) 結束(X)]：-148

                                        ＜如圖 4-55(a)

指令： 調整長度

選取要測量的物件或[差值(DE) 百分比(P) 總長度(T) 動態(DY)]：T

指定總長度或[角度(A)]<25.0>：21

選取要變更的物件或[退回(U)]：O1

選取要變更的物件或[退回(U)]： Enter 　　　　　　　　　　　<如圖 4-55(b)

指令：直接點選直線　　　　　　　<點選 P3 掣點，按滑鼠右鍵選 旋轉(R)

** 旋轉 **

指定旋轉角度或[基準點(B) 複製(C) 退回(U) 參考(R) 結束(X)]：C

** 旋轉(多重) **

指定旋轉角度或[基準點(B) 複製(C) 退回(U) 參考(R) 結束(X)]：-76

　　　　　　　　　　　　　　　　　　　　　　　<如圖 4-55(c)

指令：　　 調整長度

選取要測量的物件或[差值(DE) 百分比(P) 總長度(T) 動態(DY)]<總計(T)>：
Enter

指定總長度或[角度(A)]<21.0>：17

選取要變更的物件或[退回(U)]：O2

選取要變更的物件或[退回(U)]： Enter 　　　　　　　　　　　<如圖 4-55(d)

　　　　　　　　　　　　　　　<重複掣點與調整長度指令完成圖 4-54

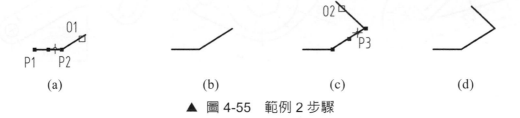

| (a) | (b) | (c) | (d) |

▲ 圖 4-55　範例 2 步驟

四、技巧要領

欲取消掣點功能，必須按 Esc 鍵，才真正離開掣點模式。

綜合練習(二)

1. 以多邊形(POLYGON)、旋轉(ROTATE)、比例縮放(SCALE)、圓角(FILLET)、倒角(CHAMFER)、切斷(BREAK)、拉伸(STRETCH)、調整長度(LENGTHEN)，及曾學習過的指令，完成下列各圖。

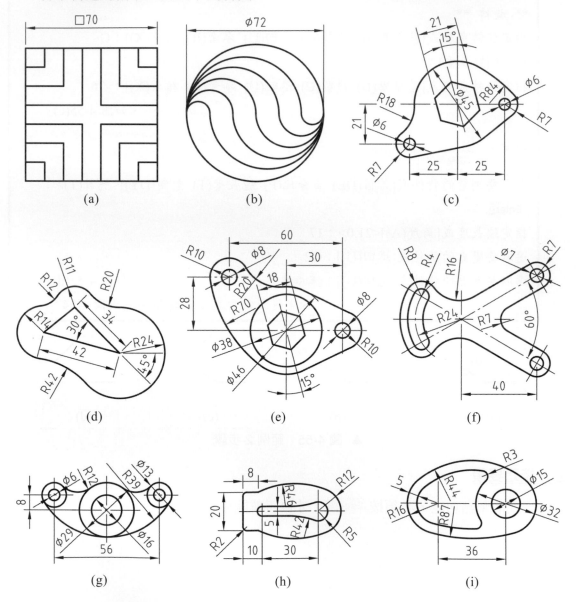

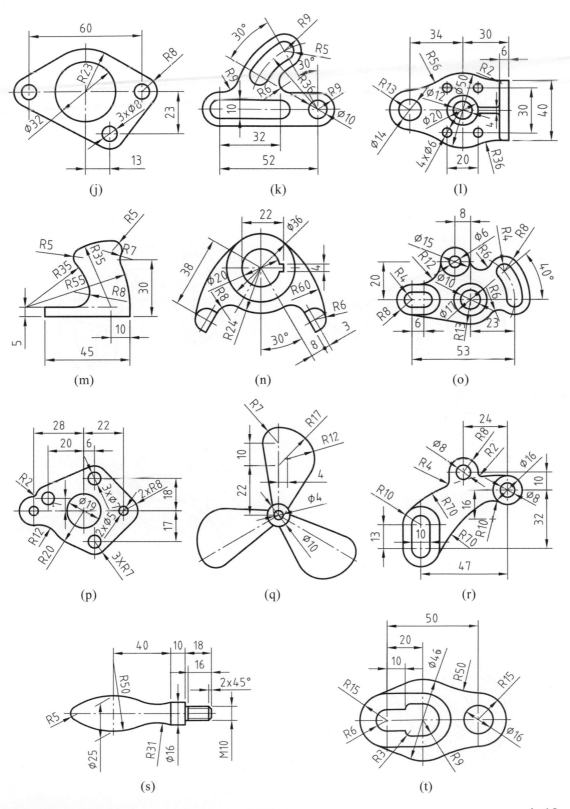

(j)　　　　　(k)　　　　　(l)

(m)　　　　　(n)　　　　　(o)

(p)　　　　　(q)　　　　　(r)

(s)　　　　　(t)

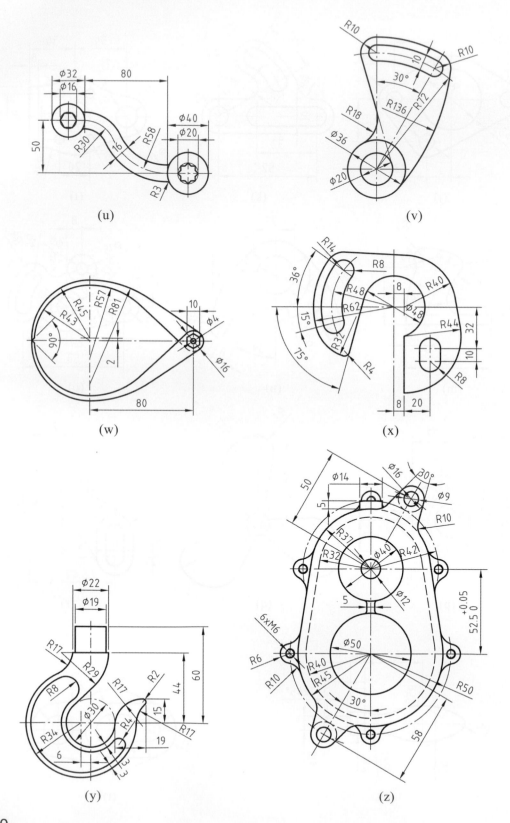

(u)

(v)

(w)

(x)

(y)

(z)

2.　依尺度完成下列各視圖。

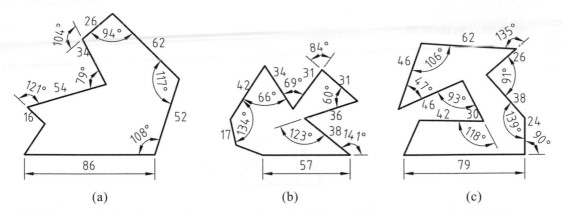

(a)　　　　　　　　　(b)　　　　　　　　　(c)

實力練習

一、選擇題(*為複選題)

( ) 1. 欲繪製相切兩物件的圓，如下圖，可由圓指令的何選項完成 (A)三點(3P) (B)二點(2P) (C)相切、相切、相切(A) (D)中心點、半徑。

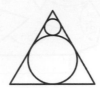

( ) 2. 以鏡射指令鏡射文字時，若希望文字仍保有原來的形式寫出，需先設定變數 (A)MIRRTEXT = 1 (B)MIRRTEXT = 0 (C)QTEXT = 1 (D)QTEXT = 0。

( ) 3. 可控制行列數與彼此之間的距離，可使用哪一個指令來複製物件 (A)▨ (B)▥ (C)▨ (D)▨。

( ) 4. 以 ⬠ 所繪出的圖形的邊數至少應為 (A)2 (B)3 (C)4 (D)5。

( ) 5. 欲繪製正三角形的最簡便方法是使用 (A)線 (B)▢ (C)⬠ (D)↗。

( ) 6. 當知道多邊形中心點至每邊中間點的距離時，應使用 ⬠ 指令的何項繪製 (A)外切 (B)內接 (C)邊緣 (D)皆可。

( ) 7. 使用何種指令，可以將一個物件的尺寸變為原來的 0.65 倍 (A)▨ (B)▨ (C)▢ (D)▨。

( ) 8. 若被 ⌐ 指令圓角的二物件並不在同一圖層上，則圓角線會 (A)在目前層 (B)在 0 圖層上 (C)與選取的第一條線同圖層 (D)與選取的第二條線同圖層。

( ) 9. 下圖是執行哪一個指令所產生的結果 (A)▨ (B)↗ (C)▨ (D)▨。

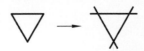

( )10. 下列何者可用來截斷物件的一部份 (A)▨ (B)✂ (C)↗ (D)✎。

( )11. 欲拉伸物件時，必須以 (A)↗ (B)「視窗 W」方式選取欲拉伸物件 (C)以「框選 C」選取欲拉伸的物件 (D)不用完全落在視窗框中的端點就可移動到新位置。

(　　) 12. 若圖形長度欲延長或縮短，執行下列哪一個指令可以明確指定調整的長度值　(A) 　(B)　(C)　(D)　。

(　　) 13. 下圖是執行 　 指令，哪一個功能所產生的結果　(A)邊緣　(B)內接於圓　(C)外切於圓　(D)以上皆可。

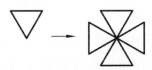

(　　) 14. 下圖是執行哪一個指令一次所產生的結果　(A)　(B)　(C)　(D)　。

(　　) 15. 下圖是執行哪一個指令所產生的結果　(A)　(B)　(C)　(D)　。

(　　) 16. 下圖是執行哪一個指令所產生的結果　(A)　(B)　(C)　(D)　。

(　　) 17. 下圖是執行哪一個指令所產生的結果　(A)　(B)　(C)　(D)　。

(　　) 18. 下圖是執行哪一個指令所產生的結果　(A)　(B)　(C)　(D)　。

(　　) 19. 下圖是執行哪一個指令所產生的結果　(A)　(B)　(C)　(D)　。

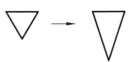

*(　　) 20. 欲畫一圓的同心圓，可在圓指令下的<中心點>輸入　(A) Enter 鍵　(B)空白鍵　(C)@　(D)鎖定中心點。

*( )21. 繪弧之後，執行線指令並在「起點」提示時輸入 Enter ，即表示弧的終點為新線段的 (A)起點 (B)垂直方向 (C)切線方向 (D)終點。

*( )22. 以鏡射指令欲使物件水平地鏡射，可將 (A)「正交」模式打開 (B)「鎖點」模式打開 (C)鏡射線為垂直 (D)鏡射線為水平。

*( )23. 由 ⊞ 將物件建立為環形陣列時，可以 (A)順時針旋轉 (B)逆時針旋轉 (C)控制複製物件間夾角 (D)控制複製物件的數目。

*( )24. 下圖為執行哪一個指令所產生的結果 (A)▢ (B)▢ (C)▢ (D)⊞。

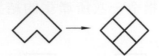

*( )25. 何者指令具有多重複製的功能 (A)▢ (B)▢ (C)▢ (D)⊞。

*( )26. 以 ↻ 指令將 12 點鐘方向的物件旋轉至 9 點鐘方向，下列何者操作正確 (A)旋轉角度 90° (B)旋轉角度 180° (C)參考角為 90°；新的角度為 180° (D)參考角為 0°；新的參考角為 180°。

*( )27. 欲以 ▢ 指令畫兩條平行線的圓角，則第一個被選取的物件可以為一條 (A)▢線 (B)▢ (C)▢ (D)▢。

*( )28. 使用 ▢ 指令時，若倒角距離均為 0，則 (A)不會畫出倒角線 (B)拒絕做倒角 (C)會延伸或修剪此二物件直至相交 (D)會以垂直線連接該二物件。

*( )29. 使用下列何者指令可改變一條直線的長度 (A)▢ (B)▢ (C)▢ (D)▢。

二、簡答題

1. 試簡述下列各圖像指令之功能：

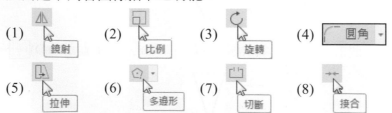

(1) 鏡射　(2) 比例　(3) 旋轉　(4) 圓角
(5) 拉伸　(6) 多邊形　(7) 切斷　(8) 接合

2. 簡述弧的定義名稱。

3. 舉例簡述陣列(ARRAY)有哪三種排列方式複製圖形？

4. 舉例簡述多邊形(POLYGON)中 I/C 的意義為何？

5. 圓角(FILLET)指令中，按住 Shift 並選取物件，有何功能？

6. 舉例簡述旋轉(ROTATE)中，參考方式(R)有哪幾種？

7. 舉列四種連接(JOIN)中可以被接合的來源物件。

8. 簡述調整長度(LENGTHEN)有哪幾種方式？

9. 執行拉伸(STRETCH)指令時，必須以哪種選取方式選取物件？

10. 簡述掣點(GRIPS)指令，結合哪五個編輯指令？

CHAPTER **5**

繪圖與修改指令（三）

本章綱要

5-1 點(POINT)

先設定點的型式及大小後,在圖面上畫出點的記號。

⬤ 5-1-1 點的設定

設定點的型式及大小。

一、指令輸入方式

功能區:《常用》→〈公用程式▼〉→ 點型式...

二、指令提示

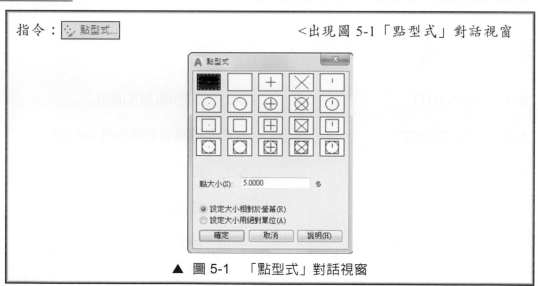

指令: 點型式... <出現圖 5-1「點型式」對話視窗

▲ 圖 5-1 「點型式」對話視窗

【說明】

1. **點的型式**:AutoCAD 提供二十種型式,顯示輸入的點記號。將游標移至欲設定的型式上,按滑鼠「左鍵」即可設定完成。

2. **點大小**

   (1) 設定大小相對於螢幕(R):將點尺寸設定為相對於目前螢幕高度的百分比。若目前顯示螢幕高度為 300,點尺寸設定為 5%,則點的尺寸為 15。

   (2) 設定大小用絕對單位(A):直接設定為點的單位量,即顯示在圖面上的大小值。

三、技巧要領

　　點型式內定以一小點記號呈現，改變點尺寸沒有作用。

◯ 5-1-2　點(POINT)

可在圖面上畫出已設定完成的點記號。

一、指令輸入方式

　　功能區：《常用》→〈繪製▼〉→ ⬚ 多個點

二、指令提示

```
指令：⬚ 多個點

目前的點模式：PDMODE=0    PDSIZE=0.0        <顯示目前的點模式
指定一點：                                  <輸入點座標或位置
```

三、範例

　　以點(POINT)指令，完成圖 5-2(b)。(必須先設定好點型式)

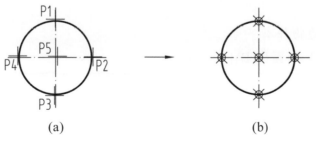

(a)　　　　　　　　　　　　(b)

▲ 圖 5-2　「點」範例

```
指令：⬚ 多個點

目前的點模式：PDMODE=35    PDSIZE=10.0       <顯示目前的點模式
指定一點：_int 於 P1                         <輸入定位
指定一點：_int 於 P2、(P3、P4、P5)
```

四、技巧要領

1. 同一張圖中只能保存最後一組點的型式與尺寸,當畫面重生(REGEN)或開啟(OPEN)時,原來不同的點就會變相同。

2. 點的記號型式常用於等分(DIVIDE)及等距(MEASURE)指令,物件鎖點模式為「節點」(NODE)。

3. 以 Esc 鍵結束指令。

5-2 等分(DIVIDE)

在物件上作平均長度的等分處理。

一、指令輸入方式

功能區:《常用》→〈繪製▼〉→ 等分

二、指令提示

> 指令: 等分
>
> 選取要等分的物件:
>
> 輸入分段數目或[圖塊(B)]:

【說明】

1. **輸入分段數目**:輸入等分的數量。系統會自動算出每一段長度,並以「點」(POINT)作記號。

2. **圖塊(B)**(詳見第 7 章):指定以圖塊(BLOCK)記號做等分。

輸入分段數目或[圖塊(B)]:B	<以插入圖塊方式等分
輸入要插入的圖塊名稱:	<輸入圖塊名稱
是否將圖塊對齊物件?[是(Y) 否(N)]<Y>:	<輸入是否對齊,如圖 5-3
輸入分段數目:	<輸入等分數量

(a)圖塊　　(b)對齊物件(垂直物件)　(c)不對齊物件(保持原圖塊方向)

▲ 圖 5-3　圖塊對齊方式

三、範例

以等分(DIVIDE)指令，完成圖 5-4(b)。(必須先建立圖塊，方可執行完成)

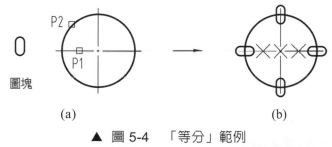

圖塊

(a)　　　　　　　　　　　　　(b)

▲ 圖 5-4　「等分」範例

指令：　點型式...　　　　　　　　　　　　　　＜設定點模式

指令：　　　　　　　
　　　　等分

選取要等分的物件：P1　　　　　　　　　　　　＜選取物件

輸入分段數目或[圖塊(B)]：4 Enter　　　　　　＜分段數目

指令：Enter

選取要等分的物件：P2　　　　　　　　　　　　＜選取欲等分物件

輸入分段數目或[圖塊(B)]：B　　　　　　　　　＜以圖塊等分

輸入要插入的圖塊名稱：長條孔 Enter　　　　　＜圖塊名稱

是否將圖塊對齊物件？[是(Y) 否(N)]<Y>：Enter　＜對齊垂直物件

輸入分段數目：4 Enter　　　　　　　　　　　　＜分段數目，得(b)圖

四、技巧要領

1. 欲鎖取等分的「點」記號作進一步繪圖時，可用物件鎖點模式的「節點」(NODE)
　　來鎖取。

2. 以圖塊作為等分記號時，只能插入圖形中已定義的圖塊，不能以磁碟中的圖檔來
　　插入。

5-3 等距(MEASURE)

在物件上作固定長度的分段處理。

一、指令輸入方式

功能區：《常用》→〈繪製▼〉→ 等距

二、指令提示

指令：等距

選取要測量的物件：

指定分段長度或[圖塊(B)]：

【說明】

1. 指定分段長度：輸入長度數值或以游標定出兩點的間距。系統會以固定長度，在物件上作出「點」記號。

2. 圖塊(B)(詳見第 7 章)：指定以圖塊(BLOCK)做等距記號。

指定分段長度或[圖塊(B)]：B	<以圖塊方式等距
輸入要插入的圖塊名稱：	<輸入圖塊名稱
是否將圖塊對齊物件？[是(Y) 否(N)]<Y>	<輸入是否對齊
指定分段長度：	<輸入長度數值

3. 圖塊是否對齊情況與 5-2 章節等分指令相同。

三、範例

以等距(MEASURE)指令，完成圖 5-5(b)。

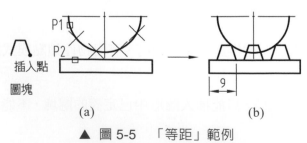

▲ 圖 5-5 「等距」範例

指令：　點型式...　　　　　　　　　　　　　<設定點模式

指令：

等距

選取要測量的物件：P1　　　　　　　　　　<選取物件

指定分段長度或[圖塊(B)]：9 Enter　　　　　<分段每段長度

指令： Enter　　　　　　　　　　　　　　<重複等距指令

選取要測量的物件：P2　　　　　　　　　　<選取物件

指定分段長度或[圖塊(B)]：B　　　　　　　<以圖塊等距

輸入要插入的圖塊名稱：輪齒 Enter　　　　　<圖塊名稱

是否將圖塊對齊物件？[是(Y)　否(N)]<Y>： Enter　　<對齊垂直物件

指定分段長度：9 Enter　　　　　　　　　　<分段長度，得(b)圖

四、技巧要領

等距是以靠近選取點之一端出發，等長度放入一記號直到另一端，有可能因最後不足一段而留下零頭長度。

5-4　聚合線(PLINE)

AutoCAD 將聚合線分為用在 2D 平面的聚合線與用於 3D 空間的 3D 聚合線。用在 2D 平面的聚合線是指由許多連續的線和弧所合成一體的物件，而用於 3D 空間的 3D 聚合線只能由線組成。其他如矩形、多邊形、橢圓、圓指令所畫出的圖形，也是屬於聚合線的一種。

一、指令輸入方式

1. 用在 2D 平面的聚合線

　　功能區：《常用》 → 〈繪製〉 → 聚合線

2. 用在 3D 空間的 3D 聚合線

　　功能區：《常用》 → 〈繪製▼〉 → 3D 聚合線

二、指令提示

指令：⌐￢┘
　　　聚合線

指定起點：　　　　　　　　　　　　　　　　　　　　<輸入聚合線的起始點

目前的線寬是 0　　　　　　　　　　　　　　　　　　<提示目前的線寬

指定下一點或[弧(A) 半寬(H) 長度(L) 退回(U) 寬度(W)]：

　　　　　　　　　　　　　　　　　　　　　<選擇欲畫線的項目，或下一點位置

【說明】

1. 指定下一點：輸入線的終止點，直接畫出直線。

2. 弧(A)：切換為畫弧模式。

指定下一點或[弧(A) 閉合(C) 半寬(H) 長度(L) 退回(U) 寬度(W)]：A

指定弧的端點(按住 Ctrl 以切換方向)或[角度(A) 中心點(CE) 封閉(CL) 方向(D)

半寬(H) 直線(L) 半徑(R) 第二點(S) 退回(U) 寬度(W)]：

　　　　　　　　　　　　　　　　　　　　　<點選畫弧選項或弧的端點

(1) 弧端點：輸入弧的終止點、直接畫出弧。

(2) 角度(A)：設定弧包含的角度。點選角度(A)後提示：

指定夾角：　　　　　　　　　　　　<輸入弧角

指定弧的端點(按住 Ctrl 以切換方向)或[中心點(CE) 半徑(R)]：

　　　　　　　　　　　　　　　　　　<點選畫弧選項或端點位置

(3) 中心點(CE)：設定弧的圓心點。點選中心點(CE)後提示：

指定弧的中心點：　　　　　　　　　　<輸入中心點

指定弧的端點(按住 Ctrl 以切換方向)或[角度(A) 長度(L)]：

　　　　　　　　　　　　　　　　　　<點選畫弧選項或端點位置

(4) 封閉(CL)：設定弧接回起始點。

(5) 方向(D)：設定畫弧的起點切線方向。接著輸入「終點」。

(6) 半寬(H)：設定弧的一半寬度。點選半寬(H)後提示：

```
指定起點半寬<0>：                        <輸入起點半寬數值
指定終點半寬<0>：                        <輸入終點半寬數值
```

(7) 直線(L)：切換回畫線模式。

(8) 半徑(R)：設定弧的半徑值。點選半徑(R)後提示：

```
指定弧的半徑：                           <輸入弧半徑
指定弧的端點(按住 Ctrl 以切換方向)或[角度(A)]：
                                        <點選弧角畫弧或端點位置
```

(9) 第二點(S)：設定畫弧的第二點。接著輸入「終點」，三點畫弧。

(10) 退回(U)：取消目前操作指令，退回至上一個操作位置。

(11) 寬度(W)：設定畫弧的全寬度。點選寬度(W)後提示：

```
指定起點寬度<0>：                        <輸入起點全寬數值
指定終點寬度<0>：                        <輸入終點全寬數值
```

3. 封閉(C)：設定以線接回起始點，形成閉合聚合線。

4. 半寬(H)：設定線的一半寬度。

5. 長度(L)：輸入上一段線的延伸長度。

6. 退回(U)：取消目前操作指令，退回至上一個操作位置。

7. 寬度(W)：設定畫線的全寬度。起始與終點寬度可設定大小不同，而下一段線寬將延用上一段的終點寬度。

三、範例

以聚合線(PLINE)指令，完成圖 5-6。

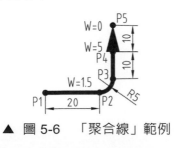

▲ 圖 5-6　「聚合線」範例

指令： 聚合線

指定起點：P1   <定起點

目前的線寬是 0.0   <W=0

指定下一點或[弧(A) 半寬(H) 長度(L) 退回(U) 寬度(W)]：W <改變線寬度

指定起點寬度<0.0>：1.5 `Enter`   <起點寬度

指定終點寬度<1.5>： `Enter`   <終點寬度

指定下一點或[弧(A) 半寬(H) 長度(L) 退回(U) 寬度(W)]：20 `Enter`

                                                      <游標右移至 P2 點

指定下一點或[弧(A) 封閉(C) 半寬(H) 長度(L) 退回(U) 寬度(W)]：A

                                                            <改變爲畫弧

指定弧的端點(按住 Ctrl 以切換方向)或[角度(A) 中心點(CE) 封閉(CL) 方向(D) 半寬(H) 直線(L) 半徑(R) 第二點(S) 退回(U) 寬度(W)]：@5,5 `Enter`

                                                                <P3 點

指定弧的端點(按住 Ctrl 以切換方向)或[角度(A) 中心點(CE) 封閉(CL) 方向(D) 半寬(H) 直線(L) 半徑(R) 第二點(S) 退回(U) 寬度(W)]：L

                                                        <改變爲畫直線

指定下一點或[弧(A) 封閉(C) 半寬(H) 長度(L) 退回(U) 寬度(W)]：10 `Enter`

                                                      <游標上移至 P4 點

指定下一點或[弧(A) 封閉(C) 半寬(H) 長度(L) 退回(U) 寬度(W)]：W

                                                            <改變線寬度

指定起點寬度<1.5>：5 `Enter`   <起點寬度

指定終點寬度<5.0>：0 `Enter`   <終點寬度

指定下一點或[弧(A) 封閉(C) 半寬(H) 長度(L) 退回(U) 寬度(W)]：10 `Enter`

                                                      <游標上移至 P5 點

指定下一點或[弧(A) 封閉(C) 半寬(H) 長度(L) 退回(U) 寬度(W)]： `Enter`

                                                            <結束指令

四、技巧要領

1.　聚合線是否為實心填滿的線條，可由實面填實(FILL)指令設定。

2.　聚合線可以用 　指令，將其分解成為獨立的線或弧，但其線寬自動設定為 0。

3.　3D 聚合線的使用方式如同 指令。

5-5　編輯聚合線(PEDIT)

專屬修改 2D 及 3D 聚合線的編輯指令。

一、指令輸入方式

1.　在圖元上快按滑鼠左鍵兩下。

2.　功能區：《常用》→〈修改▾〉→

二、指令提示

```
指令：
        編輯聚合線

選取聚合線或[多重(M)]：                    <選取聚合線，或線、弧物件

輸入選項[封閉(C) 接合(J) 寬度(W) 編輯頂點(E) 擬合(F) 雲形線(S) 直線化(D)
線型生成(L) 反轉(R) 退回(U)]：              <輸入編輯選項
```

【說明】

1.　多重(M)：可同時選取多條聚合線，加以編輯。

2.　封閉(C)/開放(O)：封閉或開放聚合線圖形，如圖 5-7。

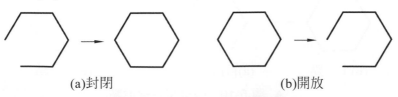

(a)封閉　　　　　　　　　　　(b)開放

▲ 圖 5-7　聚合線封閉／開放狀態

3. 接合(J)：將多段相連的線或弧結合成一條連續聚合線。點選接合(J)，則提示：

選取物件：	＜點選欲結合物件
.	
.	
選取物件：	＜結束選取
已將 N 條線段加入聚合線	＜回應已有 N 條線段被結合，如圖 5-8

▲ 圖 5-8　聚合線的接合

4. 寬度(W)：更改整條聚合線的線寬。點選寬度(W)，則提示：

指定所有段的新寬度：	＜輸入線寬度，如圖 5-9

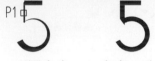

(a)不同寬度　(b)寬度一致

▲ 圖 5-9　改聚合線寬度

5. 編輯頂點(E)：編輯聚合線各頂點。點選編輯頂點(E)，則聚合線上出現頂點編輯記號「X」，並提示：

輸入頂點編輯選項[下一點(N)　上一點(P)　切斷(B)　插入(I)　移動(M)　重生(R)　拉直(S)　相切(T)　寬度(W)　結束(X)]<N>：	＜輸入選項進行各項編修

(1) 下一點(N)：移動頂點記號「X」至下一點。

(2) 上一點(P)：移動頂點記號「X」至前一點，如圖 5-10。

(b)上一點　　　　　(a)目前頂點　　　　　(c)下一點

▲ 圖 5-10　改變聚合線頂點

(3) 切斷(B)：截除兩頂點間的聚合線，如圖 5-11。點選切斷(B)後，提示：

輸入選項[下一點(N)　上一點(P)　執行(G)　結束(X)]：<N>G

　　　　　　　　　　　　　　　　　　<截斷第一頂點進行切斷

記號「X」為所在位置，第二點為另一頂點的位置。

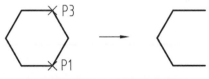

▲ 圖 5-11　切斷聚合線

(4) 插入(I)：在目前記號「X」位置後面，加入新頂點，如圖 5-12。點選插入(I)後，提示：

指定新頂點的位置：

▲ 圖 5-12　插入聚合線頂點

(5) 移動(M)：移動目前頂點記號「X」位置，如圖 5-13。點選移動(M)後，提示：

指定標記頂點的新位置：

▲ 圖 5-13　移動聚合線頂點

(6) 重生(R)：配合寬度(W)的設定，重繪圖形。

(7) 拉直(S)：拉直兩頂點間的聚合線，如圖 5-14。點選拉直(S)後，提示：

輸入選項[下一點(N)　上一點(P)　執行(G)　結束(X)]：<N>：G　　<進行拉直

拉直第一點為記號「X」所在位置，第二點為移動至另一頂點位置。

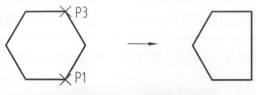

▲ 圖 5-14　拉直聚合線

(8)　相切(T)：在目前的聚合線段上設定擬合(FIT)曲線切線方向。點選相切(T)
　　　後，提示：

指定頂點切線的方向：

(9)　寬度(W)：可改變目前記號「X」後面那段的起始和終止點寬度，如圖 5-15。
　　　點選寬度(W)後，提示：

指定下一線段的起始寬度<0>：
指定下一線段的結束寬度<0>：

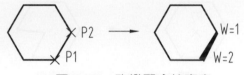

▲ 圖 5-15　改變聚合線寬度

(10) 結束(X)：退出頂點編輯選項。

6.　擬合(F)：通過各頂點繪出平滑曲線，如圖 5-16。

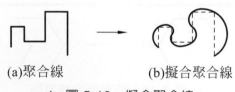

(a)聚合線　　　　　　　(b)擬合聚合線

▲ 圖 5-16　擬合聚合線

7.　雲形線(S)：通過聚合線起點及終點方式繪出雲形線，如圖 5-17。

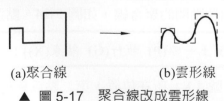

(a)聚合線　　　　　　　(b)雲形線

▲ 圖 5-17　聚合線改成雲形線

8.　直線化(D)：還原擬合(F)及雲形線(S)，回復曲線化前的圖形，但原圖形之曲線部份亦變成直線，如圖 5-18。

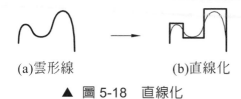

(a)雲形線　　　　　　(b)直線化

▲ 圖 5-18　直線化

9.　線型生成(L)：對線型尺寸的調整，如圖 5-19。

(a)OFF　　　　　　(b)ON

▲ 圖 5-19　線型生成

10.　反轉(R)：反轉聚合線的頂點順序。

11.　退回(U)：取消最近一次的編輯動作。

三、範例

1.　以編輯聚合線(PEDIT)指令，結合圖 5-20 成聚合線並閉合成(b)圖。

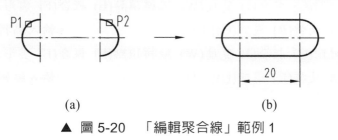

(a)　　　　　　　　　　　(b)

▲ 圖 5-20　「編輯聚合線」範例 1

指令：

選取聚合線或[多重(M)]：M　　　　　　　<點選多重(M)

選取物件：P1　找到 1 個　　　　　　　<選取物件

選取物件：P2　找到 1 個，共 2　　　　　<選取物件

選取物件：Enter　　　　　　　　　<結束選取

輸入選項[封閉(C) 開放(O) 接合(J) 寬度(W) 編輯頂點(E) 擬合(F) 雲形線(S) 直線化(D) 線型生成(L) 反轉(R) 退回(U)]：J　　<輸入編輯選項

接合類型＝延伸

請輸入連綴距離或[接合類型(J)]<0.0>：J

請輸入接合類型[延伸(E) 加入(A) 二者(B)]<延伸>：B

接合類型＝二者(延伸或加入)

請輸入連綴距離或[接合類型(J)]<0.0>：20 `Enter`

已將 2 條線段加入聚合線   <得(b)圖

2. 以編輯聚合線(PEDIT)指令，將圖 5-21(a)編輯成(b)、(c)、(d)。

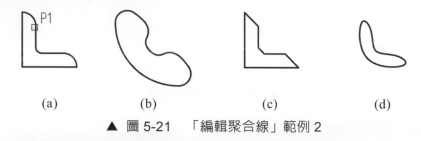

(a)   (b)   (c)   (d)

▲ 圖 5-21 「編輯聚合線」範例 2

指令：

      編輯聚合線

選取聚合線或[多重(M)]：P1   <選取物件

輸入選項[封閉(C) 接合(J) 寬度(W) 編輯頂點(E) 擬合(F) 雲形線(S) 直線化(D)

線型生成(L) 反轉(R) 退回(U)]：F   <輸入編輯選項，得(b)圖

輸入選項[封閉(C) 接合(J) 寬度(W) 編輯頂點(E) 擬合(F) 雲形線(S) 直線化(D)

線型生成(L) 反轉(R) 退回(U)]：D   <輸入編輯選項，得(c)圖

輸入選項[封閉(C) 接合(J) 寬度(W) 編輯頂點(E) 擬合(F) 雲形線(S) 直線化(D)

線型生成(L) 反轉(R) 退回(U)]：S   <輸入編輯選項，得(d)圖

四、技巧要領

對聚合線欲分解成獨立的線或弧，則執行   分解   指令。

綜合練習(一)

以點(POINT)、等分(DIVIDE)、等距(MEASURE)、聚合線(PLINE)、編輯聚合線
(PEDIT)及曾學習過的指令，完成下列各圖。

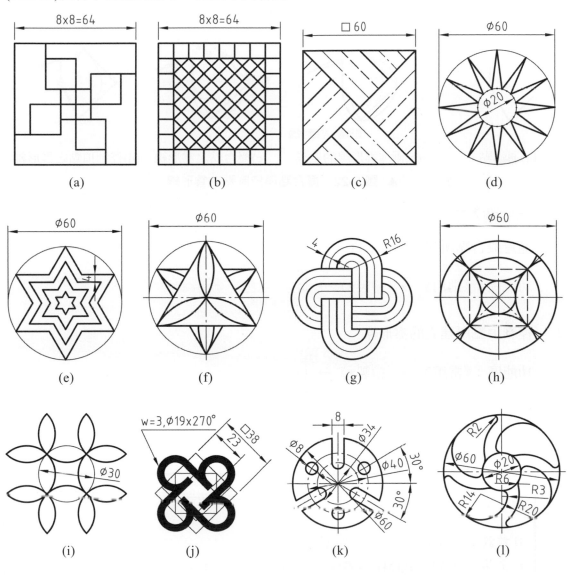

5-6　雲形線(SPLINE)

　　雲形線可分為通過擬合點所建立的與指定控制頂點所建立的雲形線兩種，如圖
5-22。通過擬合點可建立三次曲線的雲形線；而由控制頂點所建立的雲形線，可建立
一次至十次方曲線的雲形線，在調整雲形線的造型時，能呈現較擬合點建立的雲形線
更好的結果。可用於凸輪、擺線、交線及展開所需完成的圓滑曲線。

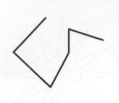
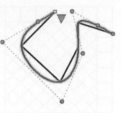
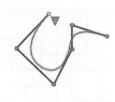

(a)通過點　　　　(b)兩種雲形線的差異　　(c)擬合點之雲形線　(d)控制頂點之雲形線

▲ 圖 5-22　擬合點與控制點之雲形線

一、指令輸入方式

1.　通過擬合點所建立的雲形線

　　功能區：《常用》→〈繪製▼〉→ 　雲形線擬合

2.　控制頂點所建立的雲形線

　　功能區：《常用》→〈繪製▼〉→ 　雲形線 CV

二、指令提示

1.　通過擬合點所建立的雲形線

指令：　雲形線擬合

目前設定：方式=擬合，節點=弦

指定第一點或[方式(M) 節點(K) 物件(O)]：　　<指定第一點

輸入下一點或[起始切向(T) 公差(L)]：　　　　<指定第二點

輸入下一點或[結束切向(T) 公差(L) 退回(U)]：<指定第三點，或輸入選項功能
.

```
.
輸入下一點或[結束切向(T) 公差(L) 退回(U) 封閉(C)]： Enter    <結束輸入點
```

2.　控制頂點所建立的雲形線

```
指令：
      雲形線擬合

目前設定：方式=CV，角度=3
指定第一點或[方式(M) 度(D) 物件(O)]：          <指定第一點
輸入下一點：                                 <指定第二點
輸入下一個點或[退回(U)]：                     <指定第三點，或輸入選項功能
輸入下一點或[封閉(C) 退回(U)]： Enter          <結束輸入點
```

【說明】

1.　方式(M)：設定採用擬合點或控制頂點方式建立雲形線。

2.　節點(K)：設定雲形線中各擬合點之間的曲線混成的計算方式。

3.　物件(O)：選取由雲形線所擬合成的聚合線，轉換成真正的雲形線。

4.　起始切向(T)、結束切向(T)：設定雲形曲線第一點及最後一點切線方向以決定彎曲方向，如圖 5-23。

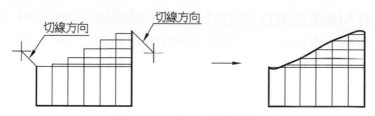

切線方向　　切線方向

▲ 圖 5-23　起、終點切線方向

5.　公差(L)：設定擬合雲形線公差。內定值公差設為 0，雲形線穿越擬合點。若設定比 0 大的公差，則雲形線不穿越擬合點，如圖 5-24。

(a)擬合公差 = 0　　　　　(b)擬合公差>0

▲ 圖 5-24　擬合公差(F)

6. 封閉(C)：封閉雲形線的起點與端點。

7. 度(D)：設定所建立之雲形線的多項式階數。

三、範例

1. 以雲形線擬合(SPLINE)指令，完成圖 5-25。

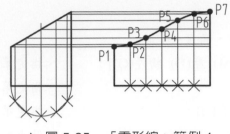

▲ 圖 5-25　「雲形線」範例 1

```
指令：

                雲形線擬合

目前設定：方式=擬合，節點=弦

指定第一點或[方式(M) 節點(K) 物件(O)]：_endp 於 P1                <指定第一點

輸入下一點或[起始切向(T) 公差(L)]：_int 於 P2                      <指定第二點

輸入下一點或[結束切向(T) 公差(L) 退回(U)]：_int 於 P3              <指定第三點

輸入下一點或[結束切向(T) 公差(L) 退回(U) 封閉(C)]：_int 於 P4      <指定第四點

輸入下一點或[結束切向(T) 公差(L) 退回(U) 封閉(C)]：_int 於 P5      <指定第五點

輸入下一點或[結束切向(T) 公差(L) 退回(U) 封閉(C)]：_int 於 P6      <指定第六點

輸入下一點或[結束切向(T) 公差(L) 退回(U) 封閉(C)]：_int 於 P7      <指定第七點

輸入下一點或[結束切向(T) 公差(L) 退回(U) 封閉(C)]： Enter           <結束輸入點
```

2. 以雲形線-CV(SPLINE)指令，完成圖 5-26(b)。

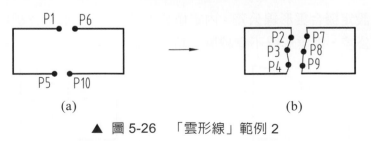

(a)　　　　　　　　　　　　　(b)

▲ 圖 5-26　「雲形線」範例 2

指令：

雲形線 CV

目前設定：方式–CV，角度=3

指定第一點或[方式(M)　度(D)　物件(O)]：P1　　　　　　　　<指定第一點

輸入下一點：P2　　　　　　　　　　　　　　　　　　　　<指定第二點

輸入下一個點或[退回(U)]：P3　　　　　　　　　　　　　　<指定第三點

輸入下一點或[封閉(C)　退回(U)]：P4　　　　　　　　　　<指定第四點

輸入下一點或[封閉(C)　退回(U)]：P5　　　　　　　　　　<指定第五點

輸入下一點或[封閉(C)　退回(U)]：　Enter　　　　　　　　<結束輸入點

　　　　　　　　　<同以上步驟繪出 P6～P10 點之雲形線，得(b)圖

5-7　編輯雲形線(SPLINEDIT)

專屬用來修改所繪製的雲形線。

一、指令輸入方式

1. 在圖元上快按滑鼠左鍵兩下。

2. 功能區：《常用》→〈修改▼〉→

編輯雲形線

二、指令提示

指令：在圖元上快按滑鼠左鍵兩下

輸入選項[封閉(C)　接合(J)　擬合資料(F)　編輯頂點(E)　轉換為聚合線(P)　反轉(R)

退回(U)　結束(X)]<結束>：　　　　　　　　　　<輸入選項或結束

【說明】

1. 封閉(C)：閉合雲形線的起點與終點。

2. 接合(J)：將雲形線與相連的雲形線、線、聚合線及弧線結合成一條連續的雲形線。

3. 擬合資料(F)：曲線上擬合掣點(GRIPS)模式。

輸入選項[封閉(C) 接合(J) 擬合資料(F) 編輯頂點(E) 轉換爲聚合線(P) 反轉(R)
退回(U) 結束(X)]<結束>：F
輸入擬合資料選項[加入(A) 封閉(C) 刪除(D) 扭折(K) 移動(M) 清除(P)
切向(T) 公差(L) 結束(X)]<結束>： 　　　　　　　　　<選取欲擬合掣點模式

(1) 加入(A)：移動掣點到下一個頂點座標。

(2) 封閉(C)：閉合雲形線。

(3) 刪除(D)：刪除掣點。

(4) 扭折(K)：在雲形線上的指定位置加入節點和擬合點。

(5) 移動(M)：移動掣點。

(6) 清除(P)：捨去掣點擬合模式。

(7) 切向(T)：重新設定切線方向。

(8) 公差(L)：設定曲線公差。

(9) 結束(X)：離開擬合掣點編輯模式。

4. 編輯頂點(E)：編輯掣點的位置，使雲形線更精細圓滑，如圖 5-27。

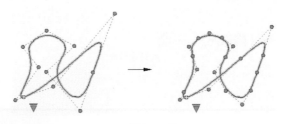

▲ 圖 5-27

點選編輯頂點(E)後提示：

輸入頂點編輯選項[加入(A) 刪除(D) 提升階數(E) 移動(M) 權值(W) 結束(X)]
<結束> 　　　　　　　　　　　　　　　　　　　<輸入選項

(1) 加入(A)：加入掣點。

(2) 刪除(D)：刪除選取的掣點。

(3) 提升階數(E)：提升雲形線階數，增加掣點數量，如圖 5-27。

(4) 移動(M)：移動掣點的位置。

(5) 權值(W)：設定影響雲形線的曲度形狀。

> 輸入新權值(目前的=1.0)或[下一點(N) 前一點(P) 選取點(S) 結束(X)]：
>
> <下一點>

5. **轉換為聚合線(P)**：將雲形線轉換為聚合線。

6. **反轉(R)**：設定掣點位置頭尾顛倒。

7. **退回(U)**：取消目前操作指令，退回至上一個編輯選項。

5-8 　修訂雲形(REVCLOUD)

繪出矩形、多邊形或手繪不規則形狀如雲形的連續弧聚合線。

一、指令輸入方式

功能區：《常用》→〈繪製▼〉→

二、指令提示

> 指令：
>
> 最小弧長：5 　最大弧長：15 　型式：正常 　類型：手繪
>
> 指定第一個點或[弧長(A) 物件(O) 矩形(R) 多邊形(P) 手繪(F) 型式(S) 修改(M)]<物件>：

【說明】

1. 矩形修訂雲形：定起點與對角點形成一個矩形的修訂雲形，如圖 5-28(a)。

2. 多邊形修訂雲形：定數點形成一個多邊形的修訂雲形，如圖 5-28(b)。

3. 手繪修訂雲形：定起點讓末點回到起點，形成一個封閉的修訂雲形，如圖 5-28(c)。

(a)矩形　　　(b)多邊形　　　(c)手繪

▲ 圖 5-28 修改雲形型式

4. 弧長(A)：設定弧的最大與最小長度，最大弧長不能超過最小弧長的三倍。

```
指定第一個點或[弧長(A) 物件(O) 矩形(R) 多邊形(P) 手繪(F) 型式(S)
修改(M)]<物件>：A
指定最小弧長<5>：2
指定最大弧長<12>：4
```

5. 物件(O)：將一個封閉物件，如圓、橢圓、封閉聚合線或封閉雲形線轉換成雲形線，如圖 5-29。

```
指定第一個點或[弧長(A) 物件(O) 矩形(R) 多邊形(P) 手繪(F) 型式(S)
修改(M)]<物件>：O
選取物件：
反轉方向[是(Y)/否(N)]<否>：
完成修訂雲形。
```

(a)正向　　　(b)反向　　　(c)型式－書法

▲ 圖 5-29

6. 型式(S)：設定弧線是否具有線寬。

```
指定第一個點或[弧長(A) 物件(O) 矩形(R) 多邊形(P) 手繪(F) 型式(S)
修改(M)]<物件>：S
選取弧型式[正常(N) 書法(C)]<正常>：C
弧型式＝書法
```

7. 修改(M)：修改現有的雲形的聚合線。

5-9　環(DONUT)

繪製環形物件。

一、指令輸入方式

功能區：《常用》→〈繪製▾〉→ ⊚ 環

二、指令提示

指令： ⊚ 環

指定環的內側直徑<0.5>：　　　　　　　　<設定內圓直徑，當=0 為填滿圓

指定環的外側直徑<1.0>：　　　　　　　　<設定外圓直徑

指定環的中心點或<結束>：　　　　　　　　<點選環的中心位置

.

.

指定環的中心點或<結束>： Enter 　　　　<結束指令

三、範例

以套用單色填滿(FILL)、環(DONUT)指令，完成圖 5-30(b)、(c)。

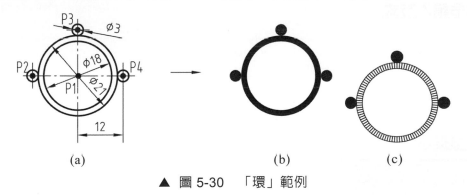

(a)　　　　　　　　　　　(b)　　　　　　(c)

▲ 圖 5-30　「環」範例

指令：選項(O)...→顯示→☑套用單色填滿(Y)

指令： ⊚ 環

指定環的內側直徑<0.0>：18 Enter	<設定內徑
指定環的外側直徑<4.0>：21 Enter	<設定外徑
指定環的中心點或<結束>：_int 於 P1	<點選環中心點
指定環的中心點或<結束>：Enter	<結束指令

指令：Enter	<重複環指令
指定環的內側直徑<18.0>：0 Enter	<設定內徑 0 填滿的圓
指定環的外側直徑<21.0>：3 Enter	<設定外徑
指定環的中心點或<結束>：_int 於 P2	<點選環中心點
指定環的中心點或<結束>：_int 於 P3	<點選環中心點
指定環的中心點或<結束>：_int 於 P4	<點選環中心點
指定環的中心點或<結束>：Enter	<結束指令，得(b)圖
指令：選項(O)...→顯示→□套用單色填滿(Y)	<重複上述指令完成(c)

5-10　橢圓(ELLIPSE)

繪製各種型式的橢圓。

一、指令輸入方式

功能區：《常用》→〈繪製〉→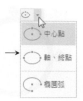

二、指令提示

指令： 軸、終點
指定橢圓的軸端點或[弧(A) 中心點(C) 等角圓(I)]：

【說明】

1. 軸端點

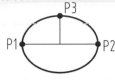
(a)長短軸距離方式

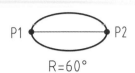
(b)長軸與繞軸
　旋轉角度方式

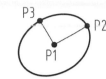
(c)中心點與長短
　軸距離方式

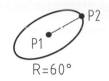
(d)中心點與第一軸
　端點及旋轉角度方式

▲ 圖 5-31　橢圓的各種輸入法

(1)　以長短軸距離方式繪製橢圓，如圖 5-31。

指定橢圓的軸端點或[弧(A)　中心點(C)]：P1	<選取軸線第一點
指定軸的另一端點：P2	<選取軸線第二點
指定到另一軸的距離或[旋轉(R)]：P3	<輸入另一軸半長

(2)　以長軸與繞長軸旋轉角度方式繪橢圓。

指定橢圓的軸端點或[弧(A)　中心點(C)]：P1	<選取軸線第一點
指定軸的另一端點：P2	<選取軸線第二點
指定到另一軸的距離或[旋轉(R)]：R	<切換至繞軸旋轉角模式
指定繞著主軸的旋轉角度：60 Enter	<輸入角度值

(3)　以中心點、長短軸方式繪製橢圓。

指定橢圓的軸端點或[弧(A)　中心點(C)]：C	<切換以中心點選項
指定橢圓的中心點：P1	<選取橢圓中心點
指定軸端點：P2	<選取半軸長終點
指定到另一軸的距離或[旋轉(R)]：P3	<輸入另一半軸長

(4)　以中心點、第一軸端點及旋轉角度方式繪橢圓。

指定橢圓的軸端點或[弧(A)　中心點(C)]：C	<切換以中心點選項
指定橢圓的中心點：P1	<選取橢圓中心點
指定軸端點：P2	<選取半軸長終點
指定到另一軸的距離或[旋轉(R)]：R	<切換至繞軸旋轉角
指定繞著主軸的旋轉角度：60 Enter	<輸入角度值

2. 弧(A)或

可畫出逆時針方向的橢圓弧，先依繪製橢圓的程序繪製後再提示：

| 指定起始角度或[參數(P)]： | <定義弧的起點角度 |
| 指定結束角度或[參數(P) 夾角(I)]： | <定義弧的終點角度 |

三、範例

以橢圓(ELLIPSE)指令，完成圖 5-32(c)旋轉 60°橢圓。

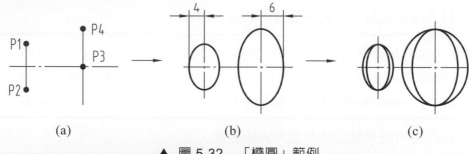

(a)　　　　　　　　(b)　　　　　　　　(c)

▲ 圖 5-32 「橢圓」範例

指令： ⬭ 軸、終點

指定橢圓的軸端點或[弧(A) 中心點(C)]：_endp 於 P1　　<選取軸線第一點
指定軸的另一端點：_endp 於 P2　　　　　　　　<選取軸線第二點
指定到另一軸的距離或[旋轉(R)]：4 Enter　　　　<游標左移，半軸長=4

指令： Enter　　　　　　　　　　　　　　　　<重複橢圓指令
指定橢圓的軸端點或[弧(A) 中心點(C)]：C　　　<切換以中心點選項
指定橢圓的中心點：_mid 於 P3　　　　　　　　<橢圓中心
指定軸端點：_int 於 P4　　　　　　　　　　　<選取半軸長
指定到另一軸的距離或[旋轉(R)]：6 Enter

　　　　　　　　　　　　　　　<游標右移，半軸長=6，得(b)圖

指令： ⬭ 軸、終點

指定橢圓的軸端點或[弧(A) 中心點(C)]：_endp 於 P1 <選取軸線第一點
指定軸的另一端點：_endp 於 P2　　　　　　　　<選取軸線第二點

指定到另一軸的距離或[旋轉(R)]：R　　　　　　　　　　　<切換至繞軸旋轉模式
指定繞著主軸的旋轉角度：60 `Enter`　　　　　　　　　　<輸入角度值

指令：`Enter`
指定橢圓的軸端點或[弧(A) 中心點(C)]：C
指定橢圓的中心點：_mid 於 P3
指定軸端點：_int 於 P4
指定到另一軸的距離或[旋轉(R)]：R
指定繞著主軸的旋轉角度：30 `Enter`　　　　　　<得(c)圖

四、技巧要領

設定系統變數 PELLIPSE = 0(內定值)時，所繪製的橢圓爲眞實橢圓線，可使用物件鎖點(OSNAP)模式抓取橢圓中心點；若設定 PELLIPSE = 1 時，所繪製的橢圓爲圓弧線段所構成的聚合線，使用物件鎖點模式時，抓不到其中心點。

綜合練習(二)

以雲形線(SPLINE)、環(DONUT)、橢圓(ELLIPSE)及曾學習過的指令，完成下列各圖。

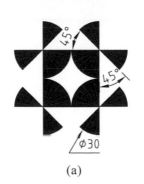

(a)

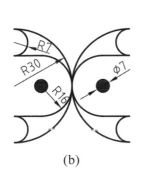

(b)

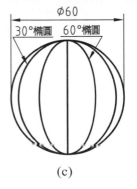

(c)

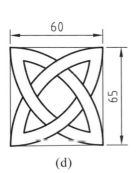

(d)

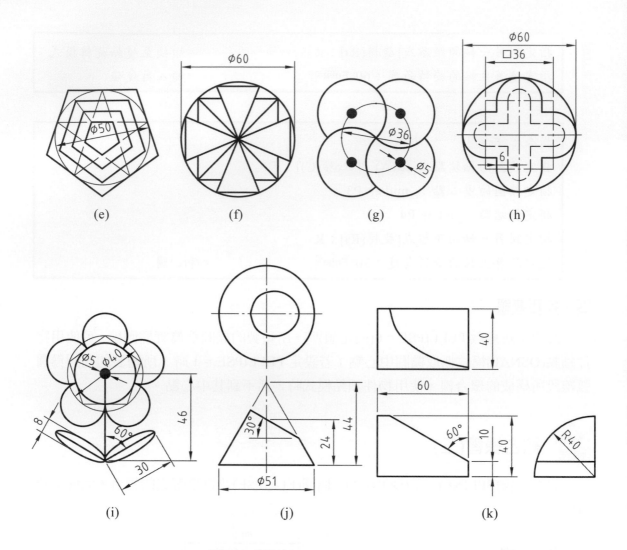

(e)   (f)   (g)   (h)

(i)   (j)   (k)

實力練習

一、選擇題(*為複選題)

(　　) 1. 若要在一個線性物件上以指定數目的區間插入圖塊，可使用　(A)等分　(B)等距　(C)陣列　(D)鏡射。

(　　) 2. 若一次可編輯所有線段，則以何項畫線最合適　(A)〔圖〕　(B)〔線〕　(C)〔圖〕　(D)〔圖〕。

(　　) 3. 下列何指令可建立具有不同寬度的直線與弧組合的單一物件　(A)〔線〕　(B)〔圖〕　(C)〔圖〕　(D)〔圖〕。

(　　) 4. 欲使一條線與弧，以〔圖〕連接結合成一條聚合線，其端點　(A)可為 X 型交叉　(B)可為 Y 型交叉　(C)可為不相連　(D)必須相連。

(　　) 5. 先選取一條黃色、HIDDEN 線型的聚合線，以〔圖〕指令的「接合 J」、與相鄰的一條紅色、中心線型的線段連結，則該線段變成　(A)紅色、中心線線型　(B)黃色、中心線線型　(C)黃色、HIDDEN 線型　(D)紅色、HIDDEN 線型。

(　　) 6. 欲建立不規則的折斷線，最好使用何指令　(A)〔圖〕　(B)〔圖〕　(C)〔圖〕　(D)〔圖〕。

(　　) 7. 欲循跡描繪不規則的輪廓線，最好使用何指令　(A)〔圖〕　(B)〔圖〕　(C)〔線〕　(D)〔圖〕。

(　　) 8. 欲繪製實面填滿圓或環，最快速方法是使用何指令　(A)〔圖〕　(B)〔圖〕　(C)〔圖〕　(D)〔圖〕。

(　　) 9. 欲以〔圖〕繪製單色填滿圓，需指定　(A)外徑 = 0　(B)內徑 = 0　(C)外徑 = 內徑　(D)外徑 ≠ 內徑。

(　　)10. 下圖所產生的結果為執行哪一個指令將圖塊插入曲線中　(A)等分　(B)等距　(C)插入　(D)多重插入。

( ) 11. 下圖所產生的結果為執行哪一個指令 (A)▨線 (B)▧ (C)▧ (D)▧。

( ) 12. 下圖所產生的結果為執行哪一個指令 (A)▧ (B)▧ (C)▧ (D)▧。

( ) 13. 下圖所產生的結果為執行哪一個指令 (A)▧ (B)▧ (C)▧ (D)▧。

( ) 14. 下圖為執行▧中哪一個指令所產生的結果 (A)接合 (B)寬度 (C)擬合 (D)雲形線。

( ) 15. 下圖為執行▧中哪一個指令所產生的結果 (A)接合 (B)寬度 (C)擬合 (D)雲形線。

*( ) 16. 等分(DIVIDE)或等距(MEASURE)可在一個線性物件上以指定的 (A)線 (B)圓 (C)點 (D)圖塊 建立區間。

*( ) 17. 若將聚合線平分為兩段相連接的獨立線段,可使用 (A)等距 (B)等分 (C)編輯聚合線 (D)切斷 指令。

*( ) 18. 以▧具有寬度的▧時,將 (A)轉換為各別的線段與弧段 (B)寬度變為 1 (C)寬度變為 0 (D)聚合線會沿著寬聚合線的中心點放置。

*( ) 19. 對於聚合線的頂點編輯,可使用聚合線編輯 (A)刪除頂點 (B)增加頂點 (C)移動頂點 (D)複製頂點。

*( ) 20. 對於雲形線的擬合點編輯,可以 (A)以執行▧指令 (B)刪除 (C)移動 (D)增加。

二、簡答題

1. 試簡述下列 AutoCAD 圖像指令之功能：

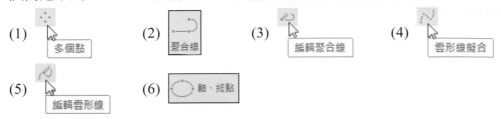

(1) 多個點　　　　(2) 聚合線　　　　(3) 編輯聚合線　　　　(4) 雲形線擬合

(5) 編輯雲形線　　(6) 軸、終點

2. 請簡述點(POINT)的大小有哪兩種設定方式。

3. 比較等分(DIVIDE)與等距(MEASURE)指令有何異同點。

4. 比較聚合線(PLINE)與線(LINE)有何不同。

5. 比較聚合線(PLINE)與雲形線(SPLINE)之間的異同點。

6. 橢圓(ELLIPSE)指令需設定何者參數，才能繪出真實橢圓或聚合線橢圓？

CHAPTER **6**

尺度標註

電腦輔助繪圖運用正投影視圖表達機件的形狀,以尺度表示該物件真實大小,以註解說明完整的資料。完整的尺度標註要素,包含標註線(尺度線)、延伸線(尺度界線)、箭頭、數字、引線(指線)、註解,如圖 6-1。

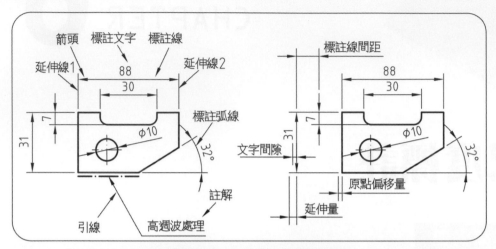

▲ 圖 6-1　尺度標註的各部名稱

AutoCAD 提供了標註(DIM)指令包含了線性標註(DIMLINEAR)、對齊式標註(DIMALIGNED)、角度標註(DIMANGULAR)等標註功能,如圖 6-2。還有標註編輯(DIMEDIT)、標註文字編輯(DIMTEDIT)及標註型式(DIMSTYLE)來設定符合自己工作領域上的尺寸標註型式。

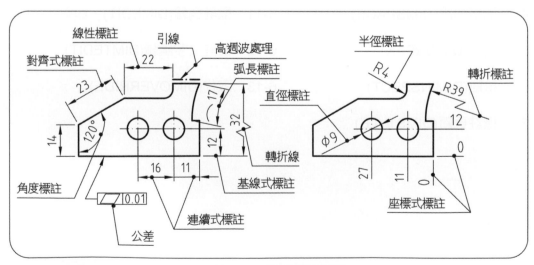

▲ 圖 6-2　各種標註型式

《註解》頁籤中〈標註〉面板上的各個標註功能，如圖 6-3。

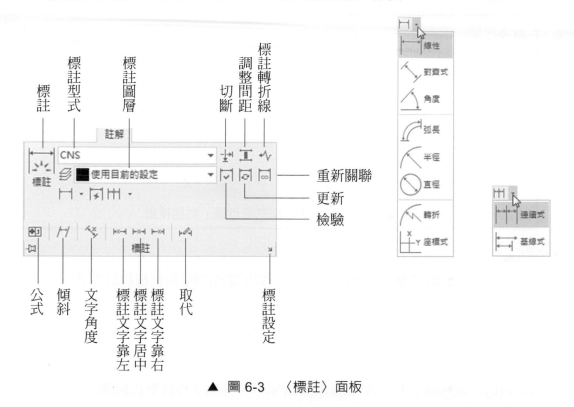

▲ 圖 6-3　〈標註〉面板

6-1　標註型式(DIMSTYLE)

標註型式管理員(DIMSTYLE)對話視窗是用以設定各項標註變數及不同的標註型式。

一、指令輸入方式

1. 功能區：《註解》→〈標註〉→ ↘
2. 功能區：《常用》→〈註解▼〉→ ↤↦

二、指令提示

指令：⌐   <出現圖 6-4「標註型式管理員」對話視窗

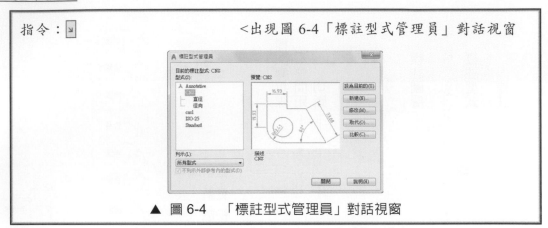

▲ 圖 6-4　　「標註型式管理員」對話視窗

【說明一】

1.　目前的標註型式：顯示目前標註型式是取用型式(S)中的何種標註型式。

2.　型式(S)：顯示目前設定的型式名稱，內定 ISO-25 為公制型式；Standard 為英制型式；標註型式前有「▲」圖示如「Annotative」，表示該標註型式為可註解性，所標註出的尺寸物件如箭頭與尺寸數字可隨時作比例的縮放。

3.　列示(L)：按▼鈕會拉下要在型式(S)清單中，列出之標註型式類別。

4.　□不列示外部參考內的型式(D)：設定是否將外部參考內的標註型式，顯示於型式(S)框內。

5.　預覽：可預覽在型式(S)清單中所選樣式，會顯現改變的標註型式。

6.　描述：說明在型式(S)清單中所選樣式與目前使用中之樣式有何改變。

7.　設為目前的(U)：將所設定好的標註型式，設定為目前的內定標註型式。

8.　新建(N)...：建立一個適用於自己工作領域的標註型式例如：CNS，按此鍵開啟圖 6-5「建立新標註型式」對話視窗。

▲ 圖 6-5　　「建立新標註型式」對話視窗

(1)　新型式名稱(N)：鍵入新的標註型式名稱，例如 CNS。

(2)　起始於(S)：按 🔽 鈕拉下清單，可選一個已具名的標註型式來修改。

(3)　□可註解(A)：當勾選時，所建立的尺寸標註型式為可註解性比例標註型式，所標註出的尺寸物件如箭頭與尺寸數字可隨時作比例的縮放。

(4)　用於(U)：按 🔽 鈕拉下清單，可選擇新建的標註型式應用的範圍。

(5)　　繼續　：新建名稱為 CNS，確定「起始於」為 ISO-25，「用於」所有標註，按　繼續　鍵，則出現圖 6-6「新標註型式：CNS」對話視窗。所有頁籤內容，可依所需選取，設定適宜的標註型式。

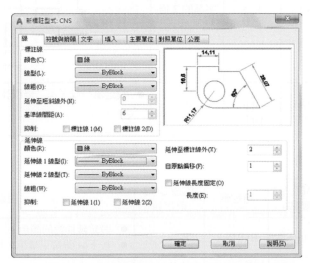

▲ 圖 6-6　「新標註型式：CNS」對話視窗

【說明二】

1.　線頁籤：如圖 6-6，進行標註線與延伸線的相關設定。

(1)　標註線

內容	對應的標註變數	內定值	建議 CNS 設定值	說明
顏色(C)	DIMCLRD	ByBlock		● 設定標註線的顏色。 ● 按下 🔽 鈕拉下清單，可選取欲設定的顏色。
線型(L)	DIMLTY-PE	ByBlock		● 設定標註線的型式。 ● 按下 🔽 鈕拉下清單，可選取欲設定的線型。
線粗(G)	DIMLWD	ByBlock		● 設定標註線的線粗。 ● 按下 🔽 鈕拉下清單，可選取欲設定的線粗。

內容	對應的標註變數	內定值	建議 CNS設定值	說明
延伸至短斜線外(N)	DIMDLE	0		● 當箭頭設定為「傾斜」時，設定短斜線之延伸量。
基準線間距(A)	DIMDLI	3.75	字高的 2 倍	● 設定基準線標註時，兩層標註線之間的距離。
抑制標註線 1(M)標註線 2(D)	DIMSD1 DIMSD2	OFF OFF		● 設定第一條、第二條標註線是否不顯示。

(2) 延伸線

內容	對應的標註變數	內定值	建議 CNS設定值	說明
顏色(R)	DIMCLRE	ByBlock		● 設定延伸線的顏色。 ● 按下 ▾ 鈕拉下清單，可選取欲設定的顏色。
延伸線 1線型(I)延伸線 2線型(T)	DIMLTEX1 DIMLTEX2	ByBlock		● 設定延伸線的型式。 ● 按下 ▾ 鈕拉下清單，可選取欲設定的線型。 ● 標註時先選取的點為延伸線 1。
線粗(W)	DIMLWE	ByBlock		● 設定延伸線的線粗。 ● 按下 ▾ 鈕拉下清單，可選取欲設定的線粗。
抑制延伸線 1(1)延伸線 2(2)	DIMSE1 DIMSE2	OFF OFF		● 設定第一條、第二條延伸線是否不顯示。

內容	對應的標註變數	內定值	建議 CNS設定值	說明
延伸至標註線外(X)	DIMEXE	1.25	2	● 設定延伸線超出標註線的距離。
自原點偏移(F)	DIMEXO	0.625	1	● 設定延伸線離物件的距離。
延伸線長度固定(O)	DIMFXLO-N	OFF		● 設定固定的延伸線長度。
長度(E)		OFF		● 固定的延伸線長度。

2. 符號與箭頭頁籤：如圖 6-7，進行箭頭、中心標記、弧長符號與轉折符號的相關設定。

▲ 圖 6-7　「新標註型式：CNS」之「符號與箭頭」對話視窗

(1) 箭頭

內容	對應的標註變數	內定值	建議 CNS 設定值	說明
第一(T) 第二(D) 引線(L)	DIMBLK1 DIMBLK2 DIMLDRBLK	封閉填滿 封閉填滿 封閉填滿		● 設定標註線兩引線端繪出的箭頭型式。 ● AutoCAD 提供 20 種標準型式及使用者自定圖塊方式來設定箭頭。 封閉填滿　開放 30 封閉空白　小圓點 封閉　空白圓點 圓點　空白小圓點 建築斜線　方塊 傾斜　填滿方塊 開啟　基準面三角形 原點指標　基準實心正三角形 原點指標 2　折斷符號 直角　無
箭頭大小(I)	DIMASZ	2.5	1 倍字高	● 設定箭頭尺寸大小。 尺寸=2　尺寸=3

(2) 中心標記

內容	對應的標註變數	內定值	建議 CNS 設定值	說明
中心標記		標記	無	● 設定圓心之符號。 無(N)　標記(M)　線(E)
大小	DIMCEN	2.5	0	● 設定中心線超出圓外的尺寸值。 2.5　2.5

(3) 標註切斷

內容	對應的標註變數	內定值	建議 CNS 設定值	說明
切斷大小(B)		3.75	1 倍字高	● 設定尺度界線與尺度相交時，要切斷的尺度界線離另一尺度之間距。

(4) 弧長符號

內容	對應的標註變數	內定值	建議 CNS 設定值	說明
● 標註文字前面(P)	DIMARC-SYM=0	ON		● 設定弧長符號的位置在標註文字前面。 ⌒15
● 標註文字上方(A)	DIMARC-SYM=1			● 設定弧長符號的位置在標註文字上方。 15
● 無(O)	DIMARC-SYM=2			● 設定不繪製弧長符號。 15

(5) 半徑轉折標註

內容	對應的標註變數	內定值	建議 CNS 設定值	說明
轉折角度(J)	DIMJOGA-NG	45		● 設定半徑轉折標註角度。

(6) 線性轉折標註

內容	對應的標註變數	內定值	建議 CNS 設定值	說明
轉折高度係數(F)		1.5	1	● 設定尺度線轉折的高度為文字高度的倍數值。

3. 文字頁籤：如圖 6-8，進行文字外觀、文字位置、文字對齊等項目的設定。

▲ 圖 6-8 「新標註型式：CNS」之「文字」對話視窗

(1) 文字外觀

內容	對應的 標註變數	內定值	建議 CNS 設定值	說明
文字型式(Y)	DIMTXSTY	Standard		● 載入供標註使用的字型。 ● 按▼鈕拉下清單，可選取已載入的字型。 ● 按…則出現「字型」對話視窗，載入新文字型式與字體。
文字顏色(C)	DIMCLRT	ByBlock		● 設定標註文字的顏色。 ● 按▼鈕拉下清單，選取欲設定的顏色。
填滿顏色(L)	DIMTFILL	無		● 設定標註文字的背景顏色。 ● 按▼鈕拉下清單，選取欲設定的顏色。
文字高度(T)	DIMTXT	2.5	3	● 設定文字高度。 DIMTXT=2　　DIMTXT=3
分數高度 比例(H)	DIMTFAC	1		● 設定標註分數內容時，分數文字高度。
繪製文字框(F)	DIMGAP			● 設定在標註文字外是否加外框。

(2) 文字位置

內容	對應的標註變數	內定值	建議 CNS 設定值	說明
垂直位置(V)	DIMTAD			● 控制文字與標註線的垂直對正方式。 ● 按 ▼ 鈕可設定其垂直對正方式。
● 置中	DIMTAD=0			● 將文字放於標註線的中央位置。
● 上方	DIMTAD=1	上方		● 將文字放於標註線的上方位置。
● 外側	DIMTAD=2			● 將文字放於標註線的外側位置。
● JIS	DIMTAD=3			● 將文字以日本工業標準放置。
● 下方	DIMTAD=4			● 將文字放於標註線的下方位置，但標註時不作此種設定。
水平位置(Z)	DIMJUST			● 設定文字沿標註線與延伸線的水平對正方式，按 ▼ 鈕可設定水平對正方式。
● 置中	DIMJUST=0	置中		● 將文字置於標註線中央。
● 位於延伸線 1	DIMJUST=1			● 將文字靠向第一條延伸線對齊。

內容	對應的標註變數	內定值	建議 CNS 設定值	說明
● 位於延伸線 2	DIMJUST=2			● 將文字靠向第二條延伸線對齊。
● 延伸線 1 上方	DIMJUST=3			● 將文字置於第一條延伸線上方對齊。
● 延伸線 2 上方	DIMJUST=4			● 將文字置於第二條延伸線上方對齊。
檢視方向(D)	DIMTXTDIRECTION	從左至右		● 設定標註文字由左而右書寫。
自標註線偏移(O)	DIMGAP	0.625	1	● 設定標註文字與標註線之間的距離。

(3) 文字對齊(A)

內容	對應的標註變數	內定值	建議 CNS 設定值	說明
文字對齊(A)				● 設定文字的對齊狀態。
● 水平	DIMTIH=1 DIMTOH=1			● 設定文字一律水平顯示。
● 對齊標註線	DIMTIH=0 DIMTOH=0	對齊標註線		● 設定文字依標註線方向顯示。
● ISO 標準	DIMTIH=1 DIMTOH=0			● 設定垂直文字依標註方向顯示，半徑文字則以水平方向顯示。

4. 填入頁籤：如圖 6-9 進行文字與箭頭的位置及整體比例的設定。

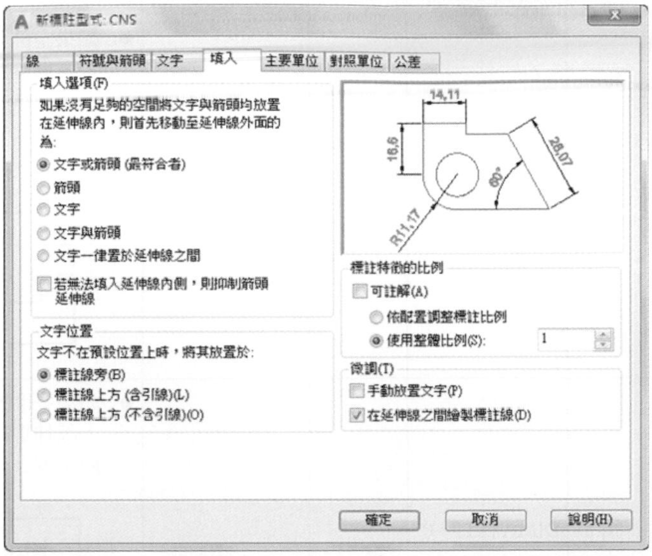

▲ 圖 6-9　「新標註型式：CNS」之「填入」對話視窗

(1) 填入選項(F)

內容	對應的標註變數	內定值	建議 CNS 設定值	說明
填入選項(F)				● 若標註的尺寸較小，設定文字與箭頭該如何放置。
● 文字或箭頭 (最符合者)	DIMATFIT=3	3	除直徑與半徑之外其餘標註設定此項	● 由系統自動判斷文字與箭頭的最佳填入位置。 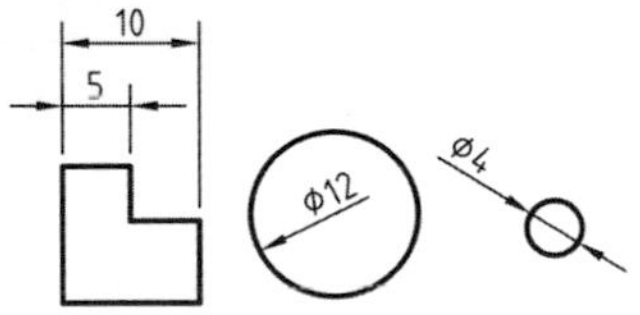
● 箭頭	DIMATFIT =1			● 如果空間足夠，將文字與箭頭填入延伸線內側。 ● 若僅有部份空間，優先將箭頭放於外側；若沒有空間，文字與箭頭都放在外側。 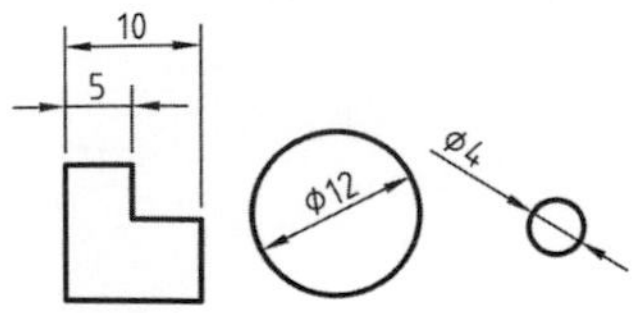

內容	對應的標註變數	內定值	建議 CNS 設定值	說明
● 文字	DIMATFIT =2		直徑與半徑以此項設定	● 如果空間足夠,將文字與箭頭填入延伸線內側。 ● 若僅有部份空間,優先將箭頭放於內側;若沒有空間,文字與箭頭都放在外側。
● 文字與箭頭	DIMATFIT =0			● 如果空間允許,將文字與箭頭填入延伸線內側;不然就文字與箭頭都放在外側。
● 文字一律置於延伸線之間	DIMTIX			● 強迫標註文字一定要在延伸線之間。
● 若無法填入延伸線內側,則抑制箭頭延伸線	DIMSOXD			● 設定若空間不足時,是否將延伸線箭頭不顯示出來。

(2)　文字位置

內容	對應的 標註變數	內定值	建議 CNS 設定值	說明
文字位置				● 設定文字不在預設位置上於填入時的位置。
● 標註線旁(B)	DIMTMOVE=0	位於標 註線旁		● 將標註文字放置於標註線旁。
● 標註線上方 (含引線)(L)	DIMTMOVE=1			● 將標註文字放置於標註線上方，但會出現引線指定位置。
● 標註線上方 (不含引線) (O)	DIMTMOVE=2			● 將標註文字放置於標註線上方，但不會出現引線指定位置。

(3)　標註特徵的比例

內容	對應的 標註變數	內定值	建議 CNS 設定值	說明
可註解(A)				● 勾選時設定為可改變標註物件比例的標註型式。
● 依配置調整 標註比例	DIMSCALE	OFF		● 決定目前模型空間與圖紙空間的比例係數。
● 使用整體比 例(S)	DIMSCALE	1		● 設定尺寸標註的整體比例大小。 整體比例=1　　整體比例=2

(4) 微調(T)

內容	對應的 標註變數	內定值	建議 CNS 設定值	說明
微調				● 微調標註之填入狀態。
● 手動放置文字(P)	DIMUPT			● 忽略任何設定值，以手動模 式放置標註文字。
● 在延伸線之間繪 製標註線(D)	DIMTOFL	一律將標註線 繪於延伸線間		● 設定文字、箭頭於延伸線間 顯現標註線。

5.　主要單位頁籤：如圖 6-10，進行線性標註、角度標註的單位設定。

▲ 圖 6-10　「新標註型式：CNS」之「主要單位」對話視窗

(1)　線性標註

內容	對應的 標註變數	內定值	建議 CNS 設定值	說明
單位格式(U)	DIMLUNIT	十進位		● 設定標註尺寸的單位格式。 ● 按 ▼ 鈕選取欲設定的單位格式。 　1.　「科學」單位 　2.　「十進位」單位 　3.　「工程」用單位 　4.　「建築」用單位 　5.　「分數」表示單位 　6.　「Windows 桌面」單位
精確度(P)	DIMDEC	4		設定標註尺寸的小數位數。 ● 按 ▼ 鈕選取欲設定的位數。

內容	對應的標註變數	內定值	建議 CNS設定值	說明
分數格式(M)	DIMFRAC			● 設定分數格式；單位格式爲「分數」或「windows 桌面」時，才有功能。 ● 按 ▼ 鈕選取欲設定的格式。 　1. 水平例如：$1\frac{1}{2}$ 　2. 對角例如：$1\frac{1}{2}$ 　3. 不堆疊例如：1 1/2
小數分隔符號(C)	DIMDSEP		小數點	● 設定十進位單位格式的小數點格式。按 ▼ 鈕選取欲設定的格式。 　1. ‧小數點例如：2.5 　2. ，逗點例如：2,5 　3. 空格例如：2 5
捨入(R)	DIMRND	0		設定文字的近似值。 使文字數值爲設定 DIMRND 的數值的倍數。 12.68　6.27　DIMRND=0 12.75　6.25　DIMRND=0.25
字首(X)	DIMPOST			● 設定文字的前置詞。
字尾(S)				設定文字的後置詞。 M15　15mm DIMPOST=M<>　DIMPOST=<>mm
測量比例				● 設定線性尺寸標註的整體比例。
● 比例係數(E)	DIMLFAC	1		若原尺寸爲 15 當 DIMLFAC=2 時則尺寸爲 30。 15　30 DMLFAC=1　DIMLFAC=2
● 僅套用到配置標註	DIMLFAC	OFF		● 線性比例係數僅對圖紙空間的尺寸有作用。
零抑制	DIMZIN			設定標註尺寸的零值抑制模式。
● 前導(L)	DIMZIN=4	OFF		● 抑制標註文字前有 0 的顯示。 例 0.300 → .300

內容	對應的標註變數	內定值	建議 CNS 設定值	說明
● 結尾(T)	DIMZIN=8	OFF		● 抑制標註文字後有 0 的顯示。例 0.300 → 0.3
● 0 英呎(F)	DIMZIN=3	ON		● 抑制 0 英呎的顯示。例 0'-51/2" → 51/2"
● 0 英吋(I)	DIMZIN=2	ON		● 抑制 0 英吋的顯示。例 1'-0 → 1'

(2) 角度標註

內容	對應的標註變數	內定值	建議 CNS 設定值	說明

單位格式(A)	DIMAUNIT	十進位角度		● 設定角度標註的單位格式。
				● 按 ▼ 鈕選取欲設定單位格式。
				  0. 「十進位角度」單位
				  1. 「度 分 秒」表示單位
				  2. 「分度」之百分級數單位
				  3. 「弳度」表示單位

精確度(O)	DIMADEC	0		● 設定角度尺寸的小數位數。
零抑制 ● 前導(D) ● 結尾(N)	DIMZIN	8		● 設定尺寸的零值抑制模式。 ● 同前標註零抑制。

6. 對照單位頁籤：如圖 6-11，進行對照單位(第二種單位)、零抑制、位置等項目設定。

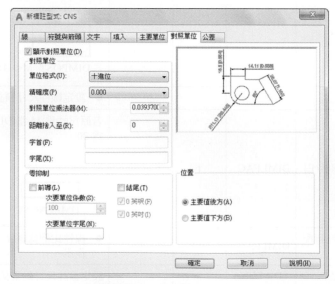

▲ 圖 6-11　「新標註型式：CNS」之「對照單位」對話視窗

(1) □顯示對照單位(D)：設定是否開始使用第二單位。若☑則表示開始使用，對照單位對話視窗才有作用。

(2) 對照單位

內容	對應的標註變數	內定值	建議 CNS 設定值	說明
對照單位		OFF		● 設定是否使用單位轉換。 15　　　　15 [0.5910] DIMALT=OFF　　DIMALF=ON DIMALTD=2 DIMALTF=25.4
● 單位格式(U)	DIMALTU			● 設定對照單位的格式。 　1. 科學 　2. 十進位 　3. 工程 　4. 建築堆疊 　5. 分數堆疊 　6. 建築 　7. 分數 　8. Windows 桌面
● 精確度(P)	DIMALTD			● 設定對照單位的小數位數。
● 對照單位乘法器(M)	DIMALTF	0.03937		● 為公制與英制比，即 1：25.4=0.03937。
● 距離捨入至(R)	DIMALTRND			● 同「主要單位」說明。
● 字首(F)	DIMAPOST			● 同「主要單位」說明。
● 字尾(X)				● 同「主要單位」說明。
● 零抑制	DIMZIN			● 同「主要單位」說明。

(3) 位置

內容	對應的標註變數	內定值	建議 CNS 設定值	說明
位置 ● 主要值後方(A) ● 主要值下方(B)	DIMAPOST	主要值後方		● 設定第二種單位與主要單位的關係位置。 15 [0.5910]　　15 　　　　　　　[0.5910] 主要單位後方　　主要單位下面

7. 公差頁籤：如圖 6-12，進行公差內容的標註設定。

▲ 圖 6-12 「新標註型式：CNS」之「公差」對話視窗

8. 公差格式

內容	對應的 標註變數	內定值	建議 CNS 設定值	說明
方式(M)				● 設定公差的表示方式。
● 無	DIMTOL=0	無		● 不標註公差。 15
● 對稱 上限值(V)	DIMTOL=1 DIMLIM=0			● 標示上、下限對稱公差。 15±0.1
● 偏差 上限值(V) 下限值(W)	DIMTOL=1 DIMLIM=0			● 標示上、下不對稱公差。 +0.2 15−0.1 DIMTP=0.2　　DIMTM=0.1

內容	對應的 標註變數	內定值	建議 CNS 設定值	說明
● 上下限 　上限值(V) 　下限值(W)	DIMLIM=1 DIMTOL=0			● 設定顯示上、下極限。 DIMTP=0.2　　DIMTM=0.1
● 基本	DIMGAP			● 設定在標註文字外是否加外框。
精確度(P)	DIMTDEC			● 設定公差值小數位數。 ● 按 ▼ 選取欲設定的位數。
上限值(V)	DIMTP			● 設定上限公差值。
下限值(W)	DIMTM			● 設定下限公差值。
調整高度比例 (II)	DIMTFAC	1		● 設定公差文字高度比例。 $DIMTFAC=\dfrac{公差字高}{字高}$ IMTFAC=1　　DIMTFAC=0.5
垂直位置(S)				
● 下	DIMTOLJ=0		下	● 標註文字與下限公差對齊。
● 中央	DIMTOLJ=1			● 標註文字對正於上、下限公差之間。
● 上	DIMTOLJ=2			● 標註文字與上限公差對齊。
公差對齊				● 堆疊時控制上公差值與下公差值的對齊 方式。

內容	對應的標註變數	內定值	建議 CNS 設定值	說明
● 對齊小數分隔符號(A)				● 值依小數分隔符號堆疊。
● 對齊運算符號(G)				● 值依運算符號堆疊。
零抑制	DIMZIN			● 同「主要單位」說明。

9. 修改(M)... ：出現「修改標註型式：CNS」對話視窗，其內容與之前「新建標註型式：CNS」的對話視窗內容相同。當進行修改功能時，所有的標註尺寸自動變換成修改內容，如圖 6-13。

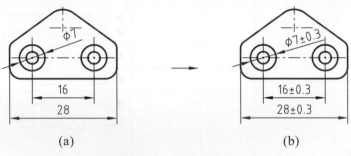

(a)　　　　　　　　　　　(b)

▲ 圖 6-13　修改標註內容

10. 取代(O)... ：出現「取代目前的型式：CNS」對話視窗，其內容與 修改(M)... 相同，但使用 取代(O)... 只會改變下一次的標註結果，如圖 6-14。

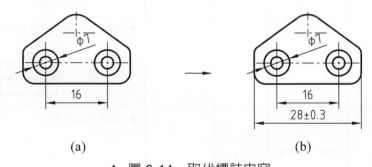

(a)　　　　　　　　　　　(b)

▲ 圖 6-14　取代標註內容

11. 　比較(C)...　：出現圖 6-15「比較標註型式」對話視窗。設定比較欄為 CNS，則比較查詢 CNS 與 ISO-25 之標註內容的差異。

▲ 圖 6-15　「比較標註型式」對話視窗

12. 刪除標註型式之項目：開啟「標註型式管理員」對話視窗，選取型式中欲刪除項目，按滑鼠「右鍵」，出現圖 6-16 內容選項，按刪除即完成。

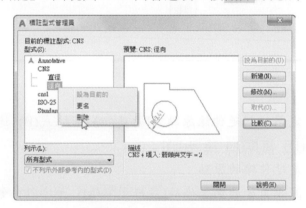

▲ 圖 6-16　刪除標註型式

三、範例

建立 CNS 的修改標註型式。

步驟：

1. 依上述介紹的各「頁籤」對話視窗進行標註設定，採用「建議 CNS 設定值」的格式設定。

2. 其中「直徑」、「半徑」的文字填入選項，設為「文字」，讓空間足夠時，箭頭在內部，可節省空間，避免與其他標註重疊，增加圖面的美觀。

3. 儲存 CNS 標註型式，再與樣板檔一起儲存於 CNS-A3.dwt 檔案中，以便每次開始新檔時，可直接參照使用。

6-2　標註(DIM)

是線性標註、對齊式標註、角度標註、直徑標註、半徑標註、弧長標註、轉折標註、座標式標註、基線式標註、連續式標註與中心標註的功能集合而成。指令執行時會依要標註的物件形式不同，而出現不同的功能提示，在平常沒有特殊的標註需求下，標註指令已能滿足以上各種標註的基本需求。

一、指令輸入方式

1. 功能區：《註解》→〈標註〉→ 標註

2. 功能區：《常用》→〈註解〉→ 標註

二、指令提示

> 指令：標註
>
> 選取物件或指定第一個延伸線原點或[角度(A)　基線式(B)　連續式(C)　座標(O)　對齊(G)　分散(D)　圖層(L)　退回(U)]：
>
> 選取直線以指定延伸線的原點：
>
> 指定標註線位置或角度的第二條線[多行文字(M)　文字(T)　文字角度(N)　退回(U)]：

【說明】

1. 線性標註(DIMLINEAR)與對齊式標註(DIMALIGNED)

   (1) 選取物件：將十字游標移到物件上，出現一個小方形框，以此小方形框選取物件來標註尺寸，如圖 6-17。

   > 選取直線以指定延伸線的原點：P1　　　　　　　　　　　<選取物件>
   >
   > 指定標註線位置或角度的第二條線[多行文字(M)　文字(T)　文字角度(N)　退回(U)]：P2　　　　　　　　　　　<定標註線位置>

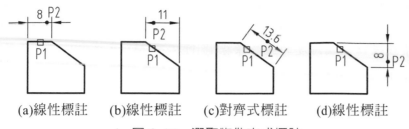

(a)線性標註　　(b)線性標註　　(c)對齊式標註　　(d)線性標註

▲ 圖 6-17　選取物件方式標註

(2) 指定第一條延伸線原點標註：以選取兩點標註尺寸，如圖 6-18。

```
指定第一個延伸線原點或[角度(A) 基線式(B) 連續式(C) 座標(O) 對齊(G)
分散(D) 圖層(L) 退回(U)]：P1              <選取第一點位置
指定第二個延伸線原點或[退回(U)]：P2          <選取第二點位置
指定標註線位置或角度的第二條線[多行文字(M) 文字(T) 文字角度(N)
退回(U)]：P3                          <定標註線位置
```

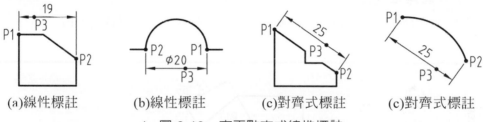

(a)線性標註　　　(b)線性標註　　　(c)對齊式標註　　　(c)對齊式標註

▲ 圖 6-18　定兩點方式線性標註

(3) 多行文字(M)：可在尚未選取標註線位置之前，以「多行文字編輯器」對話視窗方式，修改系統自行測量的長度反白值，成為自訂文字，或加前、後置詞，如圖 6-19。

▲ 圖 6-19　改變標註文字內容

(4) 文字(T)：可在尚未選取標註線位置之前，直接輸入欲自訂文字，或加前、後置詞。

```
指定標註線位置或角度的第二條線[多行文字(M) 文字(T) 文字角度(N)
退回(U)]：T
```

輸入標註文字<10>：%%C<>　　　　<輸入欲自訂文字"<>"表示內定文字

指定標註線位置或角度的第二條線[多行文字(M) 文字(T) 文字角度(N) 退回(U)]：　　　　　　　　　　　　　　　　<定標註線位置

(5) 文字角度(A)：可在尚未選取標註線位置之前，可先設定標註文字傾斜角度。

(6) 若線性標註需改變標註線角度來進行標註，如圖 6-20，則需執行 ┠─┤線性 。

指令：┠─┤線性

指定第一條延伸線原點或<選取物件>：Enter

選取要標註的物件：P1　　　　　　　　　　　　<選取物件

指定標註線位置或

[多行文字(M) 文字(T) 角度(A) 水平(H) 垂直(V) 旋轉(R)]：R

指定標註線的角度<0>：-30 Enter　　　　　　　<輸入標註線旋轉角度

指定標註線位置或

[多行文字(M) 文字(T) 角度(A) 水平(H) 垂直(V) 旋轉(R)]：P2

標註文字=13

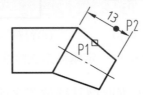

▲ 圖 6-20　旋轉式線性標註

2. 角度標註(DIMANGULAR)

(1) 選取「線」標註角度尺寸，如圖 6-21。以選取「線」標註角度尺寸時，角度標註必定小於 180 度。

指定第一個延伸線原點或[角度(A) 基線式(B) 連續式(C) 座標(O) 對齊(G) 分散(D) 圖層(L) 退回(U)]：A

選取弧，圓，線或[頂點(V)]：P1　　　　　　　　　<選取第一線段

選取直線以指定角的第二個邊：P2　　　　　　　　<選取第二線段

指定標註弧線位置或[多行文字(M) 文字(T) 文字角度(A) 退回(U)]：P3

　　　　　　　　　　　　　　　　　　　　　　　<定標註線位置

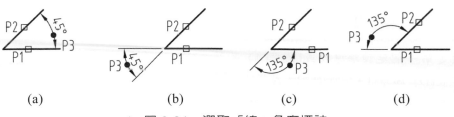

(a)　　　　　　　(b)　　　　　　　(c)　　　　　　　(d)

▲ 圖 6-21　選取「線」角度標註

(2)　選取「弧」標註角度尺寸，如圖 6-22。

```
取弧，圓，線或[頂點(V)]：P1                        <選取弧
指定角度標註位置或[半徑(R) 直徑(D) 多行文字(M) 文字(T) 文字角度(N)
退回(U)]：P2                                      <定標註線位置
```

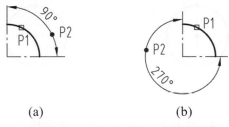

(a)　　　　　　　　(b)

▲ 圖 6-22　選取「弧」角度標註

(3)　指定頂點方式標註角度尺寸，即直接選取三點標註角度尺寸，如圖 6-23。

```
指定第一個延伸線原點或[角度(A) 基線式(B) 連續式(C) 座標(O) 對齊(G)
分散(D) 圖層(L) 退回(U)]：A
選取弧、圓、線或[頂點(V)]： Enter
指定角度頂點或[退回(U)]：P1              <選取線之交點
為角的第一個邊指定端點或[退回(U)]：P2     <選取線之交點，也是第一參考點
為角的第二個邊指定端點或[退回(U)]：P3     <選取 P1 點右方點，第二參考點
指定角度標註位置或[多行文字(M) 文字(T) 文字角度(N) 退回(U)]：P4
                                        <定標註線位置
```

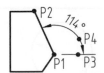

▲ 圖 6-23　直接選取「端點」角度標註

(4) 選取「圓」標註角度尺寸,如圖 6-24。

指定第一個延伸線原點或[角度(A) 基線式(B) 連續式(C) 座標(O) 對齊(G)
分散(D) 圖層(L) 退回(U)]:A
選取弧、圓、線或[頂點(V)]: Enter
指定角度頂點或[退回(U)]:P1   <選取線之交點
為角的第一個邊指定端點或[退回(U)]:P2   <選取線之交點,也是第一參考點
為角的第二個邊指定端點或[退回(U)]:P3   <選取 P1 點右方點,第二參考點
指定角度標註位置或[多行文字(M) 文字(T) 文字角度(N) 退回(U)]:P4
                             <定標註線位置

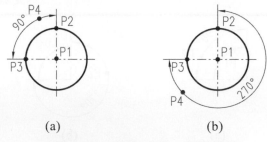

(a)   (b)

▲ 圖 6-24　選取「圓」角度標註

(5) 若角度值接受內定值,標註文字會自動加上「°」度的符號;否則需點選《文字編輯器》 插入 符號 中 的「%%d」來表示「°」度或直接鍵入「%%d」特殊代號。

3. 直徑標註(DIMDIAMETER):標註圓或圓弧直徑的尺寸,如圖 6-25。

指定第一個延伸線原點或[角度(A) 基線式(B) 連續式(C) 座標(O) 對齊(G)
分散(D) 圖層(L) 退回(U)]:
選取圓以指定直徑或[半徑(R) 轉折(J) 角度(A)]:P1   <選取物件
指定直徑標註位置或[半徑(R) 多行文字(M) 文字(T) 文字角度(N) 退回(U)]:
P2   <定標註位置

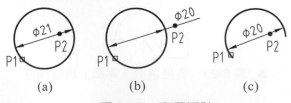

(a)   (b)   (c)

▲ 圖 6-25　直徑標註

(1) 建議設定「直徑」與「半徑」標註型式(DIMSTYLE)時，以 [新建(N)...] 方式，修改填入頁籤的「填入選項(F)」，設為「文字」，箭頭會標註在圓內。

(2) 若直徑值接受內定值，標註文字會自動加上「Ø」直徑符號；否則需點選《文字編輯器》 [插入] 中 [符號] 的「%%c」來表示「Ø」直徑或直接鍵入「%%c」特殊代號。

4. 半徑標註(DIMRADIUS)：標註圓弧半徑的尺寸，如圖 6-26。

> 選取物件或指定第一個延伸線原點或[角度(A)　基線式(B)　連續式(C)　座標(O)
> 對齊(G)　分散(D)　圖層(L)　退回(U)]：
> 選取圓以指定半徑或[直徑(D)　轉折(J)　角度(A)]：P1　　　<選取物件
> 指定半徑標註位置或[直徑(D)　多行文字(M)　文字(T)　文字角度(N)　退回(U)]：
> P2　　　　　　　　　　　　　　　　　　　　　　　　<定標註位置

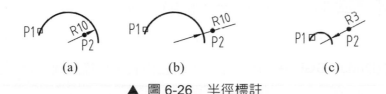

(a)　　　　　　　(b)　　　　　　　(c)

▲ 圖 6-26　半徑標註

若半徑值接受內定值，標註文字會自動加上「R」半徑符號；否則直接由鍵盤輸入「R」字母即可。

5. 弧長標註(DIMARC)

(1) 全段弧長標註，如圖 6-27(a)。

> 選取物件或指定第一個延伸線原點或[角度(A)　基線式(B)　連續式(C)　座標(O)
> 對齊(G)　分散(D)　圖層(L)　退回(U)]：
> 選取弧以指定弧長或[半徑(R)　直徑(D)　轉折(J)　角度(A)]：
> 　　　　　　　　　　　　　　　　　<選取欲標註的弧
> 指定弧長度標註位置或[多行文字(M)　文字(T)　文字角度(N)　退回(U)]：
> 　　　　　　　　　　　　　　　　　<定標註位置

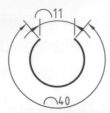 

(a)弧角≥ 90°與<90°的標註　　(b)弧長－局部標註　　(c)弧長－引線標註

▲ 圖 6-27　弧長標註

(2)　若只標註局部弧長，如圖 6-27(b)，則需執行 弧長 。

指令： 弧長

選取弧或聚合線弧段：　　　　　　　　　　　　　　<選取欲標註的弧

指定弧長標註位置，或[多行文字(M) 文字(T) 角度(A) 局部(P) 引線(L)]：P

　　　　　　　　　　　　　　　　　　　　　　<標註局部弧長

(3)　執行 弧長 ，讓多個同心弧的弧長標註能以引線的方式指出所要標註的弧，但弧角必須大於 90 度才能使用引線的功能，如圖 6-27(c)。

6.　**轉折標註(DIMJOGGED)**：在半徑較大的弧內將半徑標註線以轉折線表示。

選取物件或指定第一個延伸線原點或[角度(A) 基線式(B) 連續式(C) 座標(O) 對齊(G) 分散(D) 圖層(L) 退回(U)]：

選取弧以指定弧長或[半徑(R) 直徑(D) 弧長(L) 角度(A)]：

指定中心點位置取代或[退回(U)]：

指定標註線位置或[多行文字(M) 文字(T) 文字角度(N) 退回(U)]：

指定轉折位置或[退回(U)]：

(1)　指定中心點位置取代：定轉折線最末端的點取代圓心點，箭頭端的線指向原來的圓心。

(2)　指定轉折位置：指定轉折位置距離箭頭端的位置，如圖 6-28。

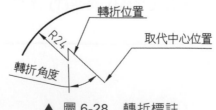

▲ 圖 6-28　轉折標註

7. 座標式標註(DIMORDINATE)：相對於座標原點(0，0)之距離，標示出 X，Y 軸座標值的尺寸，如圖 6-29。

> 選取物件或指定第一個延伸線原點或[角度(A)　基線式(B)　連續式(C)　座標(O)　對齊(G)　分散(D)　圖層(L)　退回(U)]：O
>
> 指定特徵位置或[退回(U)]：P2　　　　　　　　　　　　<選取欲標註點
>
> 指定引線端點或[X 基準面(X)　Y 基準面(Y)　多行文字(M)　文字(T)　角度(A)　退回(U)]：S2　　　　　　　　　　　　<定標註線位置

(1) 標註前先定義 UCS(使用者自定座標系統)的原點

> 指令：
>
> 目前的 UCS 名稱：*世界*
>
> 指定 UCS 的原點或[面(F)　具名(NA)　物件(OB)　前一個(P)　視圖(V)　世界(W)　X Y Z Z 軸(ZA)]<世界>：_o　　　　　　　　<重新定義原點位置
>
> 指定新原點<0, 0, 0>：P1　　　　　　　　　　　<如圖 6-29

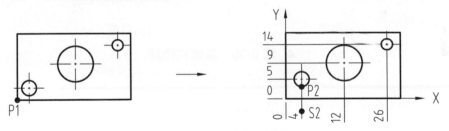

▲ 圖 6-29　座標式標註

(2) X、Y 基準面：設定標示 X 座標值或 Y 座標值。

(3) 標註完成後恢復 UCS 座標。

> 指令：
>
> 目前的 UCS 名稱：*無名稱*
>
> 指定 UCS 的原點或[面(F)　具名(NA)　物件(OB)　前一個(P)　視圖(V)　世界(W)　X Y Z Z 軸(ZA)]<世界>：_w

8. 基線式標註(DIMBASELINE)：先標示一個線性標註或角度標註，再以第一個延伸線做為基準邊後，採固定基準邊方式，標註尺寸。

> 選取物件或指定第一個延伸線原點或[角度(A) 基線式(B) 連續式(C) 座標(O) 對齊(G) 分散(D) 圖層(L) 退回(U)]：B
>
> 目前的設定：偏移(DIMDLI)=6
>
> 指定以第一個延伸線原點做為基準線或[偏移(O)]：　　　＜選取基準位置
>
> 指定第二個延伸線原點或[選取(S) 偏移(O) 退回(U)]＜選取＞：
>
> 　　　　　　　　　　　　　　　　　　　　　　　＜選取第二點位置

(1) 指定以第一個延伸線原點做為基準線：基線式標註前，先完成一組線性標註或角度標註，指定延伸線的一邊做為一基準邊，如圖6-30。

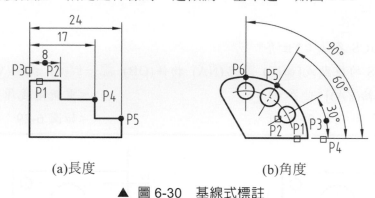

(a)長度　　　　　　　　　　　　(b)角度

▲ 圖6-30　基線式標註

> 選取直線以指定延伸線的原點：P1　　　　　　　　　＜選取物件
>
> 指定標註線位置或角度的第二條線[多行文字(M) 文字(T) 文字角度(N) 退回(U)]：P2　　　　　　　　　　　　　　＜定標註線位置

> 選取物件或指定第一個延伸線原點或[角度(A) 基線式(B) 連續式(C) 座標(O) 對齊(G) 分散(D) 圖層(L) 退回(U)]：B
>
> 目前的設定：偏移(DIMDLI)=6
>
> 指定以第一個延伸線原點做為基準線或[偏移(O)]：P3　　　　＜選取基準位置
>
> 指定第二個延伸線原點或[選取(S) 偏移(O) 退回(U)]＜選取＞：P4
>
> 　　　　　　　　　　　　　　　　　　　　　　　＜選取第二個延伸線位置
>
> 標註文字=

指定第二個延伸線原點或[選取(S)　偏移(O)　退回(U)]<選取>：P5

　　　　　　　　　　　　　　　　　　　　<選取第二個延伸線位置

標註文字＝

(2)　選取物件重新定義基線基準邊

指定第二個延伸線原點或[選取(S)　偏移(O)　退回(U)]<選取>： Enter

　　　　　　　　　　　　　　　　　<重新定義基準邊，如圖 6-31

指定以第一個延伸線原點做為基準線或[偏移(O)]：P5

指定第二個延伸線原點或[選取(S)　偏移(O)　退回(U)]<選取>：P6

標註文字＝9

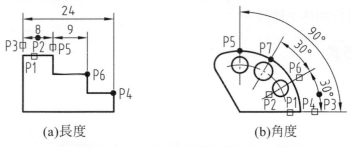

(a)長度　　　　　　　　　　　　(b)角度

▲ 圖 6-31　重新定義基準邊基線式標註

9.　連續式標註(DIMCONTINUE)：先標示一個線性或角度標註，再以第二個延伸線
　　為連續邊，標註連續式的尺寸，如圖 6-32。

選取物件或指定第一個延伸線原點或[角度(A)　基線式(B)　連續式(C)　座標(O)
對齊(G)　分散(D)　圖層(L)　退回(U)]：C

指定第一個延伸線原點以繼續：P3　　　　　　　　<選取基準位置

指定第二條延伸線原點或[選取(S)　退回(U)]<選取>：P4

　　　　　　　　　　　　　　　　　　<選取第二個延伸線位置

標註文字＝9

指定第二條延伸線原點或[選取(S)　退回(U)]<選取>：P5

標註文字＝7

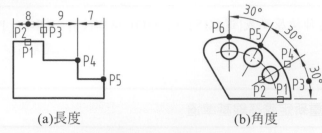

| (a)長度 | (b)角度 |

▲ 圖 6-32　連續式標註

6-3　快速標註(QDIM)

一次選好所有同型式標註的物件,再選取標註方式及位置,結合了線性、半徑、直徑、連續式、基線式等標註功能,再利用選項中的「錯開」、「編輯」等指令加以編修,即可完成所有物件之標註。

一、指令輸入方式

功能區:《註解》→〈標註〉→ 快速

二、指令提示

指令:　快速

關聯式標註優先權=端點

選取要標註的幾何圖形:　　　　　　　　　　　　<選取線段

.

.

選取要標註的幾何圖形:　Enter　　　　　　　　　<結束選取

指定標註線位置,或[連續(C)　錯開(S)　基準線(B)　座標(O)　半徑(R)　直徑(D)

基準點(P)　編輯(E)　設定(T)]<連續>:　　　<指定標註線位置,或選擇其它選項

【說明】

1.　連續(C)、基準線(B)、座標(O)、半徑(R)、直徑(D)、基準點(P)等選項
　　與前面各標註方式皆相同,因快速標註採用一次選取,故沒有終點、起點的模式,
　　如圖 6-33。

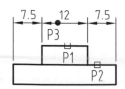

▲ 圖 6-33　快速標註一般形式

指令：　　快速

關聯式標註優先權=端點

選取要標註的幾何圖形：P1　　找到 1 個

選取要標註的幾何圖形：P2　　找到 1 個，共 2

選取要標註的幾何圖形：　Enter

指定標註線位置，或[連續(C)　錯開(S)　基準線(B)　座標(O)　半徑(R)　直徑(D)　基準點(P)　編輯(E)　設定(T)]<連續>：P3

2.　錯開(S)：將連續標註線交錯排列，如圖 6-34。

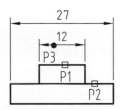

▲ 圖 6-34　快速標註錯開型式

指定標註線位置，或[連續(C)　錯開(S)　基準線(B)　座標(O)　半徑(R)　直徑(D)　基準點(P)　編輯(E)　設定(T)]<連續>：S

指定標註線位置，或[連續(C)　錯開(S)　基準線(B)　座標(O)　半徑(R)　直徑(D)　基準點(P)　編輯(E)　設定(T)]<錯開>：P3

3.　編輯(E)：利用「編輯」增加或移除標註點，如圖 6-35。

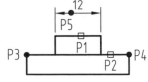

▲ 圖 6-35　快速標註輯編型式

```
指定標註線位置，或[連續(C) 錯開(S) 基準線(B) 座標(O) 半徑(R) 直徑(D)
基準點(P) 編輯(E) 設定(T)]<連續>：E
指定要移除的標註點或[加入(A) 結束(X)]<結束>：P3
已移除一個標註點
指定要移除的標註點或[加入(A) 結束(X)]<結束>：P4
已移除一個標註點
指定要移除的標註點或[加入(A) 結束(X)]<結束>： Enter         <結束移除
指定標註線位置，或[連續(C) 錯開(S) 基準線(B) 座標(O) 半徑(R) 直徑(D)
基準點(P) 編輯(E) 設定(T)]<連續>：P5              <選定標註線位置
```

4. 設定(T)：設定關聯式標註鎖點的優先權是端點或交點。

```
指定標註線位置，或[連續(C) 錯開(S) 基準線(B) 座標(O) 半徑(R) 直徑(D)
基準點(P) 編輯(E) 設定(T)]<連續>：T
關聯式標註優先權[端點(E) 交點(I)]<端點>：
```

6-4 調整間距(DIMSPACE)

自動設定多重標註的間距。

一、指令輸入方式

功能區：《註解》→〈標註〉→ 調整間距

二、指令提示

```
指令： 調整間距
選取基準標註：                      <選取作為基準的尺度
選取要隔開的標註：                    <選取要移動的尺度
選取要隔開的標註：
輸入值或[自動(A)]<自動>：
```

【說明】

1. 輸入值：輸入標註線間距，如圖 6-36。

2. 自動(A)：系統自動以兩倍文字高度調整標註線間距。

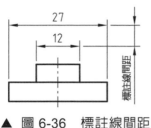

▲ 圖 6-36　標註線間距

6-5　切斷(DIMBREAK)

將相交錯的延伸線切斷。

一、指令輸入方式

功能區：《註解》→〈標註〉→ 切斷

二、指令提示

指令： 切斷

選取標註以加入/移除切斷或[多重(M)]：　　　　　<選取要被切斷的尺度

選取物件以切斷標註或[自動(A)　手動(M)　移除(R)]<自動>：

　　　　　　　　　　　　　　　　　　　<選取保持完整的尺度

【說明】

1. 多重(M)：可選擇多個標註，一次將全部延伸線切斷，如圖 6-37。

2. 自動(A)：系統自動以所設定的切斷數值將延伸線切斷。

3. 手動(M)：以手動的方式指定兩點將延伸線切斷。

4. 移除(R)：將被切斷的延伸線恢復成原來未切斷的狀況。

▲ 圖 6-37　標註切斷

6-6　檢驗(DIMINSPECT)

在尺寸之後加註品管檢查的頻率。

一、指令輸入方式

功能區：《註解》→〈標註〉→ 檢驗

二、指令提示

▲ 圖 6-38「檢驗標註」對話視窗

【說明】

1. 選取標註(S)：選取要加註品管檢驗頻率的尺寸。

2. 形狀：提供加圓形或尖形外框或不加外框三種選項。

3. 標示／檢驗比率

(1) 標示(L)：在尺寸數值前所加註的特定標示。

(2) 檢驗比率(I)：品管檢驗的頻率。

6-7　標註更新(DIMSTYLE)

修改標註變數，更新已標註的尺寸。

一、指令輸入方式

功能區：《註解》 → 〈標註〉 →

二、指令提示

指令：

目前的標註型式：可註解：

輸入標註型式選項

[可註釋(AN)　儲存(S)　還原(R)　狀態(ST)　變數(V)　套用(A)　?]<還原>：

_apply 　　　　　　　　　　　　　　<系統自動選取「套用」

選取物件：　　　　　　　　　　　　<選取欲更新的物件

三、範例

以  指令，完成圖 6-39(b)。

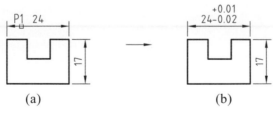

(a)　　　　　　　　　　　　(b)

▲ 圖 6-39　「更新」範例

指令：

選取 取代(O)... → 「公差」標籤

將「公差格式」之選項作以下設定

方式(M)：偏差；精確度(P)：0.00；上限值(V)：0.01

下限值(W)：0.02；垂直位置(S)：下；按 確定

```
指令：              [更新圖示]                    <更新標註
       更新

目前的標註型式：CNS      可註解：否

DIMTOL 打開    DIMTP=0.01    DIMTM=0.02

輸入標註型式選項

[可註釋(AN) 儲存(S) 還原(R) 狀態(ST) 變數(V) 套用(A) ? ]<還原>：

_apply

選取物件：P1   找到 1 個

選取物件： Enter                        <結束指令，得(b)圖
```

6-8　轉折線(DIMJOGLINE)

將標註線增加或移除轉折線。

一、指令輸入方式

功能區：《註解》→〈標註〉→ [標註轉折線圖示]
                          標註，標註轉折線

二、指令提示

```
指令：     [標註轉折線圖示]
          標註，標註轉折線

選取註解以加入轉折或[移除(R)]：

指定轉折位置(或按 Enter)：
```

【說明】

1.　移除(R)：將已轉折的標註線恢復成直線。

2.　按 Enter 鍵：系統以內定的位置將標註線轉折，如圖 6-40。

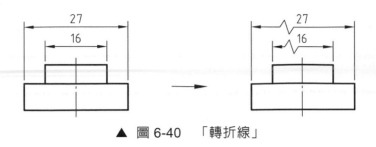

▲ 圖 6-40　「轉折線」

6-9　引線

標示文字註解的指線。

◉ 6-9-1　多重引線型式(MLEADERSTYLE)

一、指令輸入方式

功能區:《註解》 → 〈引線〉 → ⊠

二、指令提示

指令：⊠　　　　　　　　　　　<出現圖 6-41「多重引線型式管理員」對話視窗

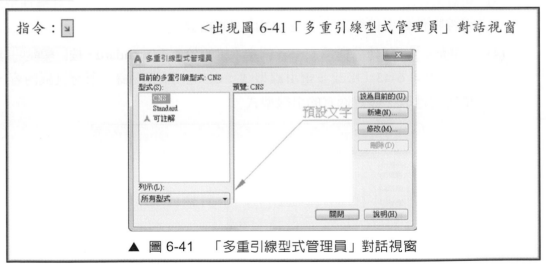

▲ 圖 6-41　「多重引線型式管理員」對話視窗

【說明】

1. 目前的多重引線型式：顯示目前引線型式是取用型式(S)中的何種引線型式。

2. 型式(S)：顯示目前設定的型式名稱，內定為 Standard 型式；多重引線型式前有「⚞」圖示，表示該型式為可註解性，所標註出的引線物件如箭頭與文字可隨時作比例的縮放。

3. 列示(L)：按 ▾ 鈕會拉下要在型式(S)清單中，列出之標註型式類別。

4. 預覽：可預覽在型式(S)清單中所選樣式，會顯現改變的引線型式。

5. 設為目前的(U)：將所設定好的引線型式，設定為目前的內定引線型式。

6. 新建(N)...：建立一個適用於自己工作領域的引線型式例如：CNS，按此鍵開啟圖 6-42「建立新多重引線型式」對話視窗。

▲ 圖 6-42　「建立新多重引線型式」對話視窗

(1) 新型式名稱(N)：鍵入新的引線型式名稱，例如 CNS。

(2) 起始於(S)：按 ▾ 鈕拉下清單，可選一個已具名的引線型式來修改。

(3) 可註解(A)：當勾選可註解(A)時，所建立的多重引線型式為可註解性型式，引線物件如引線與文字可隨時作比例的縮放。

(4) 繼續(O)：新建名稱為 CNS，確定「起始於」為 Standard，按 繼續(O) 鍵，則出現圖 6-43「修改多重引線型式：CNS」對話視窗。所有頁籤內容，可依所需選取，設定適宜的引線型式。

▲ 圖 6-43　「修改多重引線型式：CNS」對話視窗

「修改多重引線型式：CNS」對話視窗有三個頁籤，分別說明如下：

1. 引線格式頁籤：如圖 6-43 進行引線外型設定。

(1) 一般：設定引線的顏色、線型、線粗與類型，其中引線類型有直線、雲形線與無三種供使用者選用，如圖 6-44。

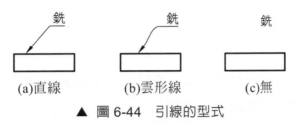

▲ 圖 6-44　引線的型式

(2) 箭頭：設定引線之箭頭形狀及大小，按 ▾ 鈕可拉下各型式的箭頭，同標註線。

(3) 引線切斷：設定引線需切斷時，其切斷的距離大小。

2. 引線結構頁籤：如圖 6-45 進行引線外型設定。

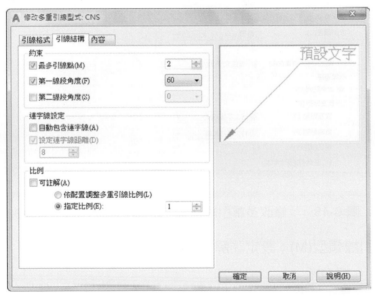

▲ 圖 6-45　「修改多重引線型式：CNS」之「引線結構」對話視窗

(1) 約束：設定進行引線標註時的轉折點數。數值可為 2～32767，預設 = 2，只執行 1 次「指定下一點」後即執行註解文字的動作，且文字與引線會自動出現一小段引線，如圖 6-46。線段角度設定如圖 6-47。

▲ 圖 6-46　引線點數=2　　　　圖 6-47 引線角度限制

(2) 連字線設定：設定是否產生連字線與所產生的連字線長度，建議設定為不產生連字線。

(3) 比例：設定引線的整體比例，若勾選可註解(A)，則將多重引線型式設定為可註解比例引線型式。

3. 內容頁籤：如圖 6-48 進行註解內容設定。

▲ 圖 6-48　「修改多重引線型式：CNS」之「內容」對話視窗

(1) 多重引線類型(M)：設定註解內容採用多行文字、圖塊或無，如圖 6-49。

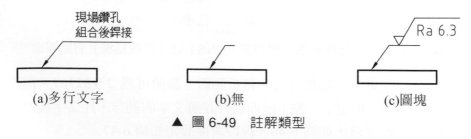

▲ 圖 6-49　註解類型

(2) 文字選項：設定註解文字的特性與角度，如圖 6-50。

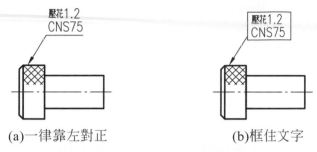

(a)一律靠左對正　　　　　　　　(b)框住文字

▲ 圖 6-50　多行文字提示選項

(3) 引線連接：進行註解的文字位置設定，如圖 6-51。

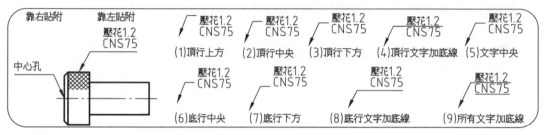

▲ 圖 6-51　註解文字位置

◉ 6-9-2　多重引線(MLEADER)

一、指令輸入方式

1. 功能區：《註解》→〈引線〉→ 多重引線

2. 功能區：《常用》→〈註解〉→ 引線

二、指令提示

> 指令： 多重引線
>
> 指定引線箭頭位置或[引線連字線優先(L)　內容優先(C)　選項(O)]<選項>：
> 指定引線連字線位置：

【說明】

1. 引線箭頭位置：先定出箭頭的位置再定連字線的位置。

2. 引線連字線優先(L)：先定出連字線的位置再定箭頭的位置。

3. 內容優先(C)：先定出註解內容的位置再定箭頭的位置。

4. 選項(O)

指令： [多重引線]

指定引線箭頭位置或[引線連字線優先(L) 內容優先(C) 選項(O)]<選項>：
Enter

輸入選項[引線類型(L) 引線連字線(A) 內容類型(C) 最多點(M) 第一角度(F)
第二角度(S) 結束選項(X)]<結束選項>：

選項(O)的各子項功能請參閱 6-9-1 章節的各項說明。

5. [加入引線] ：加入引線，如圖 6-52(b)。

6. [移除引線] ：移除引線，如圖 6-52(c)。

7. [對齊] ：將所需的引線對齊，如圖 6-52(d)。

8. [收集] ：將以圖塊類型加入的多重引線收集合併成一個，如圖 6-52(e)。

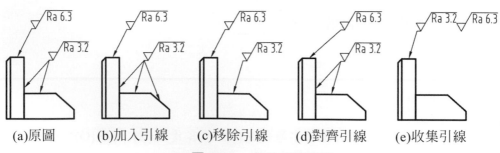

(a)原圖　　(b)加入引線　　(c)移除引線　　(d)對齊引線　　(e)收集引線

▲ 圖 6-52　多重引線功能

6-10　公差(TOLERANCE)

公差(TOLERANCE)指令是以選取對話視窗設定的方式，配合「多重引線」指令快速完成幾何公差的標註。

一、指令輸入方式

功能區：《註解》 → 〈標註▼〉 →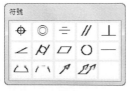

二、指令提示

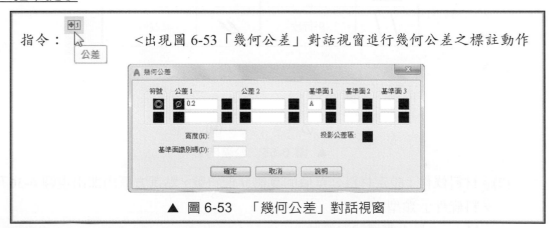

指令：　　　　　<出現圖 6-53「幾何公差」對話視窗進行幾何公差之標註動作

▲ 圖 6-53　「幾何公差」對話視窗

【說明】

1. 符號：指定幾何公差符號；選取符號框，出現圖 6-54「符號」對話視窗，意義如表 6-1。

▲ 圖 6-54　幾何公差符號視窗

▼ 表 6-1　幾何公差符號與意義

符號	幾何名稱	符號	幾何名稱
——	真直度	⊥	垂直度
▱	真平度	∠	傾斜度
○	真圓度	⌖	位置度
⌭	圓柱度	◎	同心度
⌒	曲線輪廓度	═	對稱度
⌓	曲面輪廓度	↗	圓偏轉度
∥	平行度	↗↗	總偏轉度

2. 公差

(1) 指定公差內容，如圖 6-55。

∅ | 0.2 | Ⓜ

▲ 圖 6-55　公差內容

(2) 材料條件：設定材料公差值的實體狀況符號，點選方框內即出現圖 6-56「材料條件」類型：

M　　：最大實體狀況符號。

L　　：最小實體狀況符號。

S　　：忽略實體狀況符號。

▲ 圖 6-56　材料條件視窗

3. 基準面：輸入幾何公差基準面的英文字母代號，如圖 6-57。

A　　Ⓜ

▲ 圖 6-57　基準面符號位置

4. 高度(H)：設定幾何公差區域數值。

5. 基準面識別碼(D)：設定基準面之字母 A，B，C，……等。

三、範例

配合多重引線(MLEADRE)指令,完成圖 6-58 幾何公差標註。

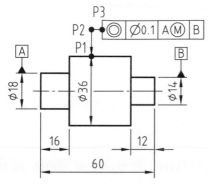

▲ 圖 6-58　「多重引線與幾何公差」範例

1.

指令：

指定引線箭頭位置或[引線連字線優先(L)　內容優先(C)　選項(O)]<選項>：P1

指定引線連字線位置：P2

2.

指令：

<出現圖 6-53「幾何公差」對話視窗,點選「符號」框,出現圖 6-54 對話視窗,
選取「◎」符號。回到「幾何公差」對話視窗,填入其內容資料,按 確定

輸入公差位置：P3

6-11　標註編輯(DIMEDIT)－傾斜

修改延伸線的傾斜角度。

一、指令輸入方式

功能區：《註解》→〈標註▼〉→

二、指令提示

指令：

輸入標註編輯的類型[歸位(H) 新值(N) 旋轉(R) 傾斜(O)]<歸位>：

【說明】

1. 傾斜(O)：設定延伸線的傾斜角度，如圖 6-59。內定值為傾斜(O)，若要選取其他功能需按兩次 `Enter` 重新執行指令。

輸入標註編輯的類型[歸位(H) 新值(N) 旋轉(R) 傾斜(O)]<歸位>：_O
選取物件：P1　找到 1 個
選取物件： `Enter`
輸入傾斜角度(按下 Enter 表示無)：30 `Enter`

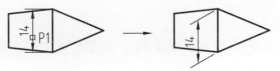

▲ 圖 6-59　延伸線傾斜

2. 歸位(H)：將已變更位置的標註文字，恢復回到原來的地方，如圖 6-60。

輸入標註編輯的類型[歸位(H) 新值(N) 旋轉(R) 傾斜(O)]<歸位>：
選取物件：P1　找到 1 個
選取物件：

▲ 圖 6-60　標註文字歸位

3.　新值(N)：更改標註文字的內容，如圖 6-61。

> 輸入標註編輯的類型[歸位(H)　新值(N)　旋轉(R)　傾斜(O)]<歸位>：N
>
> 　　　　　　　<出現「文字格式化」對話視窗，輸入欲修改文字內容%%C21
>
> 選取物件：P1　找到 1 個
>
> 選取物件： Enter

▲ 圖 6-61　標註文字變更新值

4.　旋轉(R)：旋轉標註文字的角度。輸入的文字角度為與 0°方向之夾角，如圖 6-62。

> 輸入標註編輯類型選項[歸位(H)　新值(N)　旋轉(R)　傾斜(O)]<歸位>：R
>
> 指定標註文字的角度：30 Enter
>
> 選取物件：P1　找到 1 個
>
> 選取物件： Enter

▲ 圖 6-62　標註文字旋轉

三、技巧要領

1.　尺寸須為關聯性的尺寸，標註編輯指令才有功能。若已分解(Explode)之尺寸，則無法對標註文字作編輯。

2.　要執行傾斜功能以外的次指令如新值，需先結束指令，按 Enter 鍵重新執行上一次的指令。

6-12　標註文字編輯(DIMTEDIT)

　　(DIMTEDIT)－文字角度、靠左對正、居中對正、靠右對正變更標註文字的位置及角度。

一、指令輸入方式

功能區：《註解》→〈標註▼〉→　文字角度　、　標註文字靠左　、　標註文字置中　、　標註文字靠右

二、指令提示

指令：　文字角度

選取標註：P1　　　　　　　　　　　　　　　　　　　　＜選取欲編輯的標註

指定標註文字的新位置或[左(L) 右(R) 中(C) 歸位(H) 角度(A)]：_a

指定標註文字的角度：　　　　　　　　　　　　　　　　＜輸入角度

【說明】

1.　角度(A)　文字角度　：輸入的文字角度為與 0°方向之夾角，變更標註文字的旋轉角度。

2.　左(L)　標註文字靠左　：將標註文字變更至標註線的左側。

3.　中(C)　標註文字置中　：將標註文字變更至標註線的中央點。

4.　右(R)　標註文字靠右　：將標註文字變更至標註線的右側。

5.　歸位(H)：將已變更位置的標註文字恢復至原來位置。

6.　以滑鼠直接指定標註文字的新位置，如圖 6-63。

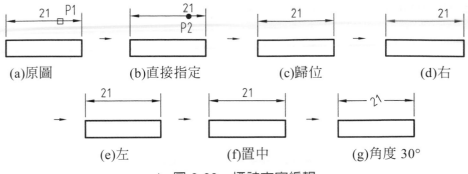

(a)原圖　　　(b)直接指定　　　(c)歸位　　　(d)右

(e)左　　　(f)置中　　　(g)角度 30°

▲ 圖 6-63　標註文字編輯

三、技巧要領

要執行直接替指定位置與歸位指令，需先結束指令，按 Enter 鍵重新執行上一次的指令。

6-13　取代(DIMOVERRIDE)

因個別的需要修改一些標註變數，使這些標註變數與標註型式所設定的值不同，但又不會影響原來的標註型式。

一、指令輸入方式

功能區：《註解》 → 〈標註▾〉 → 取代

二、指令提示

```
指令：取代

輸入要取代的標註變數名稱或[清除取代(C)]：    <輸入要取代的變數名稱
輸入新標註變數值<關閉>：                     <輸入變數新的設定值
輸入要取代的標註變數名稱：
輸入新標註變數名稱<1>：
輸入要取代的標註變數名稱： Enter
選取物件：                                  <選取欲取代的尺寸標註
選取物件： Enter                            <結束取代
```

三、範例

以取代(DIMOVERRIDE)指令，完成圖 6-64(b)。

(a)　　　　　　　　　(b)

▲ 圖 6-64　「取代」範例

指令：`取代`

輸入要取代的標註變數名稱或[清除取代(C)]：DIMTIH `Enter`

<設定文字在延伸線內側是水平的

輸入新標註變數值<關閉>：`Enter`　　　　　　<關閉

輸入要取代的標註變數名稱：DIMTAD `Enter`　　<設定文字置於標註上方

輸入新標註變數名稱<1>：`Enter`　　　　　　<打開

輸入要取代的標註變數名稱：`Enter`　　　　　<結束變數設定

選取物件：P1 找到 1 個　　　　　　　　　<選取原圖中尺寸

選取物件：`Enter`　　　　　　　　　　　<結束選取，並進行取代

 ## 綜合練習(一)

請完成下列各圖。

1. 完成第四章綜合練習(一)圖(a)～(o)的尺寸標註。

2. 完成第四章綜合練習(二)1.圖(a)～(z)的尺寸標註。

實力練習

一、選擇題(*為複選題)

( )　1. 若圖面文字高度 DIMTXT＝2.5，標註比例因子 DIMSCALE＝2 出圖比例＝1：2，則出圖標註文字高度為　(A)2.5　(B)5　(C)10　(D)12.5。

( )　2. 在不特別設定標註圖層時，AutoCAD 會將標註畫在　(A)0 層　(B)目前層　(C)DIM 層　(D)TXT 層。

( )　3. 字型高度設定 0，標註型式的字型高度設定 10，則所標出的標註文字高度為　(A)0　(B)10　(C)15　(D)20。

( )　4. 以《註解》→〈引線〉→圖指令時，若要在引線的註解文字四週建立方框，需設定　(A)圖塊參考　(B)複製物件　(C)無　(D)框住文字。

( )　5. 欲移動標註文字的位置，可操作何種指令　(A)　(B)　(C)　(D)。

( )　6. 欲標註文字周圍畫一個框之型式，需在「標註型式」對話框選取何項設定　(A)公差　(B)主要單位　(C)對照單位　(D)文字。

( )　7. 標註尺寸時，標註線 1 與標註線 2 的位置認定為　(A)標註線 1 在右邊　(B)標註線 2 在右邊　(C)先選取的邊為標註線 1　(D)先選取的邊為標註線 2。

( )　8. 建立幾何公差符號可使用指令　(A)　(B)　(C)　(D)。

( )　9. 下列哪一個標註不屬於關聯性標註　(A)線性　(B)半徑　(C)角度　(D)。

( )10. 右圖為執行哪一個指令所產生的結果

(A)　(B)線性

(C)XY 座標式　(D)連續式。

φ12

( )11. 右圖為執行哪一個指令所產生的結果

(A)　(B)

(C)XY 座標式　(D)基線式。

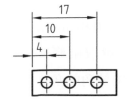
17
10
4

( ) 12. 下圖為執行哪一個指令所產生的結果　(A)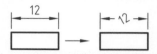(B)　(C)　(D)　。

( ) 13. 下圖為設定哪一個標註系統變數　(A)與圖紙空間比例　(B)整體比例　(C)線性比例　(D)公差文字比。

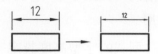

( ) 14. 下圖為更改哪二個標註系統變數所產生的結果　(A)DIMTAD = 1，DIMTIH = OFF　(B)DIMTAD = 1，DIMTIH = ON　(C)DIMTAD = 0，DIMTIM = OFF (D)DIMTAD = 0，DIMTIH = ON。

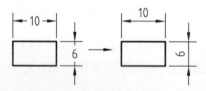

( ) 15. 下圖為執行哪一個指令所產生的結果　(A)　(B)　(C)角度 (D)　。

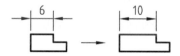

*( ) 16. 控制標註元體的外觀是由何者決定　(A)DIMSTYLE　(B)　(C)標註的系統變數　(D)　。

*( ) 17. 建立線性標註時，可以修改　(A)標註線角度　(B)文字內容　(C)旋轉文字角度　(D)延伸線的角度。

*( ) 18. 建立 連續式 標註時　(A)之前必須已有物件的線性或角度標註　(B)可由 DIMDLI 控制文字和箭頭在標註線的間距　(C)為端點接端點來放置的多重標註　(D)為由相同的基準線量度而來的多重標註。

*( ) 19. 若選取兩條非平行的直線，以 角度 指令時，可標出　(A)銳角的角度 (B)鈍角的角度　(C)小於 180 度的角度　(D)大於 180 度的角度。

*(　) 20. 以《註解》→〈引線〉→▣指令，可以何者作爲註解　(A)圖塊　(B)公差
(C)多行文字　(D)不輸入任何資料。

*(　) 21. 下列何者可作爲「修剪」、「延伸」的邊緣　(A)引線　(B)圓的中心記號
(C)標註的延伸線　(D)標註線。

*(　) 22. 若將 |←— 20 —→| 改爲 |← 20[508mm] →| 需改變哪些標註變數
(A)DIMALTF：25.4　　(B)DIMALTD：2
(C)DIMAPOST：mm　　(D)DIMALT：ON。

*(　) 23. 若將 |←— 20 —→| 改爲 |← 20.02 19.99 →| 需改變哪些標註變數
(A)DIMTOL：ON　(B)DIMTP：0.02
(C)DIMTM：0.01　(D)DIMLIM：ON。

二、簡答題

1. 請簡單舉例說明各標註變數功能：
   (1) 使用整體比例(DIMSCALE)
   (2) 調整高度比例(DIMTFAC)
   (3) 填入選項(DIMATFIT)
   (4) 公差方式(DIMTOL)

2. 請列出設定 CNS 標註型式，有哪些變數需要修改。

3. 請舉例說明基線式標註與連續式標註有何不同。

4. 請說明角度標註有哪兩種操作方法？

5. 試比較標註形式之取代(DIMOVERRIDE)與標註編輯之標註更新(－DIMSTYLE)
有何不同？

6. 快速標註(QDIM)之中，錯開(S)與編輯(E)有何功能。

CHAPTER **7**

圖塊、屬性與設計中心

本章綱要

　　對於常用符號及標準零件以製成圖塊的方式，提供往後隨時取用，插入圖面中，組成一完整的設計圖。繪製大量的圖塊形成資料庫不但簡化設計工作，而且節省繪圖時間。動態圖塊讓圖塊具有動態編修的能力，在不分解圖塊的狀態下擁有移動、縮放、拉伸等編修功能，並可使用多個插入點，提升對各個圖面的適用性。但是當插入的圖塊檔案過多時，圖檔也會快速膨脹。因而，將圖塊以「外部參考」的方式插入圖中，可使圖檔容量不致增加太多。

　　屬性是隨著圖塊插入圖面的文字資料，以對圖塊作說明或標記的功能。當資料格式是固定，但資料是變動時採用帶有屬性的圖塊是最佳選擇。

7-1　建立圖塊(BLOCK)

　　將不同種類、不同性質的物件組合成單一物件的圖塊，成為一個常用的符號或零件圖，是「建立圖塊」指令的目地。

一、指令輸入方式

1.　功能區：《常用》→〈圖塊〉→ [建立]

2.　功能區：《插入》→〈圖塊定義〉→

二、指令提示

指令：[建立]　　　　　　　　　　　　<出現圖 7-1「圖塊定義」對話視窗

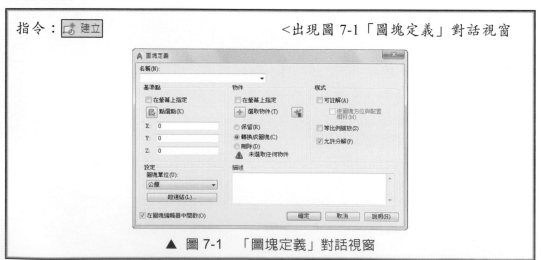

▲ 圖 7-1　「圖塊定義」對話視窗

【說明】

1.　名稱(N)：鍵入欲建立的圖塊名稱；或可按 ▾ 鈕選取已存在的圖塊名稱。

2.　基準點：設定一點作為圖塊插入圖面的插入點。若勾選 ☑在螢幕上指定，則直接在螢幕上指定基準點；或按 📷 點選點(K)方式，直接在圖面上取點；或輸入該點 X, Y, Z 座標。

3.　物件：設定圖塊物件狀態。若勾選 ☑在螢幕上指定，則直接在螢幕上選取物件；或按 ✛ 選取物件(T)，或使用 📓 快速選取物件。

　　(1)　保留(R)：執行圖塊之後，是否保留原來的圖形。

　　(2)　轉換成圖塊(C)：執行圖塊之後，是否將原圖形也變成圖塊。

　　(3)　刪除(D)：執行圖塊之後，是否將原圖形刪除。

4.　模式：設定圖塊的縮放比例與是否允許分解等特性。

　　(1)　可註解(A)：設定圖塊為可註解圖塊，其比例可隨註解比例改變而更動。

　　(2)　等比例縮放(S)：設定 X、Y、Z 軸的縮放比例是否要相同。

　　(3)　允許分解(P)：允許插入的圖塊呈現分解狀態。

5.　設定：設定圖塊的單位與超連結。

　　(1)　圖塊單位(U)：設定圖塊的單位。可按 ▾ 選取欲改變的單位。

　　(2)　[超連結(L)...]：設定圖塊要超連結的檔案或網頁。

6.　☐在圖塊編輯器中開啟(O)：將圖塊開啟在圖塊編輯器中，作動態圖塊的設定，使此圖塊具有移動、縮放、拉伸等編修功能，動態圖塊功能將在 7-3 章節中說明。

三、範例

以建立圖塊(BLOCK)指令，將圖 7-2(a)、(b)、(c)傢俱符號分別建立為圖塊。

　　(a)名稱：SOFA1　　　(b)名稱：SOFA2　　　(c)名稱：TABLE

▲ 圖 7-2　「建立圖塊」範例

指令：[建立]　　　　　　　　　　　　　<出現圖 7-1，名稱輸入 sofa1

指定插入基準點：_int 於 P1　　　　　　　<點選[點選點(K)設定插入點

選取物件：P2　指定對角點：P3　23 找到　<點選[選取物件(T)

選取物件：Enter　　　<結束選取，按[確定]鍵，完成 sofa1 圖塊的建立

　　　　　　　　　　<重複以上步驟，建立 sofa2、table 之圖塊

7-2　製作圖塊(WBLOCK)

　　將圖形或已建立的圖塊存入磁碟中，以*.dwg 方式儲存。此圖塊變成圖檔後，可提供給任何圖檔插入使用。

一、指令輸入方式

　　功能區：《插入》→〈圖塊定義〉→[建立圖塊]

　　　　　　　　　　　　[建立 圖塊]

　　　　　　　　　　　　[製作圖塊]

二、指令提示

指令：[製作圖塊]　　　　　　　　　<出現圖 7-3「製作圖塊」對話視窗

▲ 圖 7-3　「製作圖塊」對話視窗

【說明】

1. 來源：設定圖塊模式。

    (1) 圖塊(D)：選取要儲存成檔案的圖塊，輸入圖塊名稱。

    (2) 整個圖面(E)：選取整張圖面內容，當做圖塊。

    (3) 物件(O)：選取要儲存成檔案的物件，當做圖塊。

2. 目標：設定輸出的檔案名稱與路徑位置及插入單位的內容。

    (1) 檔案名稱與路徑(F)：圖塊的檔案名稱及放置路徑。若來源是「圖塊」時，建議「檔名」設定與「圖塊」相同。

    (2) 插入單位(U)：設定圖塊的單位。可按 ▾ 鈕，選取欲改變的單位。

三、範例

以製作圖塊(WBLOCK)方式，將圖 7-4(a)、(b)、(c)、(d)分別建立為圖塊。

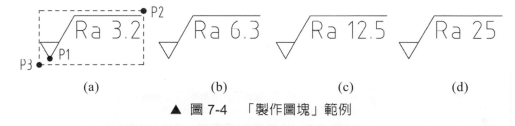

(a)   (b)   (c)   (d)

▲ 圖 7-4 「製作圖塊」範例

指令： 🖱️ 製作圖塊	<出現圖 7-3，名稱輸入 Ra3.2	
指定插入基準點：P1	<設定插入點	
選取物件：P2 指定對角點：P3 4 找到	<選取物件	
選取物件： Enter	<結束選取。按 確定 鍵，完成 Ra3.2 圖塊製作	
	<重複以上步驟，建立 Ra6.3、Ra12.5、Ra25 之圖塊	

7-3 圖塊編輯器(BEDIT)

作動態圖塊的設定，讓圖塊在圖塊編輯器中設定此圖塊所需要的拉伸、旋轉等功能，在不分解圖塊的情形下，對圖塊做編輯，且可採用列表的方式作為編輯的選擇，以加速繪圖的速度。還有可見性的功能讓總體圖塊依所需出現部份圖塊，使圖塊的適用性變的更大。

一、指令輸入方式

1. 功能區：《常用》→〈圖塊〉→ 🖉編輯

2. 功能區：《插入》→〈圖塊定義〉→ 🖉 圖塊編輯器

3. 勾選圖 7-1 中「□在圖塊編輯器中開啓(O)」

二、指令提示

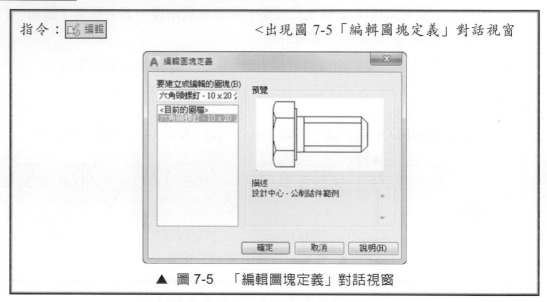

指令：🖉編輯   <出現圖 7-5「編輯圖塊定義」對話視窗

▲ 圖 7-5　「編輯圖塊定義」對話視窗

【說明】

1. 要建立或編輯的圖塊(B)：設定要建立或編輯的圖塊。

   (1) 目前的圖檔：將目前圖面上的全部元件，全數開啓在圖塊編輯器中，作動態圖塊編輯之用。

   (2) 選取要在圖塊編輯器中編輯的圖塊。

   (3) 完成圖塊的選取後，按 確定 鍵開啓如圖 7-6「圖塊編輯器」面板，開始動態圖塊的編輯或是新建的圖塊勾選圖 7-1 中「□在圖塊編輯器中開啓(O)」也會將圖塊開啓在圖塊編輯器中，作動態圖塊的設定。

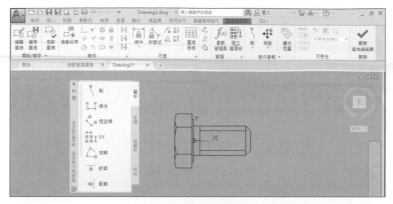

▲ 圖 7-6 「圖塊編輯器」面板

2. 圖塊編輯器：要成為動態的圖塊，圖塊至少必須包含一個參數以及關聯於該參數的一個動作。圖塊建立選項板提供各別功能的參數、動作選項、結合參數及動作的參數組與約束條件，如圖 7-7。《圖塊編輯器》在〈動作參數〉也提供部份各別功能的參數、動作選項，如圖 7-6。

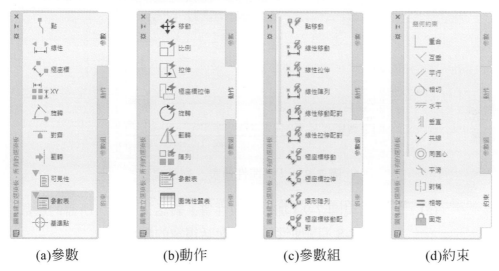

(a)參數　　　　　(b)動作　　　　　(c)參數組　　　　　(d)約束

▲ 圖 7-7 「圖塊建立選項板」參數與動作功能

以下是《圖塊編輯器》頁籤各面板的功能：

(1) 〈開始/儲存〉面板

　　a. 編輯圖塊：編輯已存在的圖塊或建立新圖塊成為動態圖塊，點選後出現如圖 7-5「編輯圖塊定義」對話視窗，來編輯或建立圖塊。

b. :將編輯完成的圖塊儲存。

c. :將編輯完成的圖塊未存檔前作測試,是否為所需。

d. 將圖塊另存成 :將編輯完成的圖塊另存新的圖塊名稱。

(2) 〈幾何〉面板

各指令參閱 1-12 章節。

(3) 〈尺度〉面板

a. 圖塊表格 :點選 圖塊表格 ,出現圖 7-8「圖塊性質表」對話視窗,建立並顯示動態圖塊中一組可用的參數、性質和屬性的值。

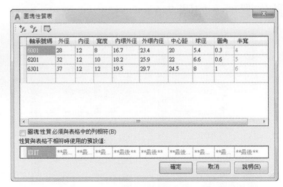

▲ 圖 7-8 「圖塊性質表」對話視窗

(a) fx :出現圖 7-9「加入參數性質」對話視窗,將所需的參數性質加入於圖 7-8「圖塊性質表」對話視窗的欄位中。

▲ 圖 7-9 「加入參數性質」對話視窗

(b) 　：出現圖 7-10「新參數」對話視窗，在表格中加入新的參數。
在值(V)欄位中可輸入值或運算式；在類型(T)欄位中可選擇所需的
數值或運算式的類型。

▲ 圖 7-10　「新參數」對話視窗

(c) 　：檢核圖塊性質表中是否有錯誤。

b. 其餘指令參閱 1-12 章節。

(4) 〈管理〉面板

a. 　：出現「圖塊編輯器設定」對話視窗，如圖 7-11。設定參數、掣點與
約束狀態的顏色及參數字體大小。

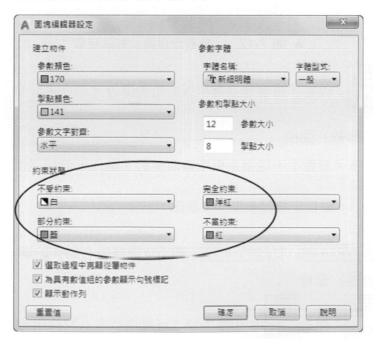

▲ 圖 7-11　「圖塊編輯器設定」對話視窗

b. ⬚建構：將物件由一般幾何圖形轉換成建構幾何圖形或由建構幾何圖形轉換成一般幾何圖形。建構幾何圖形以灰色虛線線型顯示於圖塊編輯器中，當插入圖面時建構幾何圖形不會顯示，所以無法修改建構幾何圖形的顏色、線型或圖層。

c. ⬚約束狀態：設定圖塊受約束狀況的顏色是否顯示。內定各種受約束狀況的顏色，如圖 7-11。

d. fx 參數管理員：編輯參數，如圖 7-12。

▲ 圖 7-12　「參數管理員」對話視窗

e. ⬚建立選項板：設定「圖塊建立選項板」是否開啓。

(5)　〈動作參數〉面板

a. 動作、參數：不從選項板中選取參數、動作，直接從面板中選取。

b. ⬚屬性定義：屬性定義請參閱 7-7 章節。

c. ⬚展示所有動作、⬚隱藏所有動作：顯示或隱藏所有動作的圖示。

(6)　〈可見性〉面板

a. ⬚可見性狀態：點選⬚可見性狀態出現圖 7-13「可見性狀態」對話視窗，以新建可見性狀態或將已存在的可見性狀態更名。

b. 　可見性模式：設定要隱藏的物件是完全看不見或以灰階線條呈現。

c. 　使可見：將設定看不見的物件重新恢復可見性。

d. 　使不可見：將物件設定為看不見或只以灰階線條呈現。

▲ 圖 7-13　「可見性狀態」對話視窗

(7) 〈關閉〉面板

：將圖塊編輯器關閉。

三、範例

1. 繪製圖 7-14 (a)並儲存成圖塊，勾選圖 7-1「在圖塊編輯器中開啟(O)」開啟於圖塊編輯器中，建立可以編輯成(b)、(c)、(d)三圖的動態圖塊。(將參數 mirrtext 設定為 1)

(a)　　　　　　(b)　　　　　　(c)　　　　　　(d)

▲ 圖 7-14　「動態圖塊」範例 1

指令： 點移動　　　　　　　　　　<如圖 7-7(c)，選取「參數組」頁籤的「點移動」
指定參數位置或[名稱(N) 標示(L) 鏈(C) 描述(D) 選項板(P)]：P1
指定標示位置：P2　　　　　　　　　　　　　<如圖 7-15(b)
　　　<在 P1 點旁 圖示上按滑鼠右鍵，點選快選功能表 動作選集▶→新選集
指令：bactionset
指定動作的選集

選取物件：P3　找到 1 個

選取物件： Enter 　　　　　　　　　　　　　　　　　　　＜如圖 7-15(c)

指令： ⇨ 翻轉組 　　　　　　＜如圖 7-7(c)，選取「參數組」頁籤的「翻轉組」

指定反射線的基準點或[名稱(N) 標示(L) 描述(D) 選項板(P)]：P4

指定反射線的起點：P5

指定標示位置：P6　　　　　　　　　　　　　　　＜如圖 7-15(d)

　　＜在 P4 點旁 圖示上按滑鼠右鍵，點選快選功能表 動作選集▶ →新選集

指令：bactionset

指定動作的選集

選取物件：P7　找到 1 個

選取物件： Enter 　　　　　　　　　　　　　　　　　　　＜如圖 7-15(e)

指令： ⇨ 翻轉組 　　　　　　＜如圖 7-7(c)，選取「參數組」頁籤的「翻轉組」

指定反射線的基準點或[名稱(N) 標示(L) 描述(D) 選項板(P)]：P8

指定反射線的起點：P9

指定標示位置：P10　　　　　　　　　　　　　　＜如圖 7-15(f)

　　　＜在 P8 點旁 圖示上按滑鼠右鍵，點選快選功能表 動作選集▶ →新選集

指令：bactionset

指定動作的選集

選取物件：P11　找到 1 個

選取物件： Enter 　　　　　　　　　　　　　　　　　　　＜如圖 7-15(f)

指令： 旋轉組 　　　　　　＜如圖 7-7(c)，選取「參數組」頁籤的「旋轉組」

指定基準點或[名稱(N) 標示(L) 鏈(C) 描述(D) 選項板(P) 數值組(V)]：P12

指定參數的半徑：P13

指定預設旋轉角度或[基準角度(B)]<0>： Enter 　　　＜如圖 7-15(g)

　　　＜在 P13 點旁 圖示上按滑鼠右鍵，點選快選功能表 動作選集▶ →新選集

指令：bactionset

指定動作的選集

選取物件：P14 指定對角點：P15　找到 10 個

選取物件： Enter 　　　　　　　　　　　　　　　　　＜如圖 7-15(h)

指令： 儲存圖塊 　　　　　　　　　　　　　　　　　＜儲存圖塊

指令：[關閉圖塊編輯器] ＜回到圖面，點選圖塊以新增的掣點作編輯完成圖 7-14(b)、(c)、(d)

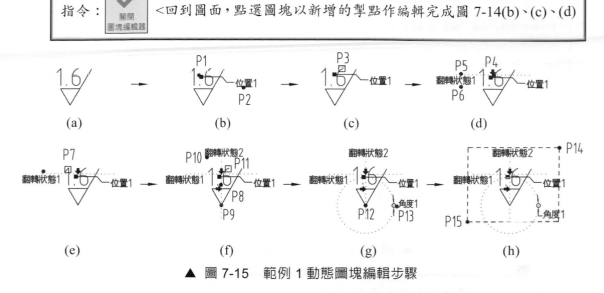

▲ 圖 7-15　範例 1 動態圖塊編輯步驟

2.　以參數式的幾何及尺度約束條件，完成圖 7-16(a)圖塊，圖塊尺寸，如圖 7-16 (b) 的 6001 軸承。並加入圖塊表格功能，使圖塊能各別呈現 6001、6201 及 6301 三種深槽滾珠軸承，如圖 7-16(c)。

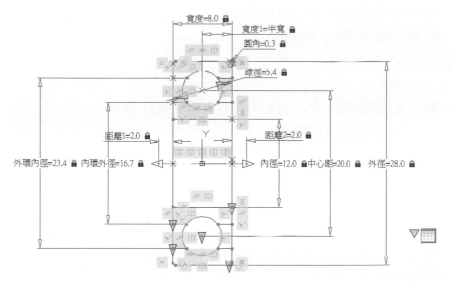

(a)參數化標註及約束條件的圖塊

▲ 圖 7-16　「動態圖塊」範例 2

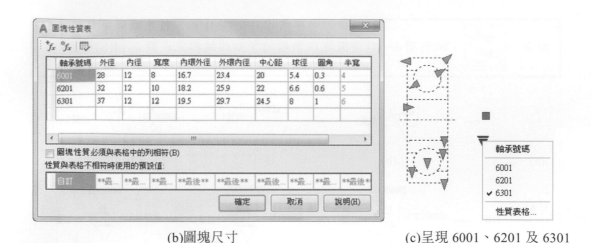

(b)圖塊尺寸　　　　　　　　　　(c)呈現 6001、6201 及 6301

三種深槽滾珠軸承

▲ 圖 7-16　　「動態圖塊」範例 2(續)

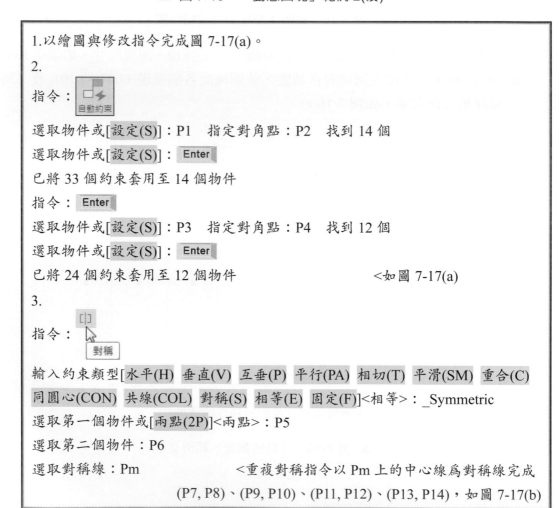

1.以繪圖與修改指令完成圖 7-17(a)。

2.

指令：

選取物件或[設定(S)]：P1　指定對角點：P2　找到 14 個

選取物件或[設定(S)]：　Enter

已將 33 個約束套用至 14 個物件

指令：　Enter

選取物件或[設定(S)]：P3　指定對角點：P4　找到 12 個

選取物件或[設定(S)]：　Enter

已將 24 個約束套用至 12 個物件　　　　　　　　　<如圖 7-17(a)

3.

指令：

輸入約束類型[水平(H)　垂直(V)　互垂(P)　平行(PA)　相切(T)　平滑(SM)　重合(C)
同圓心(CON)　共線(COL)　對稱(S)　相等(E)　固定(F)]<相等>：_Symmetric

選取第一個物件或[兩點(2P)]<兩點>：P5

選取第二個物件：P6

選取對稱線：Pm　　　　　　　　<重複對稱指令以 Pm 上的中心線為對稱線完成

(P7, P8)、(P9, P10)、(P11, P12)、(P13, P14)，如圖 7-17(b)

指令：

相等

輸入約束類型[水平(H) 垂直(V) 互垂(P) 平行(PA) 相切(T) 平滑(SM) 重合(C)
同圓心(CON) 共線(COL) 對稱(S) 相等(E) 固定(F)]<相等>：_Equal

選取第一個物件或[多重(M)]：M

選取第一個物件：P15

選取要等於第一個物件的物件：P16

選取要等於第一個物件的物件：P17

選取要等於第一個物件的物件：P18

選取要等於第一個物件的物件： Enter

相等的物件的半徑　　　　　　　　　　　　　　　<如圖 7-17(c)

4.建立圖塊並編輯圖塊，以〈尺度〉的線性、半徑與直徑完成參數化的尺度標註，
　但寬度 1 的參數先不要修改，保留原系統值。　　　<如圖 7-17(d)

5.

點選 圖塊表格 ，在「圖塊性質表」對話視窗中點選 fx ，在「新參數」對話視窗中，加

入軸承號碼與半寬兩個參數，在半寬的值欄位輸入寬度/2；後點選 fx ，在「加入
參數性質」對話視窗中選取如圖 7-16(b)的參數，將圖塊寬度 1 的值改為半寬。

6.

點選 測試圖塊 　　　　　　　　　　　　　<如圖 7-16(c)

指令： 儲存圖塊 　　　　　　　　　　　　　<儲存圖塊

指令： 關閉圖塊編輯器

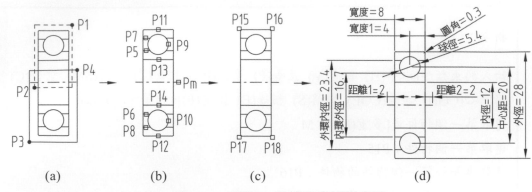

(a)   (b)   (c)   (d)

▲ 圖 7-17   範例 2 動態圖塊編輯步驟

3. 由路徑 ACAD2020/Sample/zh-TW/DesignCenter/Fasteners-Metric.dwg，選取六角頭螺釘-10x20 公釐(俯視)、六角頭螺釘-10x20 公釐(側視)與六角螺帽-10 公釐(側視)、六角螺帽-10 公釐(俯視)四個圖塊，並將四個圖塊另存成一個圖塊，如圖 7-18(a)。將此圖塊設定成螺釘與螺帽可個別顯示或二者可一同顯示，如圖 7-18(b)、(c)。

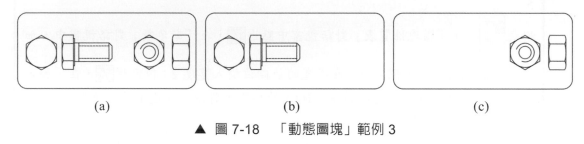

(a)   (b)   (c)

▲ 圖 7-18   「動態圖塊」範例 3

指令：　📋 可見性 　　　　　　　　　　　　＜如圖 7-7(a)，選取「參數」頁籤的「可見性」

指定參數位置或[名稱(N) 標示(L) 描述(D) 選項板(P)]：P1 ＜如圖 7-19(a)

指令：　📋 可見性狀態

　＜作「更名」及「新建」完成圖 7-13，後將「可見性狀態」列示欄切換成「螺釘」

指令：　🔲 　　　　　　　　　　　　　　　　＜選取不要顯示的物件

選取要隱藏的物件：

選取物件：P2 　找到 1 個

選取物件：P3 　找到 1 個，共 2

選取物件：　Enter 　　　　　　　　　　　　　　＜結束選取

_BVHIDE

在目前的狀態或所有可見性狀態中隱藏[目前(C) 所有(A)]<目前>：_C

　　　　　　　　　　　<如圖 7-19(a)，後將「可見性狀態」列示欄切換成「螺帽」

指令：▨　　　　　　　　　　　　　　　　<選取不要顯示的物件

選取要隱藏的物件：

選取物件：P4　找到 1 個

選取物件：P5　找到 1 個，共 2

選取物件：Enter　　　　　　　　　　　　<結束選取

_BVHIDE

在目前的狀態或所有可見性狀態中隱藏[目前(C) 所有(A)]<目前>：_C

　　　　　　　　　　　　　　　　<如圖 7-19(b)

指令：💾 儲存圖塊　　　　　　　　　　　<儲存圖塊

指令：✔ 關閉 圖塊編輯器

　　　　　　　　<回到圖面，點選圖塊以新增的掣點作編輯完成圖 7-18(b)、(c)

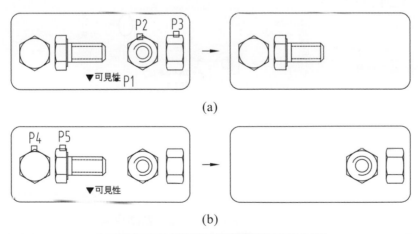

(a)

(b)

▲ 圖 7-19　範例 3 動態圖塊編輯步驟

7-4 插入圖塊(INSERT)

從面板、對話視窗或從工具選項板中將已建立的圖塊或已存檔的圖檔插入圖面中。

方式一

一、指令輸入方式

1. 功能區:《常用》→〈圖塊〉→ 插入 或

2. 功能區:《插入》→〈圖塊〉→ 插入

二、指令提示

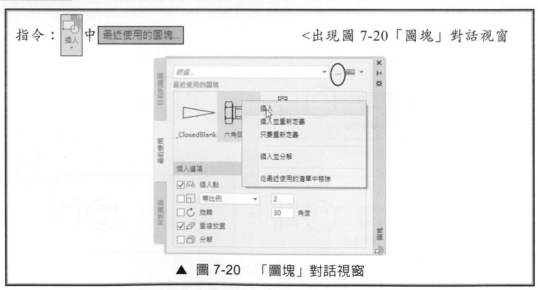

指令: 插入 中 最近使用的圖塊... <出現圖 7-20「圖塊」對話視窗

▲ 圖 7-20 「圖塊」對話視窗

【說明】

1. 若圖檔中已有建立圖塊,可直接從面板視窗中選取;若無,則需執行 最近使用的圖塊... 指令或切換至「其他圖面」頁籤,選取曾選取過的圖檔之圖塊或點選 ... 指令選取儲存的圖檔名稱之圖塊。

2. ⟦...⟧：按此鈕出現圖 7-21「選取圖檔」之對話視窗；選取儲存的圖檔名稱之圖塊。

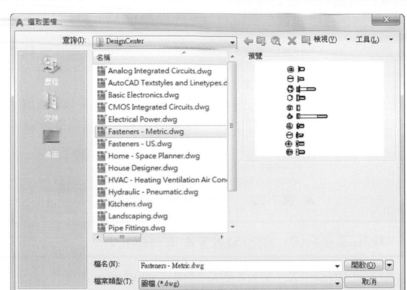

▲ 圖 7-21　「選取圖檔」對話視窗

3. ⟦其他圖面的圖塊...⟧：功能同⟦...⟧指令。

4. 插入點選項：若要採用自行設定的功能，則需執行圖 7-20「圖塊」對話視窗中的「插入」指令。

　(1) 插入點：當參數值為☑打開狀態時，設定將圖塊或圖檔原先定義的「基準點」插入至圖面位置點。當參數值為☐關閉狀態時，由對話視窗輸入圖塊插入點的 X、Y、Z 軸座標。

　(2) 比例：當參數值為☑打開狀態時，只能 1：1 插入。當參數值為☐關閉狀態時，由對話視窗選取「等比例」，插入 X、Y、Z 軸比例值相同的放大或縮小的圖塊，若選取「比例」，則可插入 X、Y、Z 軸比例值不同的圖塊。

　(3) 旋轉：參數值為☐關閉狀態時，可設定旋轉角度。

　(4) 重複放置：當「插入點」參數值為☑打開狀態且「重複放置」參數值也為☑打開狀態時，可重複插入多個圖塊。

　(5) 分解：當參數值為☑打開狀態時，圖塊插入圖面中將呈分解的獨立物件。

5. 若直接選取使用過的圖塊如圖 7-22，會接著提示：

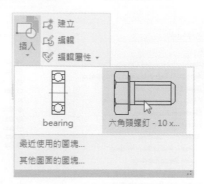

▲ 圖 7-22 「選取圖檔」對話視窗

指定插入點或[基準點(B) 比例(S) X Y Z 旋轉(R)]：

a. 插入點、比例(S)、X、Y、Z 與旋轉(R)功能同前，如圖 7-23。

b. 基準點(B)：重新設定基準點。

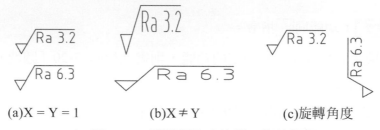

(a)X = Y = 1　　　　(b)X ≠ Y　　　　(c)旋轉角度

▲ 圖 7-23 圖塊插入之比例、旋轉角度

方式二

一、指令輸入方式

功能區：《檢視》→〈選項板〉→ 工具選項板

二、指令提示

指令： 工具選項板 　　　　　<出現圖 7-24「工具選項板」對話視窗

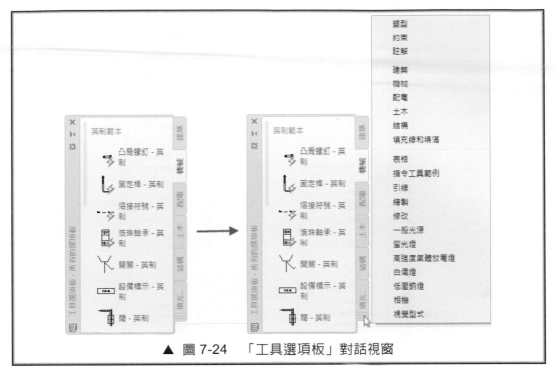

▲ 圖 7-24　「工具選項板」對話視窗

【說明】

1.　點選「工具選項板」中的圖示，移動游標至繪圖區，點選左鍵即可插入圖塊。

2.　在「工具選項板」中的空白處按滑鼠「右鍵」，出現圖 7-25 對話視窗，來設定各項功能：

　　(1)　允許停靠(D)：勾選時，當「工具選項板」移到視窗的最兩端，會固定於視窗的左右兩端，成為定置式。

　　(2)　自動隱藏(A)：勾選時，當「工具選項板」不使用時，會隱藏各選項，只留下藍色的標題。

　　(3)　透明度(T)：設定「工具選項板」本身的透明度。

　　(4)　檢視選項(V)：設定「工具選項板」圖示的影像尺寸、各選項的檢視型式與套用範圍。

　　(5)　排序依據：設定「工具選項板」的圖示依名稱或類型排序。

　　(6)　加入文字：在「工具選項板」中加上文字。

　　(7)　加入分隔符號：加入分隔線，將「工具選項板」的圖示作區隔。

　　(8)　新選項板(E)：建立新的「工具選項板」。

| (a)工具選項板內空白處 | (b)邊框上空白處 |

▲ 圖 7-25 「工具選項板」的快顯功能表

3. 「工具選項板」中「填充…」頁籤的每個圖示可設定各別的性質,如比例、角度、圖層等。若要變更這些圖示的性質,請在其圖示上按滑鼠「右鍵」,如圖 7-26,在快顯功能表中按一下「性質(R)…」,出現圖 7-27「工具性質」對話視窗,然後進入修改。

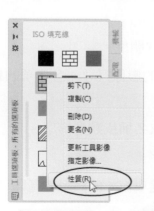

▲ 圖 7-26 「工具選項板」的「性質」選項

▲ 圖 7-27 「工具性質」對話視窗

4. 利用複製、貼上的方式在「工具選項板」中增加一個圖示，然後再修改其性質，如圖 7-27 中，將「樣式」選項中的「樣式名稱」改為所要插入的圖塊名稱，即可完成設定。若所需的圖形樣式非預先定義，則需自訂。

三、範例

以插入圖塊(INSERT)指令，完成圖 7-28。(建立圖塊 Ra1.6，Ra3.2，Ra6.3 與引線)

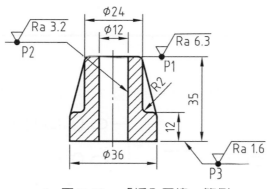

▲ 圖 7-28　　「插入圖塊」範例

指令：　　　　　　　　　　　　　　　<從面板中選取 Ra6.3 並插入，各軸比例為 1

指定插入點或[基準點(B)　比例(S) X Y Z　旋轉(R)]：_nea 於 P1　　<插入點

　　　　　　　　　　　　　<重複指令，插入 Ra3.2 與 Ra1.6

7-5　多重插入圖塊(MINSERT)

將建立的圖塊或圖檔重複插入圖面中。

一、指令輸入方式

鍵盤輸入：MINSERT

二、指令提示

指令：MINSERT Enter
輸入圖塊名稱或[?]：　　　　　　　　　　　　　<輸入圖塊名稱
單位：公釐　　　轉換：1.0

7-23

指定插入點或[基準點(B) 比例(S) X Y Z 旋轉(R)]：	<輸入插入位置
輸入 X 比例係數，指定對角點，或[角點(C) XYZ(XYZ)]<1>：	<輸入比例
輸入 Y 比例係數<使用 X 比例係數>：	
指定旋轉角度<0>：	<輸入旋轉角
輸入列的數目(---)<1>：	<輸入列數
輸入行的數目(|||)<1>：	<輸入行數
輸入列的間距或指定儲存格單位(---)：	<輸入列間距
指定行間距(|||)：	<輸入行間距

三、範例

以多重插入圖塊(MINSERT)指令，完成圖 7-29。(先建立圖塊 LONG)

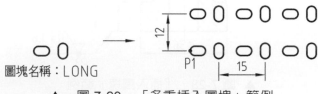

圖塊名稱：LONG

▲　圖 7-29　「多重插入圖塊」範例

指令：MINSERT Enter	
輸入圖塊名稱或[?]<Ra6.3>：LONG Enter	<圖塊名稱
單位：公釐　　轉換：1.0	
指定插入點或[基準點(B) 比例(S) X Y Z 旋轉(R)]：P1	
輸入 X 比例係數，指定對角點，或[角點(C) XYZ(XYZ)]<1>： Enter	
	<比例為 1
輸入 Y 比例係數<使用 X 比例係數>： Enter	
指定旋轉角度<0>： Enter	<插入點不旋轉
輸入列的數目(---)<1>：2 Enter	<2 列
輸入行的數目(|||)<1>：3 Enter	<3 行
輸入列的間距或指定儲存格單位(---)：12 Enter	<列間距為 12
指定行間距(|||)：15 Enter	<行間距為 15

7-6　外部參考(XREF)

　　外部參考是以「貼附」外部圖檔的方式，組合成圖面。因外部圖檔並未完全進入目前圖面中一起儲存，只是儲存一些貼附條件，所以採用外部參考連結成一張複雜的圖面時，將比「插入圖塊」方式的圖檔容量較小。

　　而且，當外部參考圖檔內容有更新或修改變動時，外部參考會立即更新目前圖檔中的外部參考圖形。然而，以插入圖塊(INSERT)方式插入的外部圖檔，若原圖塊檔更新或修改，則目前圖檔不會有任何改變，如圖 7-30。

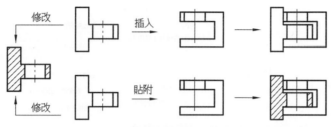

▲ 圖 7-30　外部參考與插入圖塊之修改比較

一、指令輸入方式

1.　功能區：《插入》→〈參考〉→ ⌐

2.　功能區：《檢視》→〈選項板〉→
　　　　　　　　　　　　　　　　　「外部參考」選項板

二、指令提示

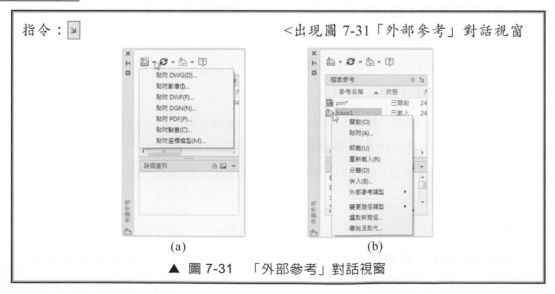

▲ 圖 7-31　「外部參考」對話視窗

【說明】

1. **列示外部參考資料視窗**：顯示外部參考名稱、狀態、大小、類型、日期、路徑等資料，可在該檔的列示上按滑鼠右鍵，以選取其他的功能選項，如點選貼附(A)，後出現圖 7-32「貼附外部參考」對話視窗。

2. ⬛ ▾：點選▾選取要插入的外部參考格式或直接點選圖示取用內定的檔案格式，後出現圖 7-32「貼附外部參考」對話視窗，用以貼附或覆疊一個新的檔案。

▲ 圖 7-32　「貼附外部參考」對話視窗

(1) 名稱(N)：可以按 ▾ 鈕或 瀏覽(B)... 鍵，選取要貼附的檔案。

(2) 參考類型：指定外部參考是貼附(A)或覆疊(O)。

(3) 路徑類型(P)

 a. 完整路徑：完整指定外部參考的資料夾，包含本端硬碟機代號或網路伺服器磁碟機代號。

 b. 相對路徑：採用目前的磁碟機字母或主圖面資料夾，只指定部份的資料夾路徑，這是最靈活的選項。

 c. 無路徑：不儲存貼附的外部參考路徑，開啟圖檔時，自行搜尋所要參考的圖檔。

3. **卸載(U)**：即暫時不顯示外部參考圖檔內容。

4. **重新載入(R)**：將暫時不顯示的外部參考圖檔內容，重新再載入顯示出來。

5.　分離(D)：移除已存在的外部參考，連同貼附資料，一併分離。

6.　併入(B)：以圖 7-33「併入外部參考」對話視窗設定併入方式。

▲ 圖 7-33　「併入外部參考」對話視窗

(1)　併入(B)：選取外部參考圖檔中的定義條件併入目前的圖面。

(2)　插入(I)：將外部參考圖檔以插入圖塊(INSERT)方式加入目前的圖面。

三、範例

1.　請將圖 7-34(a)、(b)、(c)以外部參考(XREF)指令，貼附成(d)、(e)圖面。(必須先建立完成(a)、(b)、(c)三張製作圖塊圖面)

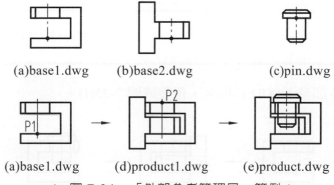

▲ 圖 7-34　「外部參考管理員」範例 1

步驟：

(1)　開啟 base1.dwg　　　　　　　　　　　　　　　<如圖 7-34(a)

指令：↲
貼附外部參考"base2"：D：\base2.dwg
「base2」已載入。　　　　　　　　　<出現圖 7-32 對話視窗，按 確定
指定插入點或[比例(S) X Y Z 旋轉(R) 預覽比例(PS) PX(PX) PY(PY) PZ(PZ) 預覽旋轉(PR)]：_Int 於 P1

(2)

指令： <儲存成 product1.dwg

(3) 再開啟 pin.dwg

(4)

指令： ⌐

貼附外部參考"product1"：D：\product1.dwg

「product1」已載入　　　　　　　<重複指令，再貼附圖(c)於圖(d)上，得圖(e)

指定插入點或[比例(S) X Y Z 旋轉(R) 預覽比例(PS) PX(PX) PY(PY) PZ(PZ)

預覽旋轉(PR)]：_Int 於 P2

(5)

指令： <將(e)圖儲存爲 product.dwg

2. 承上例，以外部參考(XREF)指令，覆疊成圖 7-35(f)。

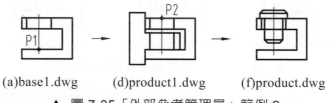

(a)base1.dwg　　　(d)product1.dwg　　　(f)product.dwg

▲ 圖 7-35「外部參考管理員」範例 2

步驟：

(1) 開啟 base1.dwg　　　　　　　　　　　　　<如圖 7-34(a)

指令： ⌐

(2)

覆疊外部參考"base2"：D：\base2.dwg

「base2」已載入。　　<出現圖 7-32 對話視窗，選取覆疊(O)，按 [確定]

指定插入點或[比例(S) X Y Z 旋轉(R) 預覽比例(PS) PX(PX) PY(PY) PZ(PZ)

預覽旋轉(PR)]：_Int 於 P3

---

(3)

指令： 　　　　　　　　　　　　　　　<儲存成 product1.dwg

---

(4)　再開啟 pin.dwg 當主圖

(5)

指令： ⏷　　　　　　　　　　　　　　　<重複指令

覆疊外部參考："product1"：D：\product1.dwg

「product1」已載入。　　　　　　　<覆疊圖 7-34(c)於圖(d)得圖(f)

指定插入點或[比例(S) X Y Z 旋轉(R) 預覽比例(PS) PX(PX) PY(PY) PZ(PZ)

預覽旋轉(PR)]：_Int 於 P2

四、技巧要領

每次執行開啟(OPEN)圖檔，有外部參考時系統會自動更新，因此對圖形的修改與更新很方便。

綜合練習(一)

1.　建立圖(a)之各小圖成製作圖塊檔案，並以插入完成圖(b)。

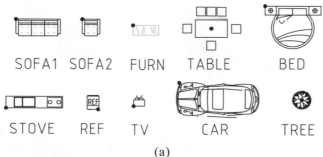

SOFA1　SOFA2　FURN　TABLE　BED

STOVE　REF　TV　CAR　TREE

(a)

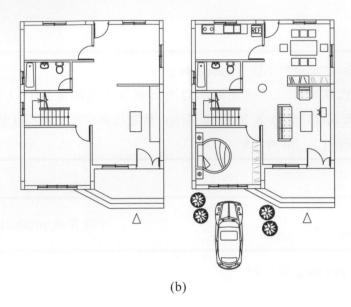

(b)

2. 以插入圖塊方式完成圖(a)、(b)、(c)與(d)。

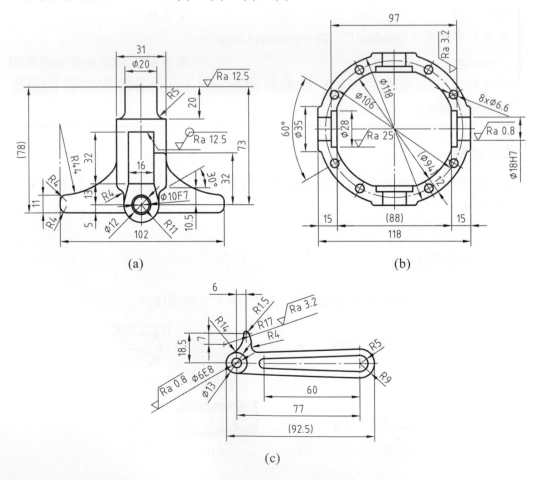

(a)

(b)

(c)

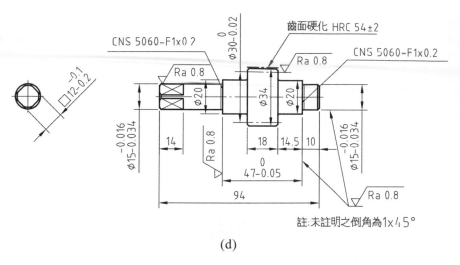

(d)

3. 開啟光碟練習檔(綜合練習(一)3-(a))，建立圖(a)各零件為製作圖塊並插入成組合圖(b)。

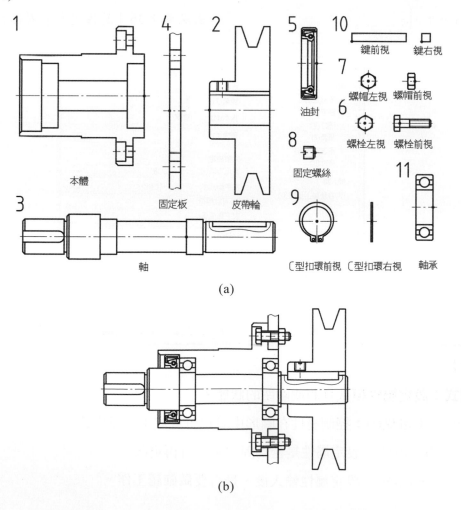

(a)

(b)

7-7 定義屬性(ATTDEF)

建立屬性時，提示操作者輸入文字資料的設定工作。

一、指令輸入方式

1. 功能區：《常用》→〈圖塊▼〉→

定義屬性

2. 功能區：《插入》→〈圖塊定義〉→

定義屬性

二、指令提示

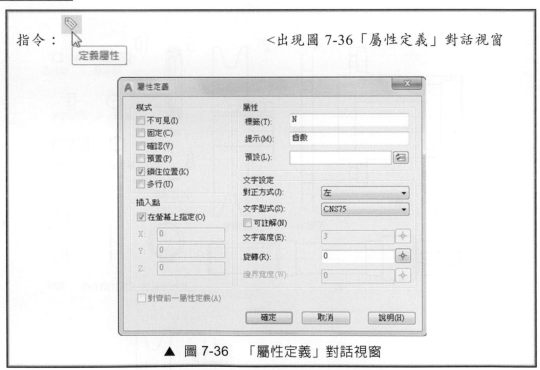

指令：　定義屬性　　　　　　　<出現圖 7-36「屬性定義」對話視窗

▲ 圖 7-36 「屬性定義」對話視窗

【說明】

1. 模式：設定屬性模式打開或關閉的狀態。

    (1) □不可見(I)：控制屬性在圖形中設為可見或不可見模式。

    (2) □固定(C)：設定屬性是否為固定，不可再更改。

    (3) □確認(V)：設定屬性輸入後，是否要做確認工作。

(4)　□預置(P)：設定屬性內定文字，做為直接加入圖塊中或更改後再進入圖塊中。

(5)　□鎖住位置(K)：鎖定圖塊所參考的屬性位置。

(6)　□多行(U)：指定屬性值可以包含多行文字。

2.　屬性：建立屬性的標籤及提示輸入屬性。

(1)　標籤(T)：設定標題名稱。

(2)　提示(M)：建立提示屬性輸入內容文字。

(3)　預設(L)：設定內定值的內容。

(4)　插入欄位 ⊞：將作者、日期等功能變數插入於欄位中。

3.　插入點：設定屬性插入圖塊上的位置。可勾選「在螢幕上指定(O)」或分別輸入 X，Y，Z 軸座標值。

4.　文字設定：設定屬性文字對正方式、文字型式、字高、旋轉角度與可註解文字等狀態。

5.　對齊前一屬性定義(A)：當建立第二個屬性時，設定是否置於前一個屬性的下方。

三、範例

1.　建立圖 7-37 為具有屬性的圖塊輸出。

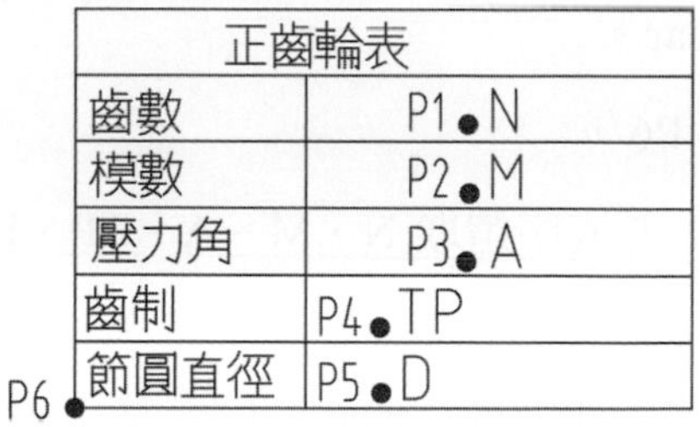

正齒輪表	
齒數	P1. N
模數	P2. M
壓力角	P3. A
齒制	P4. TP
節圓直徑	P5. D

P6.

▲ 圖 7-37　「定義屬性」範例 1

步驟：

(1)　繪製正齒輪表。

(2)　開啟「屬性定義」對話視窗，設定各屬性。

指令：✎ 
　　定義屬性　　　　　　　　　　　　<出現圖 7-36「屬性定義」對話視窗

a. 建立「齒數(N)」的屬性標籤、提示及預設值。

b. 勾選「在螢幕上指定(O)」，設定屬性插入點於 P1 點。

c. 設定文字的對正方式，文字型式，字高，旋轉角度選項。

d. 按 確定 鍵，即完成「齒數(N)」的屬性定義。

重複上述步驟，設定其他的屬性定義。

指令：  定義屬性

標籤	提示	插入點位置	對正方式
M	輸入模數	P2	左
A	輸入壓力角	P3	左
TP	輸入齒制	P4	左
D	輸入節圓直徑	P5	左

(3) 將屬性定義與正齒輪表一起建立為 "gear" 圖塊輸出。

指令： 製作圖塊   <出現圖 7-3「製作圖塊」對話視窗

a. 檔案名稱：gear。

b. 插入基準點：P6。

c. 選取物件(T)：先依序選取 N、M、A、TP、D 之屬性定義，再選取正齒輪表圖形。

d. 按 確定 鍵，即完成 "gear" 的圖塊及屬性定義。

2. 承上例，將具有屬性的正齒輪表 "gear" 以圖塊的方式插入圖 7-38 中。

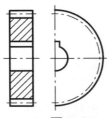

正齒輪表	
齒數	30
模數	4
壓力角	20°
齒制	CNS185
節圓直徑	120

P1

▲ 圖 7-38 「定義屬性」範例 2

步驟：

(1) 將上例 "gear" 正齒輪表插入圖形中。

指令： <!-- 插入 --> 中 [最近使用的圖塊...] 之 [...]   <開啓圖 7-20 對話視窗

    a.　開啓 gear 圖檔。

    b.　插入點：P1。

(2) 出現圖 7-39「編輯屬性」對話視窗。並依提示內容輸入資料。

▲ 圖 7-39　「編輯屬性」對話視窗

(3) 按下 [　確定　] 鍵，即完成 "gear" 正齒輪表的插入。

四、技巧要領

　　將屬性定義與物件建立為製作圖塊(WBLOCK)時，於「選取物件：」時，屬性定義先選取且逐一順序選，再選取物件；否則將來輸入屬性提示時，順序會相反。

7-8 編輯屬性

於對話視窗中編輯修改屬性內容。

7-8-1 編輯屬性

7-8-1-1 單一屬性編輯(EATTEDIT)

一、指令輸入方式

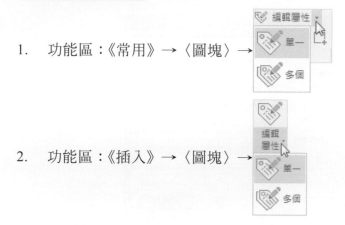

1. 功能區：《常用》 → 〈圖塊〉 →

2. 功能區：《插入》 → 〈圖塊〉 →

二、指令提示

指令： 單一

選取圖塊：(選取 7-7 章節範例之 gear 圖塊)

<出現圖 7-40「增強屬性編輯器」對話視窗

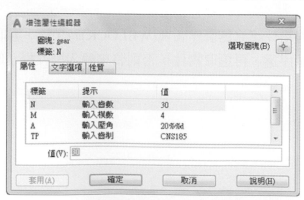

▲ 圖 7-40 「增強屬性編輯器」之「屬性」對話視窗

【說明】

1.　選取圖塊(B) ⊕ ：重新選取圖面上的圖塊做屬性編輯。

2.　屬性頁籤：呈現圖塊的所有屬性。
　　值(V)顯示列示區中被選取屬性的值，於此處編輯屬性值，如圖 7-40。

3.　文字選項頁籤：編輯屬性字型的各項設定，如圖 7-41，功能同 3-3-1 章節圖 3-6
　　「文字型式」對話視窗的部份功能。

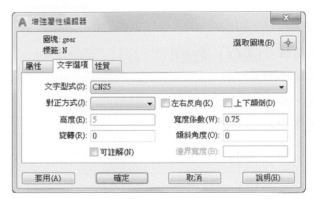

▲ 圖 7-41　「增強屬性編輯器」之「文字選項」對話視窗

4.　性質頁籤：編輯圖層、線型、顏色與出圖型式等性質，如圖 7-42，功能同 2-6-8
　　章節圖 2-49「性質」對話視窗的部份功能。

▲ 圖 7-42　「增強屬性編輯器」之「性質」對話視窗

將游標移至欲修改的欄位進行修改，完成後按 確定 鍵結束。

7-8-1-2　多個屬性編輯(-ATTEDIT)

一、指令輸入方式

1.　功能區:《常用》→〈圖塊〉→[🏷 多個]

2.　功能區:《插入》→〈圖塊〉→[🏷 多個]

二、指令提示

指令:[🏷 多個]

一次編輯一個屬性?[是(Y)　否(N)]<Y>:

輸入圖塊名稱規格<*>:

輸入屬性標籤規格<*>:

輸入屬性值規格<*>:

選取屬性:

選取屬性:

已選取 1 個屬性

輸入選項[數值(V)　位置(P)　高度(H)　角度(A)　文字型式(S)　圖層(L)　顏色(C)
下一個(N)]<下一個>:

【說明】

1.　一次編輯一個屬性?[是(Y)　否(N)]<Y>:[Enter]

(1)　每次編輯一個可見並且平行於目前的 UCS 的屬性。

(2)　在圖塊名稱、屬性標籤與屬性值之後可鍵入 [Enter] 或輸入名稱以縮小搜尋範圍。

(3)　輸入次選項[數值(V)　位置(P)　高度(H)　角度(A)　文字型式(S)　圖層(L)　顏色(C)
下一個(N)]以編輯選取的屬性。

(4)　鍵入次選項數值(V)時,出現

輸入修改數值的類型[變更(C)　取代(R)]<取代>:

a.　變更(C):變更部份字串。

b.　取代(R):以新的值取代舊的值。

c.　其餘選項依指令提示執行。

2.　一次編輯一個屬性？[是(Y)　否(N)]<Y>：N

(1)　一次編輯多個可見和不可見的屬性。

一次編輯一個屬性？[是(Y)　否(N)]<Y>：N

執行屬性值的通用編輯。

是否只編輯螢幕上可見的屬性？[是(Y)　否(N)]<Y>：

---

(2)　在圖塊名稱、屬性標籤與屬性值之後可鍵入 Enter 或輸入名稱以縮小搜尋範圍。

(3)　輸入要變更的字串以變更舊的部份字串。

● 7-8-2　管理屬性(BATTMAN)

一、指令輸入方式

1.　功能區：《常用》→〈圖塊▾〉→

屬性，圖塊屬性管理員...

2.　功能區：《插入》→〈圖塊定義〉→

管理屬性

二、指令提示

指令：

屬性，圖塊屬性管理員...

選取圖塊：(選取 7-7 章節範例之 gear 圖塊)

<出現圖 7-43「圖塊屬性管理員」對話視窗

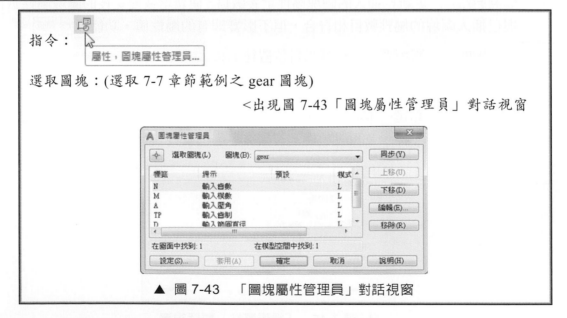

▲ 圖 7-43　「圖塊屬性管理員」對話視窗

【說明】

1. ⊕選取圖塊(L)：從圖面上選取要編輯的圖塊。

2. 圖塊(B)：顯示目前編輯的圖塊。

3. 設定(S)...：點選 設定(S)... ，出現圖 7-44「圖塊屬性設定」對話視窗，用來設定圖塊屬性管理員列示區所要表列出的屬性項目。

   (1) □強調重複的標籤(Z)：設定是否要將重複的標籤以紅色特別標示出來。

   (2) □將變更套用到既有的參考(X)：勾選此項，編輯(E)... 選項中的自動預覽變更(A)才有作用。

▲ 圖 7-44　「圖塊屬性設定」對話視窗

4. 同步(Y)：更新已插入的圖塊屬性定義數目，使新增或變更後的圖塊屬性數目與已插入圖塊的屬性數目相符合，但不影響即有的屬性值，功能同 同步 。

5. 上移(U)：將所選取的屬性項目位置往上移。

6. 下移(D)：將所選取的屬性項目位置往下移。

7. 編輯(E)...：點選 編輯(E)... ，出現圖 7-45。其中屬性標籤用以編輯屬性定義所設定的標籤、提示及預設項目。其餘文字選項及性質頁籤功能同圖 7-41。

▲ 圖 7-45　「編輯屬性」對話視窗

8.　　移除(R)　：刪除所選取的屬性項目。

三、技巧要領

指令選取屬性也可以直接進行修改。

性質

7-9　設計中心

「設計中心」類似於「檔案總管」，能更有效的應用已存在的圖塊、外部參考、圖層、線型、配置、字型、標註型式、影像圖檔，快速組合成一張完整的圖檔。

一、指令輸入方式

功能區：《檢視》→〈選項板〉→

設計中心

二、指令提示

指令：

設計中心　　　　　　　　　　　　　<出現圖 7-46「設計中心」對話視窗

▲　圖 7-46　「設計中心」對話視窗

【說明】

1.　左邊為以樹狀結構來顯示系統狀態視窗。

2.　右邊上方為依照選擇的檔案出現相關的內容視窗。

3.　右邊下方為預覽視窗及描述文字視窗。

4. 　資料夾　：類似回到 WINDOWS 的桌面。

5. 　開啟圖檔　：列出已開啟的圖檔。

6. 　歷程　：用以顯示 AutoCAD 設計中心執行預覽過的圖檔或影像檔。

7. 載入 ☞：將所選取的圖檔，變成 AutoCAD 設計中心視窗內的選項。

8. 搜尋 ◎：快速協助找到 AutoCAD 的各項資源。

9. 我的最愛 ⚐：可將常用的資料夾或檔案直接加到 WINDOWS「我的最愛」內，以得到更方便、迅速的應用。

10. 首頁 ⌂：回到 AutoCAD2020\Sample 資料夾。

11. 樹狀檢視切換 ▦：切換樹狀檢視視窗。

12. 預覽 ▣：可設定對圖面、圖塊、影像作預覽。

13. 描述 ▤：可顯示圖塊建立時加入的描述文字。

14. 視圖 ▦▾：設定檢視圖塊或圖檔資料的型式。

三、範例

　　請以設計中心指令，開啟 ACAD2020/Sample/zh-TW/DesignCenter/Fasteners-Metric.dwg/圖塊，選取六角頭螺釘-10 公釐(俯視)與六角頭螺釘-10x20 公釐(側視)圖塊，完成圖 7-47(b)。

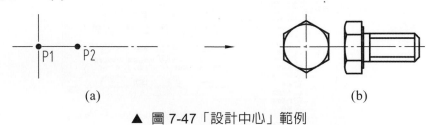

(a)　　　　　　　　　　　　　　　　　　(b)

▲ 圖 7-47「設計中心」範例

步驟：

1. 指令： ▦ 設計中心 ，出現圖 7-46 畫面。

2. 選取對話視窗中 資料夾 頁籤。

3. 以類似檔案總管的操作方式，由路徑 ACAD2020/Sample/zh-TW/DesignCenter/Fasteners-Metric.dwg/圖塊，選取六角頭螺釘-10 公釐(俯視)。

4. 可由按滑鼠「右鍵」出現快顯功能表，選取「插入圖塊」方式；或直接拖曳至繪圖畫面的 P1 點；類似檔案總管複製的動作。

5. 重複步驟 3、4 直接插入六角頭螺釘-10x20 公釐(側視)圖塊於繪圖畫面之 P2 點，即完成圖 7-47(b)。

 綜合練習(二)

1. 建立圖 7-48 軸承表為具有屬性的圖塊輸出。

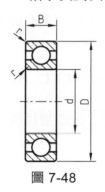

圖 7-48

軸承表		
軸承號碼		6005
蓋板符號		6005Z
主要尺寸	d	25
	D	47
	B	12
	r	1

2. 使用設計中心指令，依路徑 ACAD2020/Sample/zh-TW/DesignCenter/Fasteners-Metric/圖塊，選取六角承窩螺釘-10x90 公釐(側視)圖塊，修改成成圖 7-49。

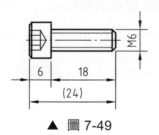

▲ 圖 7-49

3. 使用設計中心指令，依路徑 ACAD2020/Sample/zh-TW/DesignCenter/Home-Space Planner/圖塊，完成圖 7-50。

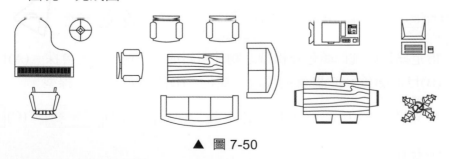

▲ 圖 7-50

實力練習

一、選擇題(*為複選題)

( ) 1. 使用何者所建立的圖塊可以插入任一圖面 (A)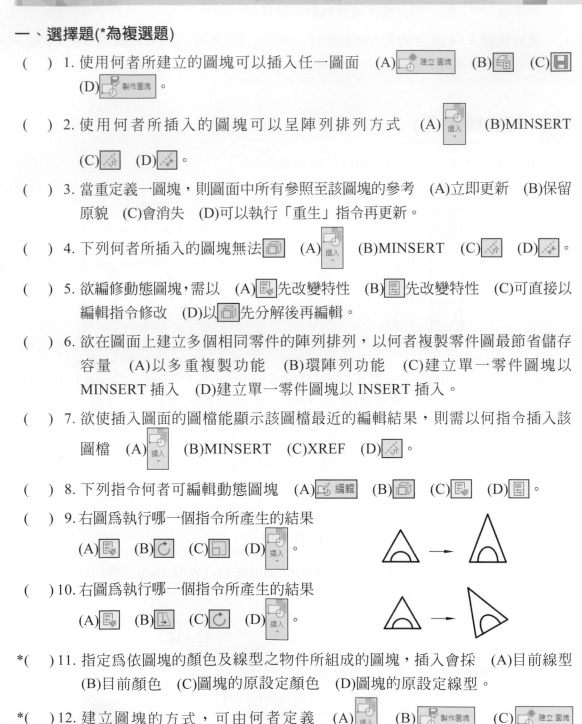建立圖塊 (B) (C)
(D) 製作圖塊。

( ) 2. 使用何者所插入的圖塊可以呈陣列排列方式 (A) 插入 (B)MINSERT
(C) (D) 。

( ) 3. 當重定義一圖塊,則圖面中所有參照至該圖塊的參考 (A)立即更新 (B)保留
原貌 (C)會消失 (D)可以執行「重生」指令再更新。

( ) 4. 下列何者所插入的圖塊無法 (A) 插入 (B)MINSERT (C) (D) 。

( ) 5. 欲編修動態圖塊,需以 (A) 先改變特性 (B) 先改變特性 (C)可直接以
編輯指令修改 (D)以 先分解後再編輯。

( ) 6. 欲在圖面上建立多個相同零件的陣列排列,以何者複製零件圖最節省儲存
容量 (A)以多重複製功能 (B)環陣列功能 (C)建立單一零件圖塊以
MINSERT 插入 (D)建立單一零件圖塊以 INSERT 插入。

( ) 7. 欲使插入圖面的圖檔能顯示該圖檔最近的編輯結果,則需以何指令插入該
圖檔 (A) 插入 (B)MINSERT (C)XREF (D) 。

( ) 8. 下列指令何者可編輯動態圖塊 (A) 編輯 (B) (C) (D) 。

( ) 9. 右圖為執行哪一個指令所產生的結果
(A) (B) (C) (D) 插入 。

( )10. 右圖為執行哪一個指令所產生的結果
(A) (B) (C) (D) 插入 。

*( )11. 指定為依圖塊的顏色及線型之物件所組成的圖塊,插入會採 (A)目前線型
(B)目前顏色 (C)圖塊的原設定顏色 (D)圖塊的原設定線型。

*( )12. 建立圖塊的方式,可由何者定義 (A) 插入 (B) 製作圖塊 (C) 建立圖塊
(D) 。

*(　　) 13. 下列何者可以在圖面上插入圖塊　(A)　(B)MINSERT　(C)　(D)。

*(　　) 14. 下列何者所插入的圖塊可以旋轉插入的角度　(A)　(B)MINSERT　(C)　(D)。

*(　　) 15. 以外部參考指令將其他的圖面連結至目前圖面上，則該外部參考　(A)可以分解　(B)可反映出外部參考檔最近的編輯結果　(C)會以單一的物件插入　(D)會明顯的增加目前圖面的儲存容量。

*(　　) 16. 以外部參考將其他的圖面連結至目前的圖面上，若外部參考的圖面一變更，則在何時會反應出最近參照圖面狀態　(A)開啟圖檔　(B)出圖　(C)圖面重生　(D)畫面馬上更動。

*(　　) 17. 為了提示完整輸入內容，定義屬性時最好能建立下列何者資料　(A)標籤　(B)提示　(C)預設　(D)插入點。

二、簡答題

1. 比較圖塊(BLOCK)與製作圖塊(WBLOCK)有何不同？

2. 試簡單說明插入圖塊(INSERT)與多重插入(MINSERT)的各功能。

3. 試述外部參考(XREF)指令與插入(INSERT)指令之異同點。

4. 試比較說明外部參考中的貼附與覆疊之差異。

5. 試簡述設計中心的優點。

CHAPTER **8**

填充與查詢

8-1 面域(REGION)

將封閉的線、圓、橢圓或聚合線物件建立成具有表面的物件。

一、指令輸入方式

功能區：《常用》→〈繪製▼〉→ 面域

二、指令提示

```
指令： 面域

選取物件：
選取物件：
已萃取 1 個迴路。
已建立 1 個面域。
```

【說明】

1. 選取到的物件，系統會自動萃取出封閉的迴路，並建立面域。建立面域後，原來的物件會被刪除，如圖 8-1。

2. 建立的面域，可配合「布林運算」的「聯集」、「差集」、「交集」功能建立複雜的面域。

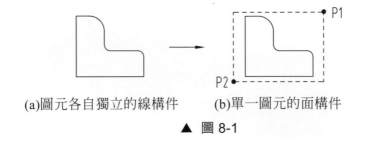

(a)圖元各自獨立的線構件　　(b)單一圖元的面構件

▲ 圖 8-1

8-2　邊界(BOUNDARY)

建立一個邊界形狀成為聚合線或面域物件，可進一步做為該區域的面積查詢或慣性矩分析。

一、指令輸入方式

功能區：《常用》→〈繪製〉→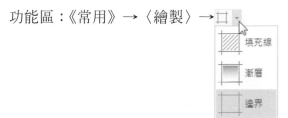

二、指令提示

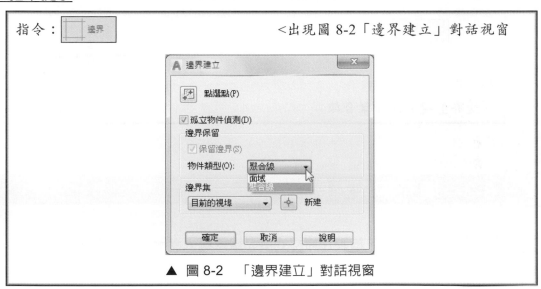

指令：[邊界]　　　　　　　　　　<出現圖 8-2「邊界建立」對話視窗

▲ 圖 8-2　「邊界建立」對話視窗

【說明】

1. 點選點(P)：在欲建立邊界的封閉區域內點取一點，系統會自動找出封閉的邊界，並以此邊界建立聚合線或面域。

2. □孤立物件偵測(D)：當系統建立邊界時，會自動偵測區域內是否有孤立物件。

3. 邊界保留

    (1) 物件類型(O)：設定建立邊界時，是建立聚合線或面域物件。

    (2) □保留邊界(S)：保留原物件邊界，再生成一個聚合線或面域物件。

4. 邊界集：設定系統自動找尋邊界判斷方式。

(1) 目前的視埠：指定螢幕上的每個物件都可成為邊界的尋找對象。

(2) 新建：以 ✛ 選取物件方式來建立新的邊界集，當點選邊界時，系統會自邊界集內尋找新邊界的對象，在視窗中出現「既有設定」以供選取。

三、範例

以邊界(BOUNDARY)指令完成圖 8-3(b)。

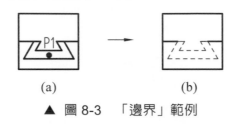

(a)   (b)

▲ 圖 8-3 「邊界」範例

指令： 邊界	
點選內部點：P1	<點選邊界物內部
點選內部點： Enter	<結束邊界選取
「邊界」建立了 1 聚合線	<邊界選取結果

8-3 填充線與漸層

在一個封閉區域內，繪製任何樣式填充線或填入漸層顏色圖案。

方式一

一、指令輸入方式

功能區：《常用》→〈繪製〉→ ▦ 或 ▦

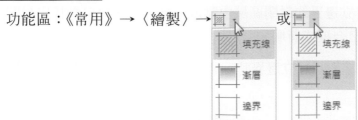

二、指令提示

指令：填充線 或 漸層　　　　　　　＜出現圖 8-4《填充線建立》面板

▲ 圖 8-4　《填充線建立》面板

【說明】

1.　〈邊界〉面板

(1)　**點選點**：在欲畫填充線的封閉區域內，點取一點，找出封閉範圍邊界及內部的孤立物件，如圖 8-5。

(a)點選內部　　　　(b)取得邊界　　　　(c)填充結果

▲ 圖 8-5　點選點方式

(2)　**選取邊界物件**：當選取外部邊界封閉的物件時，會忽略內部物件來繪製填充線，如圖 8-6。

(a)選取物件　　　　(b)取得邊界　　　　(c)填充結果

▲ 圖 8-6　選取物件方式

(3)　**移除邊界物件**：將所選取的邊界移除。

(4)　**重新建立邊界**：在非關聯式填充線或未設定的填充線重新建立邊界並指定與邊界重新關聯。

2. 〈樣式〉面板

點選 填充線 樣式，出現圖 8-7 以選取填充線樣式。

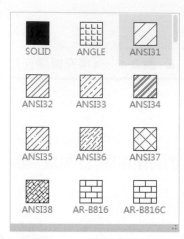

▲ 圖 8-7　填充線樣式選項板

3. 〈性質〉面板

(1) ⬜填充線類型：

a. 實體：只能設定，成單一顏色。

b. 漸層：設定漸層 1 顏色及漸層 2 顏色，形成漸層的填充色。也可以點選直接按拉圖示 變更漸層 1 顏色與白色在填充區的比重。

c. 樣式：設定填充線顏色及填充線背景顏色，形成填充線。

d. 使用者定義：可讓使用者依目前使用的線型，定義間距及角度。

(2) ⬜填充線透明度：設定填充線的自身顏色、背景顏色與透明度。

(3) 填充線角度：設定填充線樣式對 X 軸的旋轉角度，如圖 8-8。也可以直接按拉圖示 角度 變更角度。

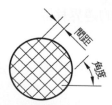

▲ 圖 8-8　使用者定義的雙向填充線

(4) 填充線樣式比例：設定填充線間隔做縮小或放大的調整，如圖 8-8。圖面 A3 時，一般樣式建議比例值可設為 0.65～1.25。

(5) ▨填充線圖層：設定填充線繪製的圖層。

(6) 相對於圖紙空間：設定比例是否要相對於圖紙空間。

(7) 雙填充線：當填充線類型設定為使用者定義時，點選 ▦ 雙填充線 畫出線條交叉的雙向填充線，如圖 8-8。

(8) ISO 筆寬：當挑選*ISO*.PAT 時，此項才有功能，系統提供 0.13～2.0 間不同樣式比例。

4. 〈原點〉面板

控制產生填充線樣式的起始位置。內定為採用系統設定的原點，也可自行指定原點。

5. 〈選項〉面板

(1) ：設定所建立填充線與其邊界是否產生關聯性效果，如圖 8-9。

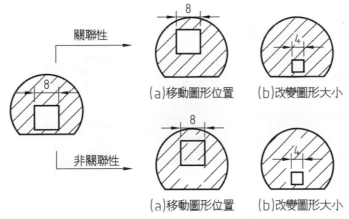

▲ 圖 8-9　填充線之關聯性

(2) 🔺：設定所建立填充線為可註解，可自動執行調整註解比例的過程。

(3) 🖻
填製
性質▾

　　a. 使用目前的原點：採用系統設定的原點。

　　b. 使用來源填充線原點：採用來源物件填充線所設定的原點。

(4) 間隙公差：設定在未封閉的區域內繪製填充線，所容許未封閉處的間隙公差。

(5) 建立獨立填充線：控制多個獨立的封閉邊界填入填充線時，將各封閉邊界建立各自獨立的填充線，還是將各封閉邊界建立的填充線視為同一物件。

(6) 外部孤立物件偵測：設定自動偵測邊界內部的孤立物件與填充線邊界繪出的型式，如圖 8-10。

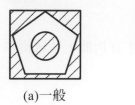 

(a)一般　　　　　　　(b)外側　　　　　　　(c)忽略

▲ 圖 8-10　邊界型式

(7) 　：出現填充線與漸層對話視窗，如圖 8-11，以對話視窗方式進行填充線性質的設定與修改。

▲ 圖 8-11　填充線與漸層對話視窗

6. 　關閉
「填充線建立」
：結束建立填充線。

方式二

一、指令輸入方式

功能區：《檢視》 → 〈選項板〉 → [工具選項板]

二、指令提示

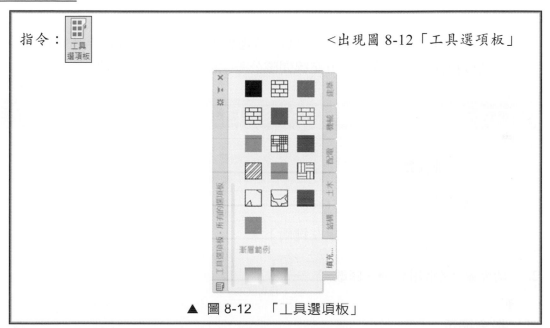

指令：[工具選項板]　　　　　　　　　　　　　　　<出現圖 8-12「工具選項板」

▲ 圖 8-12　「工具選項板」

【說明】

1. 將「工具選項板」中的圖示拖曳至要填入填充線的圖面中，即可完成填充線的繪製。

2. 「工具選項板」的其他功能請參考章節 7-4。

三、範例

以填充線(BHATCH)指令，完成圖 8-13(b)。(必須先設定填充線之樣式)

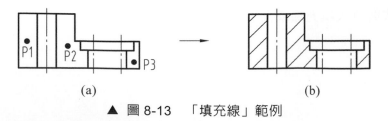

(a)　　　　　　　　　　　　　　　(b)

▲ 圖 8-13　「填充線」範例

```
指令： [⬚] 填充線

點選內部點或[選取物件(S) 退回(U) 設定(T)]：P1    <點選欲繪填充線之內部

點選內部點或[選取物件(S) 退回(U) 設定(T)]：P2

點選內部點或[選取物件(S) 退回(U) 設定(T)]：P3

點選內部點或[選取物件(S) 退回(U) 設定(T)]： Enter    <結束選取，得(b)圖
```

四、技巧要領

　　填充線的邊界必須是完整封閉區域，若邊界不是封閉區域或邊界超過區域外，則需以「選取物件」方式或設定填充線間隙公差才能正確畫出填充線。

8-4　編輯填充線(HATCHEDIT)

　　修改填充線性質。

一、指令輸入方式

1.　在填充線或漸層上快按滑鼠左鍵兩下

2.　功能區：《常用》→〈修改▼〉→ [編輯填充線]

二、指令提示

```
1.在填充線或漸層上快按滑鼠左鍵兩下

                      <出現與圖 8-4 相同的《填充線編輯器》面板

2.指令： [編輯填充線]

選取填充線物件：          <出現與圖 8-11 相同的「填充線編輯」對話視窗
```

【說明】

　　操作方式與填入填充線或漸層方式相同。

綜合練習(一)

1. 完成下列各圖之剖面視圖。(圖中未標註的倒角為 1x45°)

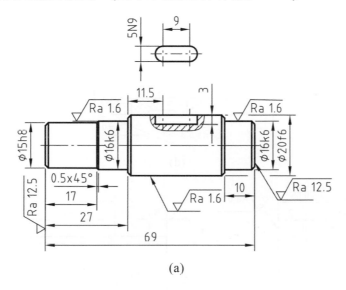

(a)

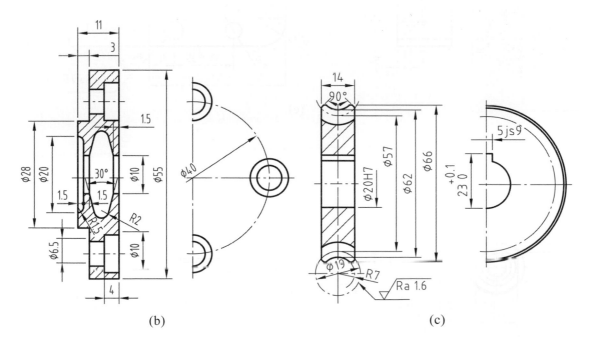

(b)　　　　　　　　　　　　　　(c)

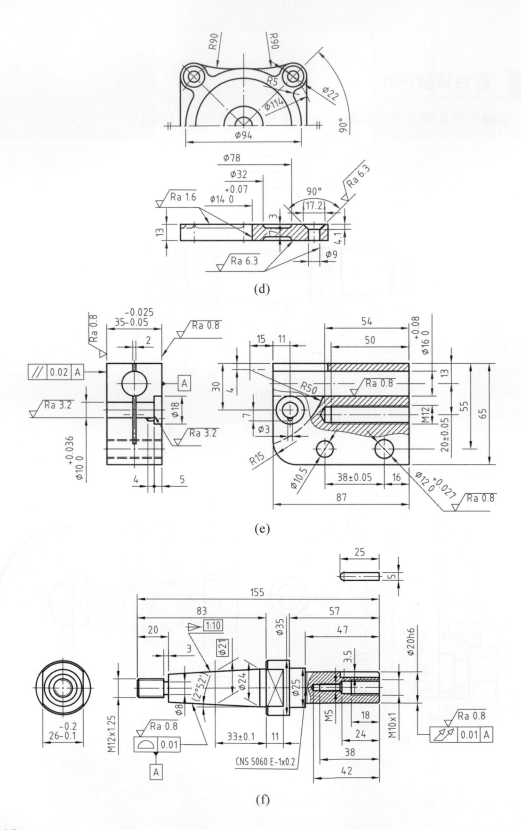

(d)

(e)

(f)

2. 將圖(a)增繪填充線成圖(b)。

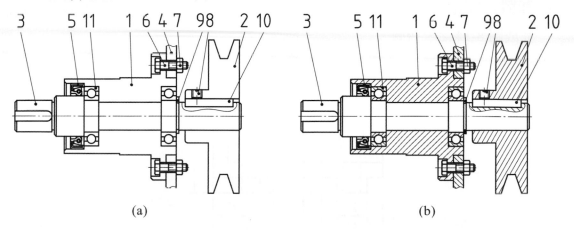

(a)   (b)

8-5 繪製三視圖

將立體物件的形狀與大小，依工程圖學中的正投影原理和操作應用先前所學的各項指令，正確快速完成三視圖的繪製。

一、先前準備工作

1. 判讀視圖、決定視圖佈置方式。

2. 檢視圖形是否呈對稱、陣列形狀；若有，則僅畫其中的一單元圖形，再「鏡射」或「陣列」出全部圖形。

3. 開啟新檔，建議選取「選取樣板」中，先前建立的 CNS-A3 樣板檔。

4. 打開狀態列的物件鎖點，設定「端點」、「中點」、「中心點」、「交點」常駐式物件鎖點，以精確點定位。

5. 設定目前圖層為「輪廓線層」。

二、範例

完成圖 8-14 之三視圖。

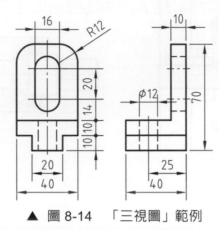

▲ 圖 8-14　「三視圖」範例

圖例步驟：

(1) 開啟 CNS 樣板檔。

(2) 執行 矩形 指令完成圖 8-15(a)。

(3) a. 執行 分解 指令。

　　 b. 以 刪除重複的物件 及 修剪 指令，移除不要的線，如圖 8-15(b)。

(4) 執行 偏移 指令，依圖面尺寸複製出各水平與垂直線，如圖 8-15(c)。

(5) 利用 性質 ，選取應為中心線之線條變更至「中心線」圖層，應為虛線之線條變更至「虛線」圖層，如圖 8-15(d)。

(6) 執行 圓角 指令，將半圓及圓弧部份倒出來，如圖 8-15(e)。

(7) a. 以掣點指令，調整中心線伸出與縮入的長度。

　　 b. 執行 鏡射 指令，鏡射出另一半圖形，如圖 8-15(f)。

(8) 檢查線與線接點處是否良好，視圖有無遺漏或錯誤。

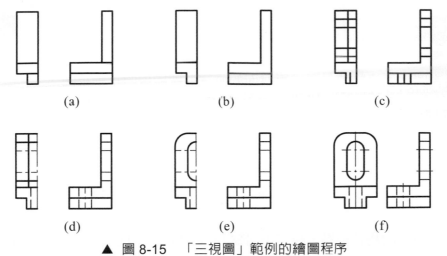

(a)　　　　　　　(b)　　　　　　　(c)

(d)　　　　　　　(e)　　　　　　　(f)

▲ 圖 8-15　「三視圖」範例的繪圖程序

三、自我練習

請依下圖之尺度標註，繪製三視圖。

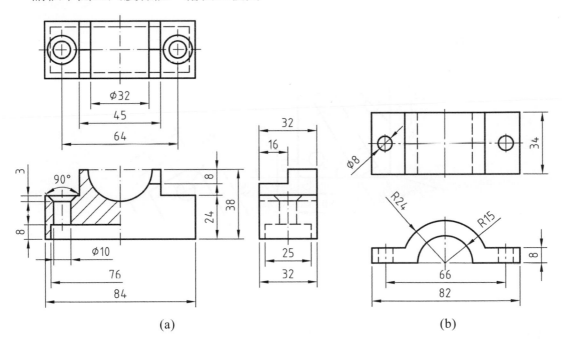

(a)　　　　　　　　　　　　　　　　(b)

8-6　繪製輔助視圖

輔助視圖為表達物體斜面或複斜面的真實形狀所做的正垂視圖。

一、先前準備工作

1.　開啟新檔。建議選取「選取樣板」中，先前建立的 CNS-A3 樣板檔。

2.　旋轉座標。以 ![物件] (請參考章節 9-3)點選旋轉座標的物件。

3.　打開狀態列的物件鎖點，設定「端點」、「中點」、「中心點」、「交點」常駐式物件鎖點，以精確抓點定位。

4.　設定目前圖層為「輪廓線層」。

二、範例

1.　完成圖 8-16 之輔助視圖。

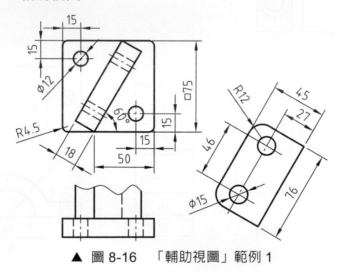

▲ 圖 8-16　「輔助視圖」範例 1

圖例步驟：

(1)　完成上視圖與前視圖，如圖 8-17(a)所示。

(2)　打開正交模式，設定交點鎖點。

(3) a. 以 ⬚ 點選物件。
物件

b. 以 ⬚ 指令，複製上視圖之斜方形與中心線，如圖 8-17(b)所示。
複製

(4) 執行 ⬚ 指令，依圖面尺寸將斜方形及中心線拉伸，如圖 8-17(c)所示。
拉伸

(5) 執行 ⬚ 指令，完成中心線的複製，如圖 8-17(d)所示。
偏移

(6) a. 執行 ⬚ 中心點、半徑 ⬚ 指令，繪出兩個圓孔。

b. 以 ⬚ 圓角 ⬚ 指令，倒出兩圓弧，如圖 8-17(e)所示。

(7) a. 以掣點指令，調整中心線伸出與縮入至適當的長度。

b. 利用 ⬚ 指令選取圖面應為中心線之線條變更為「中心線」圖層，如
性質

圖 8-17(f)。

(8) 檢查線與線接點處是否良好，視圖有無遺漏或錯誤。

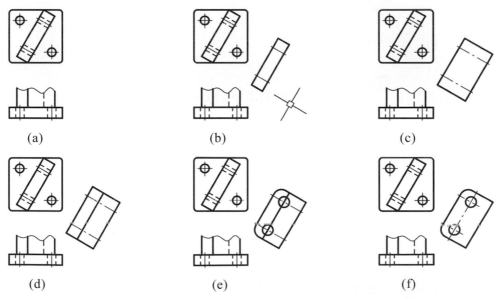

(a)　　　　　　　　　　(b)　　　　　　　　　　(c)

(d)　　　　　　　　　　(e)　　　　　　　　　　(f)

▲ 圖 8-17　「輔助視圖」範例 1 的繪圖程序

2. 完成圖 8-18 之輔助視圖。

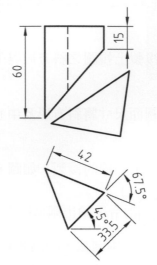

▲ 圖 8-18 「輔助視圖」範例 2

圖例步驟：

(1) a. 完成上視圖與前視圖；打開正交模式，設定交點鎖點。

b. 選取 [物件] ，點選 P1 點旋轉座標。

c. 以 [線] 完成圖 8-19(a)。

(2) 將前視圖以 [複製] 將 P2 點複製至 P3 點，如圖 8-19(b)所示。

(3) 選取 [UCS，世界] 回到世界座標系統；以 [旋轉] 中的「參考」方式將 P3、P4 點

方向(P4 為 P3 正垂方向任一點)旋轉至 P3、P5 點方向，如圖 8-19(c)所示。

(4) a. 選取 [物件] ，點選 P1 點，改變座標軸。

b. 以 [線] ，過 P6、P7 點做直線，如圖 8-19(d)所示。

(5) 以 [線] ，連接 P3、P8、P9 點，如圖 8-19(e)所示。

(6) 以 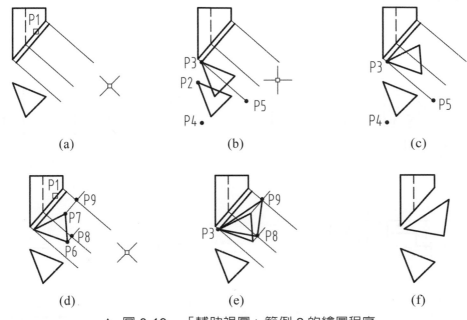 ，刪除多餘的輔助線，完成輔助視圖，如圖 8-19(f)所示。

(7) 檢查線與線接點處是否良好，視圖有無遺漏或錯誤。

▲ 圖 8-19　「輔助視圖」範例 2 的繪圖程序

三、自我練習

請依下圖之尺度標註，繪製輔助視圖。

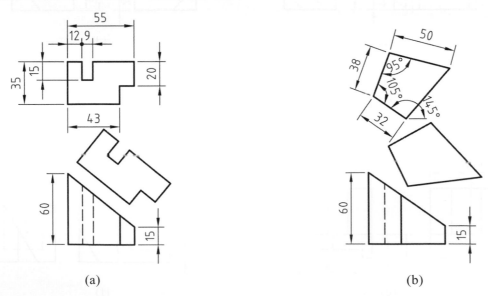

綜合練習(二)

1. 繪製完成下列各圖的三視圖。

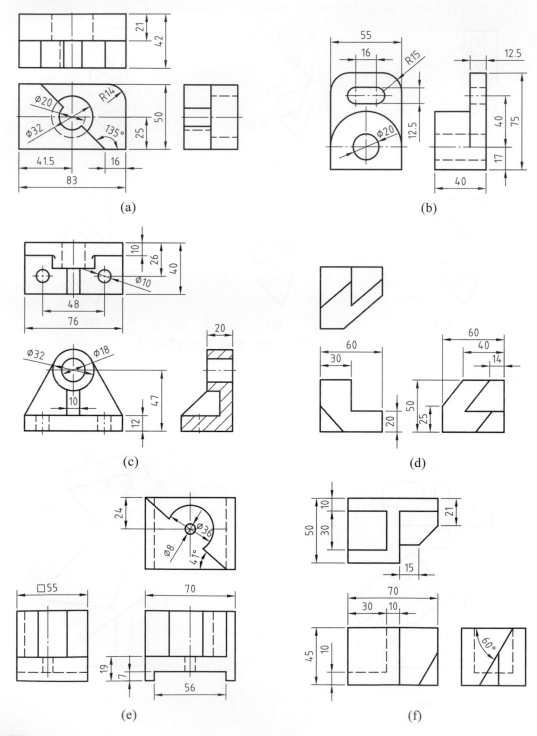

(a)

(b)

(c)

(d)

(e)

(f)

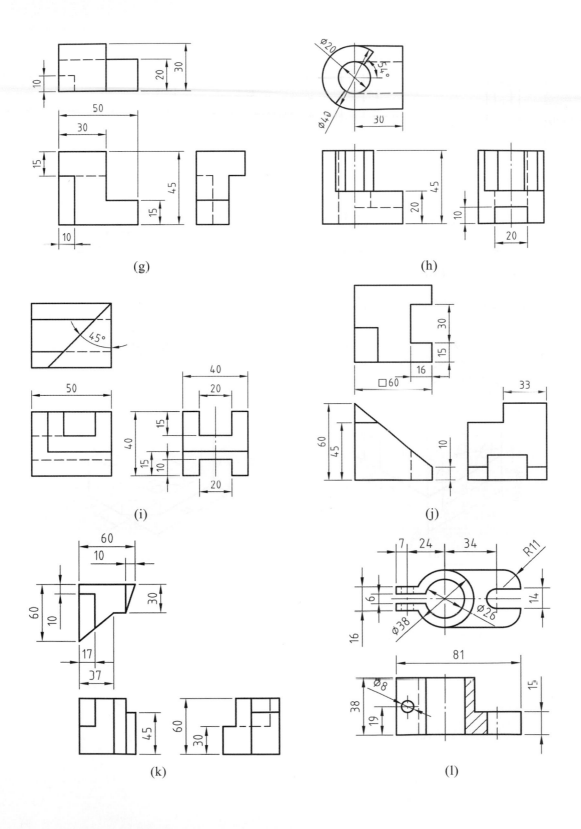

(g)

(h)

(i)

(j)

(k)

(l)

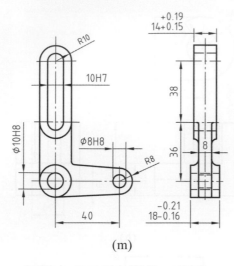

(m)

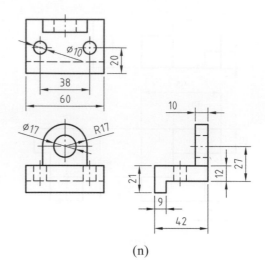

(n)

2. 繪製完成下列各圖的三視圖。

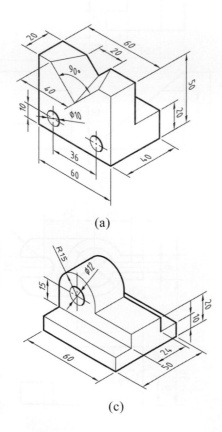

(a)

(b)

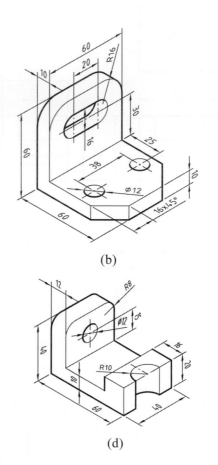

(c)

(d)

3. 繪製炮車工作圖。

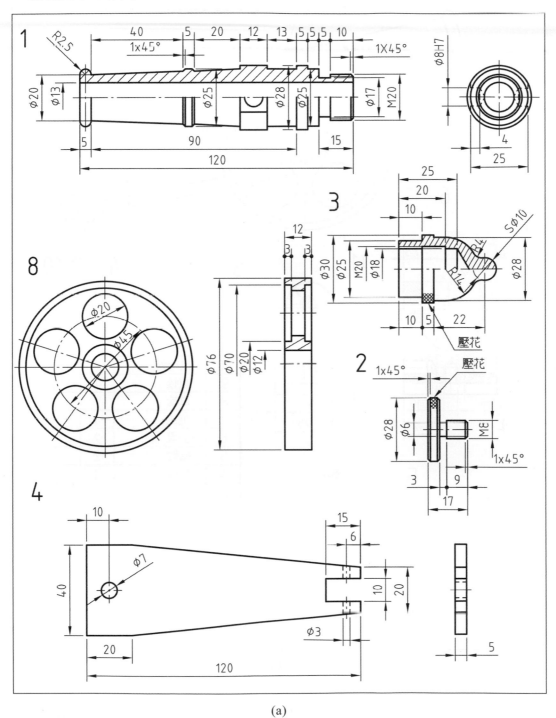

(a)

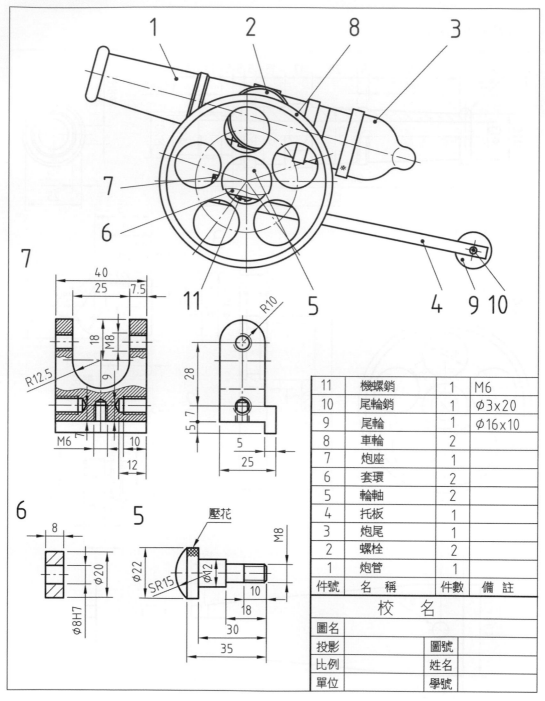

11	機螺銷	1	M6
10	尾輪銷	1	φ3×20
9	尾輪	1	φ16×10
8	車輪	2	
7	炮座	1	
6	套環	2	
5	輪軸	2	
4	托板	1	
3	炮尾	1	
2	螺栓	2	
1	炮管	1	
件號	名　稱	件數	備　註
校　　　名			
圖名			
投影		圖號	
比例		姓名	
單位		學號	

(b)

4.　繪製衝剪模工作圖。

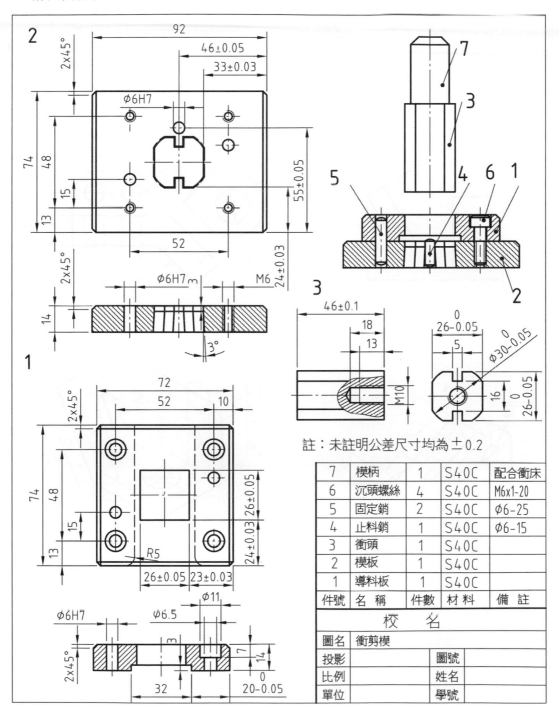

註：未註明公差尺寸均為±0.2

7	模柄	1	S40C	配合衝床
6	沉頭螺絲	4	S40C	M6x1-20
5	固定銷	2	S40C	φ6-25
4	止料銷	1	S40C	φ6-15
3	衝頭	1	S40C	
2	模板	1	S40C	
1	導料板	1	S40C	
件號	名　稱	件數	材料	備　註

校　　名				
圖名	衝剪模			
投影			圖號	
比例			姓名	
單位			學號	

5. 繪製下列各圖的單輔助視圖。

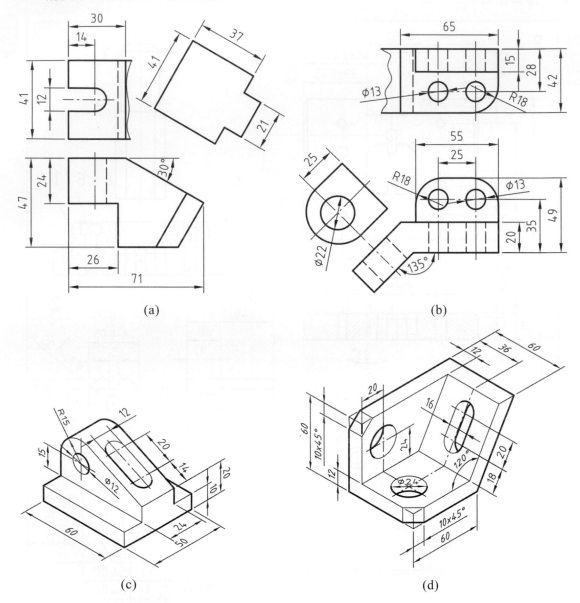

(a)

(b)

(c)

(d)

6.　繪製下列各圖的複輔助視圖。

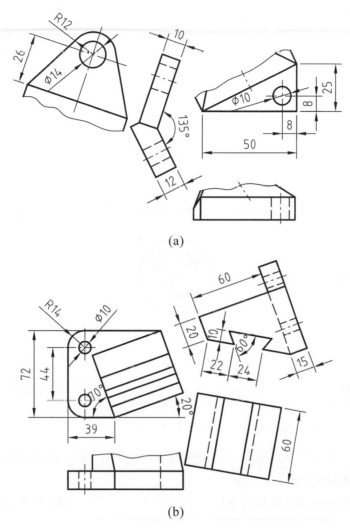

(a)

(b)

8-7　查詢

　　用來查詢點位置、距離、角度、面積，以檢查所繪製圖形是合正確，提昇設計製圖精密度；此外，列示狀態及時間查詢，可提供對系統資訊的掌握及繪圖時間的管理。

8-7-1　點位置(ID)

測量指定點的座標資料。

一、指令輸入方式

功能區：《常用》→〈公用程式▾〉→ 🔍 點位置

二、指令提示

指令： 🔍 點位置

指定點：   <選取圖面上要查詢之點

X = ... Y = ... Z = ...   <顯示相關的點座標資料

三、範例

以點位置(ID)指令，查詢圖 8-20 之 P2，P3，P4 點相對於 P1 點之座標。

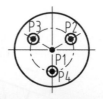

▲ 圖 8-20　　「點位置」範例

指令：   <設定使用者座標原點

原點

目前的 UCS 名稱：*世界*

指定 UCS 的原點或[面(F) 具名(NA) 物件(OB) 前一個(P) 視圖(V) 世界(W) X Y Z Z 軸(ZA)]<世界>：_o

指定新原點<0.0, 0.0, 0.0>：P1   <P1 點為新原點

指令： 🔍 點位置 _指定點：P2   X = 6.2 Y = 3.6 Z = 0.0   <顯示 P2 點之座標資料

指令： Enter   <重複點位置指令

指定點：P3   X = -6.2 Y = 3.6 Z = 0.0   <顯示 P3 點之座標資料

指令： Enter

指定點：P4   X = -6.2 Y = 3.6 Z = 0.0   <顯示 P4 點之座標資料

⬤ 8-7-2　快速(QUICK)

顯示游標附近物件的測量值。

一、指令輸入方式

功能區：《常用》→〈公用程式〉→

二、指令提示

> 指令： ▬▬ 快速
>
> 移動游標或[距離(D)　半徑(R)　角度(A)　面積(AR)　體積(V)　快速(Q)　模式(M)　結束(X)]<結束>：　　　　　　　　　　<顯示游標附近物件的測量值

⬤ 8-7-3　距離(DISTANCE)

測量兩點間距離及角度資料。

一、指令輸入方式

功能區：《常用》→〈公用程式〉→ |↔| 距離

二、指令提示

> 指令： |↔| 距離
>
> 指定第一點：　　　　　　　　　　　　　　<選取第一點位置
>
> 指定第二個點或[多個點(M)]：　　　　　　<選取第二點位置
>
> 距離=...，XY 平面內角度=...，與 XY 平面的夾角= ..
>
> 　　　　　　　　　　　　　　　<顯示相關的距離及座標資料
>
> X 差值=...，Y 差值=...，Z 差值=...

【說明】

多個點(M)：將多個點的距離相加。

> 指定第二個點或[多個點(M)]：M　　　　　　　　　　　<查詢多個點的距離
>
> 指定下一個點或[弧(A)　長度(L)　退回(U)　全部(T)]<全部>：

1. 弧(A)：切換成畫弧的模式，自行繪製弧形加入於原有的圖形中，一併查詢全部的長度，弧的繪製方式如 ◠ 指令。

2. 長度(L)：自行繪製直線加入於原有的圖形中，一併查詢全部的長度。

三、範例

以距離(DIST)指令，查詢圖 8-21 的 P1P2、P3P4 距離長。

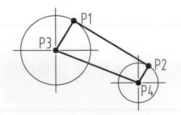

▲ 圖 8-21　「距離」範例

> 指令：⊢▭⊣ 距離
>
> 指定第一點：_int 於 P1
>
> 指定第二個點或[多個點(M)]：_int 於 P2　　　　　　<選取 P1、P2 點
>
> 距離＝20.0，XY 平面內角度＝307，與 XY 平面的夾角＝0　　<顯示資料
>
> X 差值＝12.1，Y 差值＝-16.0，Z 差值＝0.0
>
> 指令：Enter　　　　　　　　　　　　　　　　　　<重複距離指令
>
> 指定第一點：_int 於 P3
>
> 指定第二個點或[多個點(M)]：_int 於 P4　　　　　　<選取 P3、P4 點
>
> 距離＝20.4，XY 平面內角度＝318，與 XY 平面的夾角＝0　　<顯示資料
>
> X 差值＝15.2，Y 差值＝-13.6，Z 差值＝0.0

四、技巧要領

1. 定第一點、第二點時，請配合物件鎖點(OSNAP)抓點，定位更精確。

2. 定兩點順序不同時，X-Y 平面內角度會相差 180 度，而且 X、Y 的差值也會產生正、負的差異。

● 8-7-4　半徑(RADIUS)

測量弧或圓的半徑與直徑大小。

一、指令輸入方式

功能區：《常用》→〈公用程式〉→ 半徑

二、指令提示

指令： 半徑

選取一個弧或圓：

半徑＝

直徑＝

● 8-7-5　角度(ANGLE)

測量弧、圓或線的角度大小。

一、指令輸入方式

功能區：《常用》→〈公用程式〉→ 角度

二、指令提示

指令： 角度

選取弧、圓、線或<指定頂點>：

選取第二條線：

角度＝

8-7-6 面積(AREA)

測量封閉區域的周長與面積大小。

一、指令輸入方式

功能區：《常用》→〈公用程式〉→ 面積

二、指令提示

指令： 面積
指定第一個角點或[物件(O) 加上面積(A) 減去面積(S) 結束(X)]<物件(O)>：
指定下一個點或[弧(A) 長度(L) 退回(U)]：

【說明】

1. 指定第一個角點：以輸入點的方式來計算各點間所圍成的區域面積。當輸入第一點後，接著提示：

指定下一個點或[弧(A) 長度(L) 退回(U)]： <請輸入不共線三點以上

弧(A)與長度(L)的操作如 8-7-2 章節。

2. 物件(O)：以選取封閉的「聚合線」物件方式來計算面積。

3. 加上面積(A)：設定爲「加入模式」，將所計算面積予以相加。

4. 減去面積(S)：設定爲「減去模式」，將所計算面積予以相減。

三、範例

1. 以面積(AREA)指令，查詢圖 8-22 斜線面積。

▲ 圖 8-22 「面積」範例 1

指令：　[□ 邊界]　　　　　　　　　　　　<以聚合線圍成封閉區域

點選內部點：P1

點選內部點：[Enter]　　　　　　　　　　<結束邊界指令

「邊界」建立了聚合線

指令：　[▱ 面積]　　　　　　　　　　　　<查詢面積

指定第一個角點或[物件(O)　加上面積(A)　減去面積(S)　結束(X)]：A

　　　　　　　　　　　　　　　　　　　　<設定為加入模式

指定第一個角點或[物件(O)　減去面積(S)　結束(X)]：O　<選取物件方式

(加入模式)選取物件：P2　　　　　　　　<選取 P1 所圍成之邊界

面積＝42.7，周長＝29.7　　　　　　　　<顯示面積、周長

總面積＝42.7

(加入模式)選取物件：[Enter]　　　　　　<結束選取物件

指定第一個角點或[物件(O)　減去面積(S)　結束(X)]：P3　<輸入斜線之第一點

(加入模式)指定下一個點或[弧(A)　長度(L)　退回(U)]：P4　<輸入斜線之第二點

(加入模式)指定下一個點或[弧(A)　長度(L)　退回(U)]：P5　<輸入斜線之第三點

(加入模式)指定下一個點或[弧(A)　長度(L)　退回(U)　全部(T)]<全部>：[Enter]

　　　　　　　　　　　　　　　　　　　　<.結束定點

面積＝26.2，周長＝23.3　　　　　　　　<顯示面積、周長

總面積＝68.9

2.　以面積(AREA)指令，查詢圖 8-23 斜線面積。

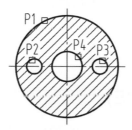

▲ 圖 8-23　「面積」範例 2

指令：　[▱ 面積]

指定第一個角點或[物件(O)　加上面積(A)　減去面積(S)　結束(X)]：A

	<設定為加入模式
指定第一個角點或[物件(O) 減去面積(S) 結束(X)]：O	<選取物件
(加入模式)選取物件：P1	<選取外圓
面積= 570.8，圓周=84.7	<顯示面積、圓周長
總面積= 570.8	
(加入模式)選取物件： Enter	<結束加入模式計算
指定第一個角點或[物件(O) 減去面積(S) 結束(X)]：S	<設定為減去模式
指定第一個角點或[物件(O) 加上面積(A) 結束(X)]：O	<選取物件
(減去模式)選取物件：P2	<選取小圓
面積= 12.6，圓周= 12.6	<顯示小圓面積、圓周長、斜線部份總面積
總面積= 558.3	
(減去模式)選取物件：P3	<選取小圓
面積= 12.6，圓周= 12.6	<顯示小圓面積、圓周長、斜線部份總面積
總面積= 545.7	
(減去模式)選取物件：P4	<選取中心小圓
面積= 50.3，圓周= 25.1	<顯示中心小圓面積、圓周長、斜線部份總面積
總面積= 495.4	
(減去模式)選取物件： Enter	<結束選取物件
指定第一個角點或[物件(O) 加上面積(A) 結束(X)]：X	<結束指令

四、技巧要領

1. 計算總面積時，需先使用「加入模式」求得全部面積，如有穿空的地方，再切換至「減去模式」減去面積後，再求得總面積及總周長。

2. 計算由單線或弧組合成的區域面積時，先以 8-2 章邊界(BOUNDARY)指令，以聚合線將它圍起來，再計算其面積。

⬤ 8-7-7　體積(VOLUME)

測量 3D 實體或指定高度之 2D 區域的體積大小。

一、指令輸入方式

功能區：《常用》→〈公用程式〉→ [⬛ 體積]

二、指令提示

指令：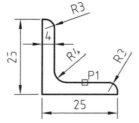 體積

指定第一個角點或[物件(O)　加上面積(A)　減去面積(S)　結束(X)]<物件(O)>：

指定下一個點或[弧(A)　長度(L)　退回(U)]：

指定下一個點或[弧(A)　長度(L)　退回(U)]：

指定下一個點或[弧(A)　長度(L)　退回(U)　全部(T)]<全部>：

指定高度：

體積＝

【說明】

1.　指定第一個角點：以輸入點的方式來計算各點間所圍成的區域面積。當輸入第一點後，接著提示：

指定下一個點或[弧(A)　長度(L)　退回(U)]：　　　<請輸入相異三點以上

弧(A)與長度(L)的操作如 8-7-2 章節。

2.　物件(O)：以選取 3D 實體或封閉的 2D「聚合線」物件並指定高度來計算面積。

3.　加上體積(A)：設定為「加入模式」，將所計算體積予以相加，繪製方式如 □ 面積 指令。

4.　減去體積(S)：設定為「減去模式」，將所計算體積予以相減，繪製方式如 □ 面積 指令。

三、範例

1.　以體積(VOLUME)指令，測量 1 公尺長角鐵之體積，如圖 8-24。(圖形為面域)

▲ 圖 8-24　「體積」範例 1

指令：⬚ 體積

指定第一個角點或[物件(O) 加上體積(A) 減去體積(S) 結束(X)]<物件(O)>：
Enter

選取物件：P1

指定高度：1000

體積= 183570.8

2. 以體積(VOLUME)指令，測量圖 8-25 之體積。

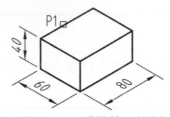

▲ 圖 8-25 「體積」範例 2

指令：⬚ 體積

指定第一個角點或[物件(O) 加上面積(A) 減去面積(S) 結束(X)]<物件(O)>：
Enter

選取物件：P1

體積= 192000

● 8-7-8 面域/質量性質(MASSPROP)

測量 3D 實體或面域(REGION)查詢其物件的慣性矩(I_x, I_y)及慣性積(I_{xy})。

一、指令輸入方式

功能表：工具(T)→查詢(Q)▶→ ⬚ 面域/質量性質(M)

二、指令提示

指令：⬚ 面域/質量性質(M)

選取物件   <選取實體或面域物件

選取物件：Enter   <結束選取

------------------ 面域 --------------------

面積：

周長：

邊界框：

形心：

慣性矩：

慣性積：

旋轉半徑：

主力矩與形心的 X-Y 方向：

將分析寫入檔案？[是(Y)　否(N)]<否>：

三、範例

以質量性質(MASSPROP)指令，查詢圖 8-26 角鐵之慣性矩。(圖形為面域)

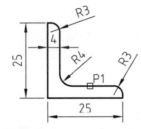

▲ 圖 8-26　「質量性質」範例

指令：　面域/質量性質(M)

選取物件：P1　1 找到

選取物件：　Enter

------------------　面域　------------------

面積：	183.6
周長：	95.7
邊界框：	X　：104.5--129.5
	Y　：16.9 — 41.9
形心：	X　：112
	Y　：24.5
慣性矩：	X　：119653.9
	Y　：2312296.2
慣性積：	XY：497228.4

旋轉半徑：	X	: 25.5
	Y	: 112.2
主力矩與形心的 X-Y 方向：		
	I	: 4114.5 沿著[0.7-0.7]
	J	: 15494.7 沿著[0.7-0.7]
將分析寫入檔案？[是(Y) 否(N)]<否>： Enter		

8-8　快速計算器(QUICKCALC)

將工程用計算機與單位換算等功能整合在計算器指令對話視窗中。

一、指令輸入方式

功能區：《常用》→〈公用程式〉→ 快速計算器

二、指令提示

指令： 快速計算器　　　　　　　　　　<出現圖 8-27「快速計算器」對話視窗

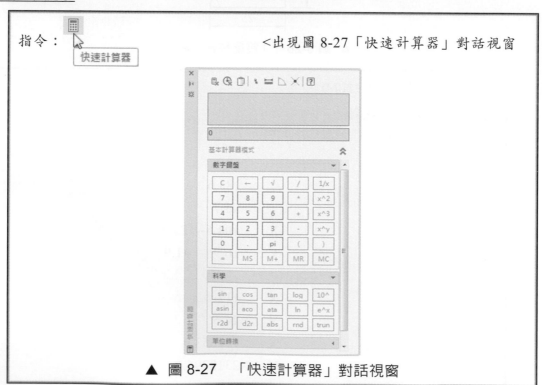

▲ 圖 8-27　「快速計算器」對話視窗

【說明】

1.　以點選 ⊗ 與 ⊗ 鈕，展開與回復計算器。

2.　功能選項

 (1)　⊞清除：清除數值欄位的值。

 (2)　⊞清除歷程：清除計算器中使用過的歷程。

 (3)　⊞將值貼到指令行：將計算出的值貼到指令行。

 (4)　⊞取得座標：計算點座標。

 (5)　⊞兩點之間的距離：計算兩點之間的距離。

 (6)　⊞由兩點所定義的線的角度：計算由兩點所定義的線的角度，此角度會因所選點順序不同，而有所差異，此角度的計算是以第一點為基準。

 (7)　⊞由四個點定義的兩條直線的交點：計算由四個點所定義的兩條直線，其交點的座標值。

3.　單位轉換：選擇轉換單位後，在「要轉換的值」欄位中輸入數值，就可以在「已轉換的值」欄位中得到轉換的結果。

4.　變數：新增、編修或刪除變數的函數。

綜合練習(三)

1. 完成下列各圖之查詢資料。(取至小數第三位)

(1)

(2)

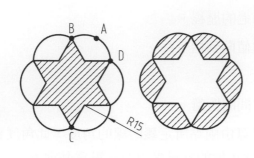

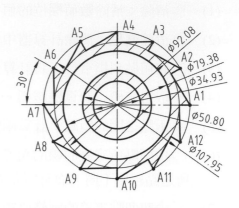

a. A 的弧長=＿＿＿＿＿。

b. BC=＿＿＿＿＿。

c. 內部斜線區域面積=＿＿＿＿＿。

d. 外部斜線區域面積=＿＿＿＿＿。

a. A8 相對於 A3 的座標值為=＿＿＿＿＿。

b. A11 點至 A8 點之角度為=＿＿＿＿＿。

c. 鋸齒狀外形之總長=＿＿＿＿＿。

d. 斜線區塊之總面積=＿＿＿＿＿。

(3)

(4)

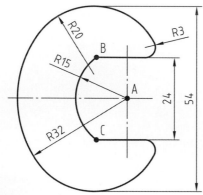

a. B 相對於 A 的座標值為=＿＿＿＿＿。

b. A 點至 B 點之角度為=＿＿＿＿＿。

c. BC 的弧長=＿＿＿＿＿。

d. 內部區域面積=＿＿＿＿＿。

a. CD=＿＿＿＿＿。

b. GH=＿＿＿＿＿。

c. AE=＿＿＿＿＿。

d. 總面積=＿＿＿＿＿。

(5)

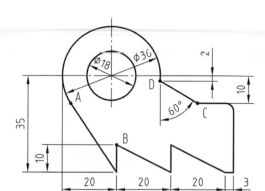

(6)

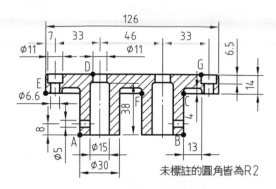

a. A 相對於 B 的座標值為=＿＿＿＿＿。

b. B 點至 C 點之角度為=＿＿＿＿＿。

c. AD 的弧長=＿＿＿＿＿。

d. 內部扣除圓孔之總面積=＿＿＿＿。

a. AD=＿＿＿＿＿。

b. FG=＿＿＿＿＿。

c. CD=＿＿＿＿＿。

d. 斜線總面積=＿＿＿＿＿。

實力練習

一、選擇題(*為複選題)

( ) 1. 以何指令可在相交物件的複合面域上建立一個聚合線邊界　(A)BLOCK (B)BOUNDARY　(C)BHATCH　(D)SOLID。

( ) 2. 在一個未封閉的區域填入填充線,則須使用以 ▨ 填充線 指令的　(A)定點法 (B)選取物件　(C)點選點　(D)移除孤立物件方式。

( ) 3. 欲計算兩點的距離與角度可執行　(A) ⊢⊣ 距離　(B) ◺ 面積　(C) 點位置 (D) 角度 指令。

( ) 4. 面積指令對於開放的聚合線　(A)只能計算周長而無法計算面積　(B)可計算其周長與面積　(C)無法計算其周長與面積　(D)只能計算面積而無法計算周長。

( ) 5. 欲查詢指定點的座標位置可由　(A) 點位置　(B) ◺ 面積　(C) ⊢⊣ 距離 (D) 角度 列示。

*( ) 6. 要建立面域物件之基本條件為　(A)一連串相接的線　(B)封閉區域　(C)共平面　(D)形成迴圈。

*( ) 7. 以 ▨ 填充線 在欲畫填充線的區域內指定一點,其結果　(A)會自動定義邊界 (B)所有不為邊界的物件會被忽略　(C)在區域內部的其他孤立封閉物件會被忽略　(D)以上皆是。

*( ) 8. 何者可以做為填充線邊界的物件?　(A)尺寸線　(B)雲形線　(C)文字 (D)圖塊。

*( ) 9. 指定兩點,可以 ⊢⊣ 距離 距離指令計算出　(A)座標點位置　(B)在 XY 平面上兩點距離　(C)在 XY 平面上兩點角度　(D)兩點與 XY 平面之夾角。

*( )10. ◺ 面積 面積指令之「物件 O」選項,可查詢下列何者之面積　(A)圓　(B)橢圓　(C)正多邊形　(D)聚合的矩形。

*( )11. 面域/質量性質(M) 指令之「物件 O」選項可查詢下列何者所形成的慣性矩　(A)聚合線　(B)面域　(C)實體　(D)填充線。

二、簡答題

1. 試簡述下列各圖像之功能：

(1)　　　　　(2)　　　　　(3)　　　　　(4)　　　　　(5)

2. 簡單說明填充線邊界選取有哪些方式？

3. 簡單說明填充線之關聯性。

4. 欲查詢圓弧之弧長有何方法？

5. 請說明面積計算有哪兩種模式？

6. 簡述質量性質指令，可查詢哪些資料。

CHAPTER **9**

3D

　　為使產品的開發更快速、更完美，直接以 3D 繪製立體圖再轉換成平面圖的設計工作已成潮流並廣泛的運用於汽車業與模具開發等工作上。

　　AutoCAD 是以 2D 為基礎，逐步向 3D 發展。其在 2D 的領域上具有非常完善的功能，而在 3D 的功能上，隨著版本不斷的更新，不但建立了完整的 3D 架構，更大大提升 3D 繪圖功能，來達到全方位的繪圖能力。

9-1　3D 模型的架構

　　AutoCAD 提供了線、面、實體三種建立 3D 模型的架構，其差異性如表 9-1。

▼ 表 9-1　3D 模型之差異性比較

模型架構		表面積	體積	消除隱藏線	布林運算	彩現
線		無	無	不可	不可	可
面		有	無	可	同平面之面域可以運算	可
實體		有	有	可	可	可

　　對於 3D 模型呈現的精緻度也有三個系統變數可以加以控制：

1.　如圖 9-1，選項(O)…的顯示頁籤顯示解析度中每個曲面示意線數(O)前的值，就是系統變數 ISOLINES 的值，可用來控制實體線架構弧面線數，其允許值為 0～2047，內定值為 4。此值設定愈高則愈能顯示真實平滑曲面，但執行重生(REGEN)時顯示速度愈慢，如圖 9-2。

▲ 圖 9-1　「選項」之「顯示」對話視窗

(a)ISOLINES = 4　　　　(b)ISOLINES = 16

▲ 圖 9-2

2. 如圖 9-1，選項(O)…的顯示頁籤顯示解析度中彩現物件平滑度(J)前的值，就是系統變數 FACETRES 的值，可用來控制實體在做隱藏線(HIDE)、視覺型式、彩現(RENDER)處理後顯示的圓滑度，其允許值為 0.01～10。內定值為 0.5，如圖 9-3。

(a)FACETRES = 0.2　　　　(b)FACETRES = 1

▲ 圖 9-3

3. 如圖 9-1，選項(O)…的顯示頁籤顯示效能中繪製實體和曲面的真實輪廓(W)，就是設定系統變數 DISPSILH 開啟或關閉，可用來控制線架構及網面架構其弧面線數是否顯現出來。將 DISPSILH 設定為 1 開啟後，在模型出圖對話視窗中的描影出圖(D)設定為舊式隱藏時，出圖效果較直接採隱藏為佳，如圖 9-4。

(a)DISPSILH = 0　　　　　　　(b)DISPSILH = 1

▲ 圖 9-4

9-2　3D 座標系統

1. 絕對座標輸入法

   以三軸相互垂直之關係絕對於 UCS 原點座標或絕對於 WCS 原點座標，如圖 9-5。

   格式：X, Y, Z

   範例：5, 4, 3

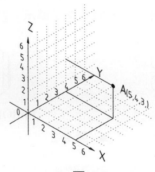

▲ 圖 9-5

2. 相對座標輸入法

   相對於前一點之座標為參考的基準點，如圖 9-6。

   格式：@△X, △Y, △Z

   範例：@5, 4, 3

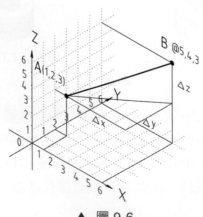

▲ 圖 9-6

9-3　UCS 使用者座標系統

在 2D 繪圖時，XY 平面是唯一的工作平面，因而 WCS 座標系統成了我們主要的選擇，但在 3D 繪圖時，因多了 Z 軸的考慮，且又有斜面、複斜面的狀況要考慮，問題顯然複雜了許多。而「使用者座標系統」簡稱 UCS 就是為了簡化 3D 各面間轉換的問題而創立的，以座標的移動與旋轉來將大部份的 3D 繪圖轉變成 2D 平面繪圖模式。

● 9-3-1　3D 座標定位－右手定則

在 3D 繪圖中最常發生的情況，就是 UCS 轉了幾次之後，就不知道轉成什麼樣子了，因而重回 WCS 或以右手定則來定 X、Y、Z 軸的正負向及轉向的正負角為不可缺的工具，如圖 9-7。

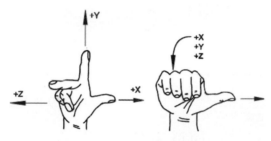

▲ 圖 9-7　右手定則

● 9-3-2　UCS 圖示與圖示控制

AutoCAD 提供的 UCS 圖像其顯示代表的意義，如表 9-2。

▼ 表 9-2

圖示 UCSICON	UCS 代表的意義
Y ×（有小方框）	3D 圖示的平面狀態，X、Y 交會處有一小方框，表示從上方觀測。
Y ×（無小方框）	3D 圖示的平面狀態，X、Y 交會處無一小方框，表示由前、後、右、左、下方觀測。
Z Y ×（空間狀態）	3D 圖示的空間狀態，X、Y 交會處有一小方框，表示從上方觀測。

圖示 UCSICON	UCS 代表的意義
Y↗ ✕→ Z↘	3D 圖示的空間狀態，X、Y 交會處無一小方框，表示由前方、右方觀測。
X↖ Y↗ Z↓	3D 圖示的空間狀態，Z 軸為虛線表示由後方、下方或左方觀測。
三角形圖示	為圖紙空間的 UCS。

圖示控制(UCSICON)指令是用來控制 UCS 圖示的位置及是否顯示。

一、指令輸入方式

功能區：《視覺化》→〈座標〉→

二、指令提示

指令： 　　　　　　　　　　＜出現圖 9-8「UCS 圖示」對話視窗

輸入選項[打開(ON)　關閉(OFF)　全部(A)　無原點(N)　原點(OR)　可選取(S)　性質(P)]＜打開＞：

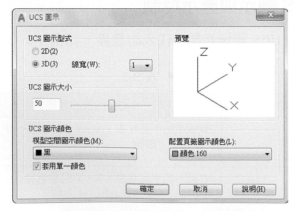

▲ 圖 9-8　「UCS 圖示」對話視窗

【說明】

1. 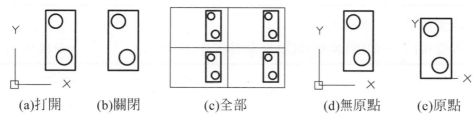 / 打開(ON)/關閉(OFF)：設定顯示 UCS 座標圖示於左下方視埠角點或不顯示，內定值為顯示。

2. 全部(A)：當螢幕為多個視埠時，可改變所有視埠內的 UCS 座標圖示。

3. 無原點(N)：將 UCS 座標圖示顯示於視埠中的左下角點位置，不顯示於 UCS 的原點上。

4. 原點(OR)：將 UCS 座標圖示顯示於目前 UCS 原點上，如圖 9-9。

　　(a)打開　　　(b)關閉　　　　(c)全部　　　　(d)無原點　　(e)原點

▲ 圖 9-9　UCS 座標圖示各狀態

5. 可選取(S)：設定是否可以選取 UCS 圖示並利用圖示上的掣點來操控 UCS 座標。

6. 性質(P)：設定 UCS 在模型空間圖示的型式、尺寸與顏色及在圖紙空間的顏色，如圖 9-8。

9-3-3　UCS 指令

熟悉 UCS 各指令的功能，將會在 3D 繪圖方面更加得心應手。

一、指令輸入方式

功能區：《檢視》→〈座標〉→ UCS

二、指令提示

```
指令：      UCS

目前的 UCS 名稱：*世界*
```

> 指定 UCS 的原點或[面(F) 具名(NA) 物件(OB) 前一個(P) 視圖(V) 世界(W) X Y Z Z 軸(ZA)]<世界>：

【說明】

1. 新的 UCS 原點：平移目前 UCS 的原點至一個新位置。

> 指定 UCS 的原點或[面(F) 具名(NA) 物件(OB) 前一個(P) 視圖(V) 世界(W) X Y Z Z 軸(ZA)]<世界>：_o
> 指定新原點<0, 0, 0>：

2. 面(F)：以選取物件面方式定義 UCS。點選 接著提示：

> 選取實體的面、曲面或網面：P1
> 輸入選項[下一個(N) X 翻轉(X) Y 翻轉(Y)]<接受>： <如圖 9-10

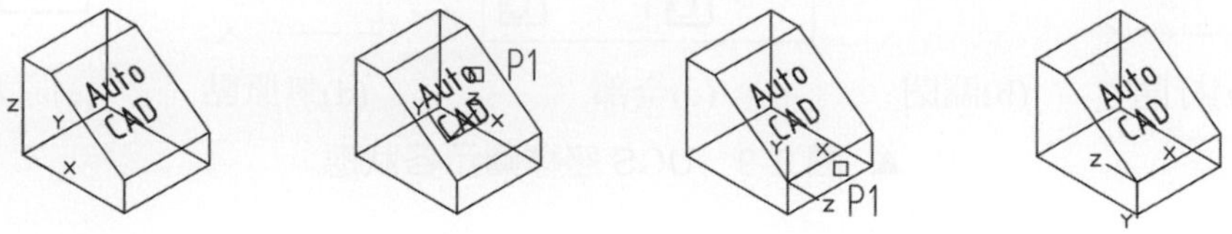

(a)原圖　　　(b)以物件定 UCS　　(c)以面定 UCS　(d)以面定 UCS，X 翻轉

▲ 圖 9-10　指定 UCS 方法

3. 具名(NA)：將目前的 UCS 圖面作儲存或將已儲存的 UCS 圖面作叫出、刪除或顯示的功能。

4. 物件(OB)：以選取物件方式定義 UCS。新的 UCS 之 XY 平面將平行於此物件的 XY 平面。點選 接著提示：

> 選取要對齊 UCS 的物件：P1

5. 視圖(V)或檢視：建立新的 UCS 之 XY 平面垂直於觀看方向(平行於螢幕)，而原點不變。

6. 世界(W)：設定目前座標系統為世界座標系統(WCS)。

7. X / Y / Z：以繞 X、Y 與 Z 軸來旋轉目前的 UCS，旋轉的正角度可由右手定則判斷，如圖 9-11。

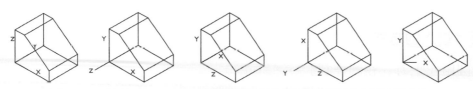

(a)原圖　　(b)X 軸轉 90°　(c)Y 軸轉 90°　(d)Z 軸轉 90°　(e)以視圖定 UCS

▲ 圖 9-11　指定 UCS 方法

8.　⌷ᴢ Z 軸(ZA)：設定一個新原點與 Z 軸正向來定義一個新 UCS。點選 ⌷ 接著提示：

> 指定新原點或[物件(O)]：P1
>
> 指定在 Z 軸正向的點<0, 0, 1>：P2

9.　⌷₃ 三點(3)：設定一個新原點與其 X，Y 軸正向上的一點來定義一個新 UCS。點選 ⌷₃ 接著提示：

> 指定新原點<0, 0, 0>：P1
>
> 指定在 X 軸正向的點<1, 0, 0>：P2
>
> 指定在 UCS XY 平面的 Y 軸正向的點<0, 1, 0>：P3 <如圖 9-12

   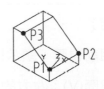

(a)原圖　　　(b)平移原點定 UCS　　(c)以 Z 軸定 UCS　　(d)以 3 點定 UCS

▲ 圖 9-12　指定 UCS 方法

9-4　3D 檢視

由空間中不同的角度與位置來檢視物件，以達到更精緻的觀察與展示。

9-4-1　視圖管理員(VIEW)

視圖管理員是將依某種角度或比例所觀測到的圖面加以儲存，以供日後重新叫出來觀測。

一、指令輸入的方式

繪圖區左上方〔視圖控制〕→ 視圖管理員...

二、指令提示

指令： 視圖管理員...　　　　　　＜出現圖 9-13「視圖管理員」對話視窗

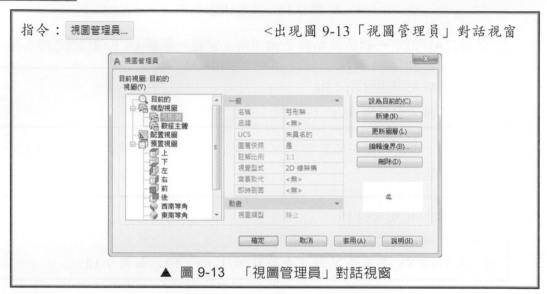

▲ 圖 9-13 「視圖管理員」對話視窗

【說明】

1. 目前視圖：顯示目前呈現的視圖名稱。

2. 視圖(V)：左方的視窗顯示目前在模型空間與圖紙空間中已儲存的具名視圖，並列出預設可直接選取的視圖，預設的觀測方向含有 上、 下、 前、 後、 左、 右、 西南等角、 東南等角、 東北等角、 西北等角等十個，其作用與繪圖區左上方中〔視圖控制〕下的預設視圖相同。中間的視窗顯示所選取的具名視圖之詳細資料。

3. 設為目前的(C) ：在「視圖(V)」下方的視窗列出的具名視圖中，選取所需要的視圖，再選 設為目前的(C) 鍵，再按 確定 ，以開啓該視圖，或直接在視圖名稱上，快按滑鼠左鍵兩次。

4. 新建(N)... ：出現圖 9-14「新視圖/快照性質」對話視窗。

▲ 圖 9-14　「新視圖/快照性質」對話視窗

(1) 視圖名稱(N)：新建立的視圖名稱。

(2) 視圖品類(G)：指定具名視圖的種類。

(3) 視圖類型(Y)：指定視圖的類型為電影式、靜止或錄製的漫遊。

(4) 邊界

    a.　目前的顯示(C)：儲存目前視窗的整個範圍。

    b.　定義視窗(D)：可點選 以視窗的方式定出所要儲存視圖的範圍。

(5) 設定

    a.　□視圖內儲存圖層快照(L)：將物件的圖層設定值一起儲存於視圖中。

    b.　UCS(U)：點選 UCS (U)的 鈕，選取所列出的具名 UCS 名稱。

    c.　即時剖面(S)：儲存剖面物件的關聯性。

    d.　視覺型式(V)：設定物件顯示的型式。

(6) 背景

    a.　預設：AutoCAD 背景預設為無(黑色)。

    b.　單色：選取單一顏色作為背景顏色。

c. 漸層：出現「背景」對話視窗，如圖 9-15。以內定「紅綠藍」三原色做成漸層式背景。點選頂/中/底三色板即可改變漸層顏色。去除「□三色」前的選項，則以兩種顏色作漸變式背景；在「旋轉」設定框中，設定旋轉角度，可以改變漸層式背景的角度。

▲ 圖 9-15 「背景」對話視窗

d. 影像：以影像圖片做背景。

e. 日光和天空：調整日光和天空的性質。

f. □將日光性質與視圖一起儲存：將日光特性與視圖一起儲存替代系統內定不儲存的設定。

5. 　更新圖層(L)　：更新與所選具名視圖一起儲存的圖層設定值，以便與目前模型空間或配置視埠中的圖層設定值相符。

6. 　編輯邊界(B)...　：設定視圖的邊界範圍。

7. 　刪除(D)　：刪除具名視圖。

三、範例

將圖 9-16(a)以東南等角具名的視圖(VIEW)儲存，並從前、上、右三個觀測方向觀看得(b)、(c)、(d)圖。

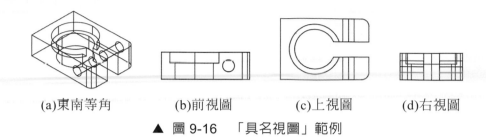

(a)東南等角　　　(b)前視圖　　　(c)上視圖　　　(d)右視圖

▲ 圖 9-16　「具名視圖」範例

步驟：

1.　指令：[視圖管理員...]
　　出現圖 9-13「視圖管理員」對話視窗，按[新建(N)...]出現圖 9-14「新視圖/快照性質」對話視窗，在視圖名稱(N)中輸入東南等角，後按[確定]，完成(a)圖東南等角的視圖儲存。

2.　在圖 9-13「視圖管理員」對話視窗的視圖(V)視窗中分別選取前視圖、上視圖、右視圖，後按[設為目前的(C)]、[套用(A)]重複步驟 1 得(b)、(c)、(d)圖。

● 9-4-2　3D 環轉

拖曳游標做旋轉動態觀測。

一、指令輸入的方式

1.　繪圖區：導覽列→

　　　✓　環轉
　　　　　自由環轉
　　　　　連續環轉

2.　功能區：《檢視》→〈導覽〉→ 環轉

　　　　環轉
　　　　自由環轉
　　　　連續環轉

二、指令提示

指令：
　　　[環轉]
　　　<按 Esc 或 Enter 結束，或按滑鼠右鍵來顯示快顯功能表，如圖 9-17

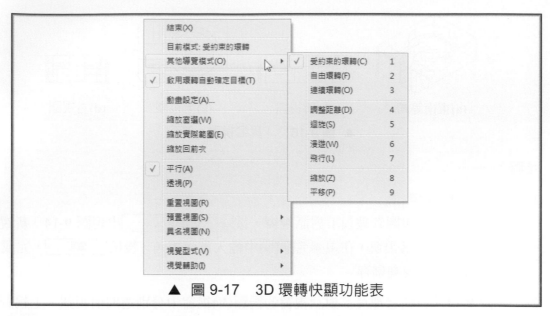

▲ 圖 9-17　3D 環轉快顯功能表

【說明】

1. ![環轉]　受約束的環轉(3DORBIT)：拖曳游標做旋轉動態觀測。

2. ![自由環轉]　自由環轉(3DFORBIT)：拖曳游標於一個有四個小圓球的弧球上，做旋轉動態觀測。游標在弧球上不同位置會產生不同的圖示，具有不同的作用，說明如下：

   (1) ⊕：游標在弧球內，物體有如放置於一個圓球內，可自由的旋轉。

   (2) ⊕：游標在上、下兩個圓球上，物體將繞著水平軸旋轉。

   (3) ⊕：游標在左、右兩個圓球上，物體將繞著垂直軸旋轉。

   (4) ⊙：游標在弧球外，物體將繞著弧球中心且垂直螢幕的軸旋轉。

3. ![連續環轉]　連續環轉(3DCORBIT)：物件會依拖曳游標方向做連續動態旋轉。

● 9-4-3　操控盤(Steering Wheels)

將螢幕顯示控制與物件檢視功能統整於一個輪盤上。

一、指令輸入的方式

繪圖區：導覽列→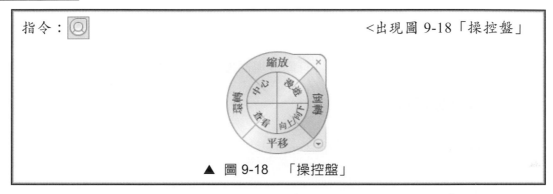

完整導覽操控盤

二、指令提示

指令：⊚　　　　　　　　　　　　　　　＜出現圖 9-18「操控盤」

▲　圖 9-18　　「操控盤」

【說明】

1. 圖 9-18 操控盤會隨著游標移動，操控盤移到所要的位置時，將游標移到所要執行的輪盤指令上，後按住滑鼠左鍵不放執行指令。

2. 縮放：功能同 2-2 章節的即時縮放。

3. 環轉：功能同 9-4-2 章節的受約束的環轉。

4. 平移：功能同 2-3 章節的即時平移。

5. 倒轉：變更為之前或之後的視圖。

6. 中心：功能同 2-2 章節的縮放中心點。

7. 查看：左右環轉物件。

8. 向上向下：上、下移動物件。

9. 漫遊：上、下、左、右快速移動物件。

10. ×：關閉操控盤。

9-5 3D 實體

複雜的 3D 實體的建立是由 AutoCAD 提供的基本實體元件如：方塊、圓球、圓柱、圓錐、楔形塊、圓環或由 2D 聚合線經由擠出、迴轉，加以聯集、差集、交集等布林運算與編修來形成的，其繪圖指令放置於 3D 塑性或 3D 基礎工作區中。

9-5-1 聚合實體(POLYSOLID)

將線、弧、圓等物件建立成具有厚度與高度的 3D 實體。

一、指令輸入的方式

功能區：《常用》→〈塑型〉→ 聚合實體

二、指令提示

> 指令：聚合實體
>
> 高度=80, 寬度=5, 對正方式=置中
> 指定起點或[物件(O) 高度(H) 寬度(W) 對正(J)]<物件>：　　　<指定起點
> 指定下一個點或[弧(A) 退回(U)]：

【說明】

1. 物件(O)：選取已存在的物件。

2. 高度(H)：設定實體的擠出高度。

3. 寬度(W)：設定實體的擠出寬度。

4. 對正(J)：設定所繪出的圖元尺寸，採用由原圖元的左、右或中間計算，如圖 9-19。

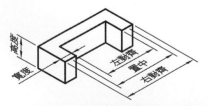

▲ 圖 9-19　聚合實體對正型式

5.　弧(A)：由平面轉換成繪製曲面，指令次選項操作方式同聚合線。

> 指定下一個點或[弧(A)　退回(U)]：A
> 指定弧端點或[方向(D)　線(L)　第二點(S)　退回(U)]：
> 指定下一個點或[弧(A)　退回(U)]：

● 9-5-2　方塊(BOX)

建立 3D 實體的方塊。

一、指令輸入的方式

功能區：《常用》 → 〈塑型〉 →

二、指令提示

> 指令：□ 方塊
> 指定第一個角點或[中心點(C)]：　　　　　　　　　<選取方塊角點
> 指定其他角點或[立方塊(C)　長度(L)]：　　　　　<選取方塊另一角點
> 指定高度或[兩點(2P)]<10>：　　　　　　　　　　<輸入方塊高度

【說明】

1.　中心點(C)：指定方塊的中心點位置。

2.　立方塊(C)：建立一個立方塊。

3.　長度(L)：依據指定長、寬、高繪製方塊，如圖 9-20。

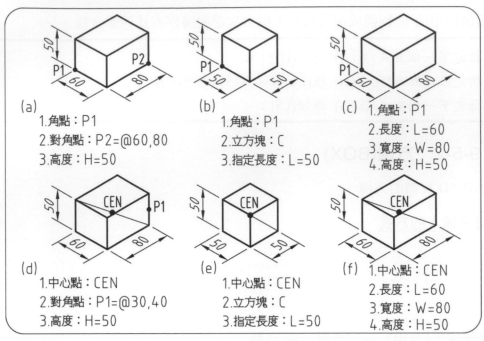

▲ 圖 9-20 方塊各型式

● 9-5-3 圓柱(CYLINDER)

建立 3D 圓柱。

一、指令輸入的方式

功能區：《常用》→〈塑型〉→ 圓柱

二、指令提示

指令： 圓柱

指定底部的中心點或[三點(3P) 兩點(2P) 相切、相切、半徑(T) 橢圓(E)]：

　　　　　　　　　　　　　　　　　　　　　　　　<選取圓柱中心點

指定底部半徑或[直徑(D)]<10>：　　　　　　　　<輸入圓柱半徑值或 D

指定高度或[兩點(2P) 軸端點(A)]<100>：　　　　<輸入圓柱高度

【說明】

1.　三點(3P)：建立以三點定直徑的圓柱。

2.　兩點(2P)：建立以二點形成直徑的圓柱。

3. 相切、相切、半徑(T)：以相切、相切、半徑的方式建立直徑的圓柱。

4. 橢圓(E)：建立橢圓形柱。

5. 軸端點(A)：指定圓柱的高度與圓柱傾斜的角度，如圖 9-21。

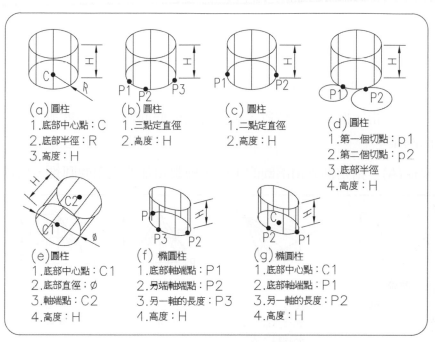

(a) 圓柱
1. 底部中心點：C
2. 底部半徑：R
3. 高度：H

(b) 圓柱
1. 三點定直徑
2. 高度：H

(c) 圓柱
1. 二點定直徑
2. 高度：H

(d) 圓柱
1. 第一個切點：p1
2. 第二個切點：p2
3. 底部半徑
4. 高度：H

(e) 圓柱
1. 底部中心點：C1
2. 底部直徑：∅
3. 軸端點：C2
4. 高度：H

(f) 橢圓柱
1. 底部軸端點：P1
2. 另端軸端點：P2
3. 另一軸的長度：P3
4. 高度：H

(g) 橢圓柱
1. 底部中心點：C1
2. 底部軸端點：P1
3. 另一軸的長度：P2
4. 高度：H

▲ 圖 9-21　圓柱各型式

9-5-4　圓錐(CONE)

建立 3D 圓錐。

一、指令輸入的方式

功能區：《常用》→〈塑型〉→ 圓錐

二、指令提示

指令：圓錐

指定底部的中心點或[三點(3P) 兩點(2P) 相切、相切、半徑(T) 橢圓(E)]：
　　　　　　　　　　　　　　　　　　　<選取圓錐中心

指定底部半徑或[直徑(D)]<10>：　　　　　<輸入半徑值或 D

指定高度或[兩點(2P) 軸端點(A) 頂部半徑(T)]<10>：　<輸入高度或 A

【說明】

1.　三點(3P)：以三點建立圓錐底圓。

2.　兩點(2P)：以直徑的二點建立圓錐底圓。

3.　相切、相切、半徑(T)：以相切、相切、半徑的方式建立圓錐底圓。

4.　橢圓(E)：建立底面為橢圓形的橢圓錐。

5.　直徑(D)：指定圓錐底圓直徑。

6.　軸端點(A)：指定圓錐頂點位置，可同時改變底面傾斜的高度與角度，繪製底面傾斜的圓錐。

7.　頂部半徑(A)：指定圓錐頂部圓的半徑，繪製頂部非尖型的圓錐，如圖 9-22。

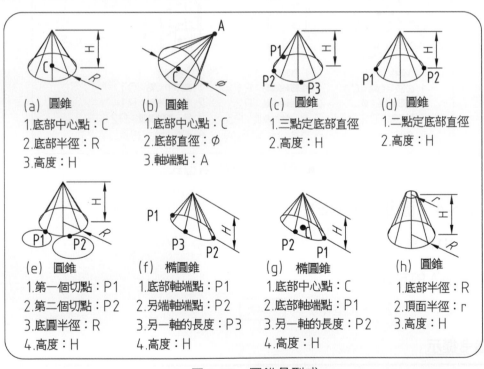

▲ 圖 9-22　圓錐各型式

9-5-5　圓球(SPHERE)

建立 3D 圓球。

一、指令輸入的方式

功能區:《常用》→〈塑型〉→ ◯ 圓球

二、指令提示

指令: ◯ 圓球

指定中心點或[三點(3P) 兩點(2P) 相切、相切、半徑(T)]:　　<輸入圓球中心點

指定半徑或[直徑(D)]<10>:　　　　　　　　　　　<輸入半徑值或 D

【說明】

1. 三點(3P):建立以三點定直徑的圓球。

2. 兩點(2P):建立以二點形成直徑的圓球。

3. 相切、相切、半徑(T):以相切、相切、半徑的方式建立直徑的圓球。

4. 直徑(D):指定圓球直徑,如圖 9-23。

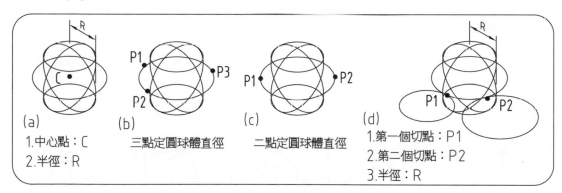

▲ 圖 9-23　圓球各型式

◉ 9-5-6　角錐(PYRAMID)

建立 3～32 邊的 3D 角錐。

一、指令輸入的方式

功能區:《常用》→〈塑型〉→ △角錐

二、指令提示

指令：⬜ 角錐

4 條邊外切

指定底部的中心點或[邊(E) 邊數(S)]：　　　　　　　　　<選取角錐中心

指定底部半徑或[內接(I)]<10>：　　　　　　　　　　　<輸入半徑值或 I

指定高度或[兩點(2P) 軸端點(A) 頂部半徑(T)]<10>：　　<輸入高度或 A

【說明】

1. 中心點：指定角錐底面的中心位置。

2. 邊(E)：指定角錐底面邊線的長度。

3. 邊數(S)：指定角錐的邊數。

4. 底部半徑或內接(I)：輸入底部半徑或外切(C)時，皆繪出以外切圓為半徑的角錐；反之，若輸入內接(I)則繪出以內接圓為半徑的角錐。

5. 指定高度或兩點(2P)：定出正角錐的高度。

6. 軸端點(A)：設定角錐頂點，可同時改變底面傾斜的高度與角度，繪製底面傾斜的角錐。

7. 頂部半徑(T)：指定角錐頂部圓的半徑，繪製頂部非尖型的角錐，如圖 9-24。

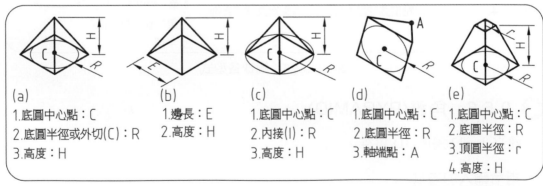

▲ 圖 9-24　角錐各型式

⬤ 9-5-7　楔形塊(WEDGE)

建立 3D 的楔形塊。

一、指令輸入的方式

功能區：《常用》→〈塑型〉→ 楔形塊

二、指令提示

```
指令： 楔形塊
指定第一個角點或[中心點(C)]：              <輸入第一點
指定其他角點或[立方塊(C)　長度(L)]：       <輸入另一角點或 C、L
指定高度或[兩點(2P)]<10>：                 <輸入高度
```

【說明】

1.　中心點(C)：指定楔形塊的中心點。

2.　立方塊(C)：建立一個立方的楔形塊。

3.　長度(L)：依據指定長、寬、高建立楔形塊，如圖 9-25。

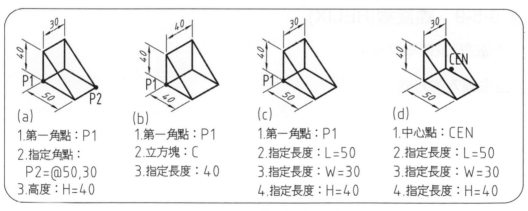

▲ 圖 9-25　楔形塊各型式

⬤ 9-5-8　圓環(TORUS)

建立 3D 圓環。

一、指令輸入的方式

功能區：《常用》→〈塑型〉→ 圓環

二、指令提示

指令：⊚ 圓環

指定中心點或[三點(3P) 兩點(2P) 相切、相切、半徑(T)]：　　　<選取中心點

指定半徑或[直徑(D)]<10>：　　　　　　　　　<輸入圓環中心半徑值或 D

指定細管半徑或[兩點(2P) 直徑(D)]<2>：　　　　　<輸入細管半徑值或 D

【說明】

直徑(D)：指定圓環或細管直徑，如圖 9-26。

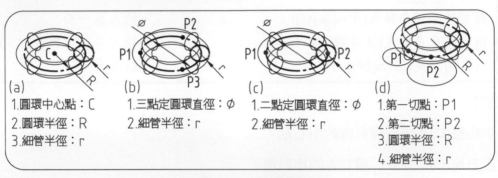

▲ 圖 9-26　圓環各型式

9-5-9　螺旋線(HELIX)

建立圓柱或圓錐螺旋線。

一、指令輸入的方式

功能區：《常用》→〈繪製▼〉→ 螺旋線

二、指令提示

指令： 螺旋線

旋轉數目=3　扭轉=逆時鐘

指定底部的中心點：　　　　　　　　　　　<選取螺旋線圓中心

指定底部半徑或[直徑(D)]<10>：　　　　　　　<輸入底面半徑值或 D

指定頂部半徑或[直徑(D)]<20>：　　　　　　　<輸入頂面半徑值或 D

指定螺旋線高度或[軸端點(A)　旋轉(T)　旋轉高度(H)　扭轉(W)]<50>：
<輸入高度

【說明】

1. 軸端點(A)：指定旋轉軸的另一端點。

2. 旋轉(T)：設定旋轉圈數。須搭配旋轉高度(H)或螺旋線高度使用。

3. 旋轉高度(H)：設定螺距的大小。須搭配旋轉(T)或螺旋線高度使用。

4. 扭轉(W)：設定扭轉方向為順時鐘或逆時鐘，如圖 9-27。

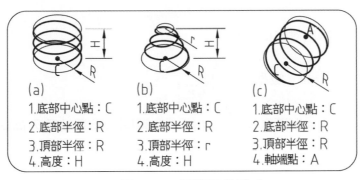

▲ 圖 9-27　螺旋線各型式

9-5-10　擠出(EXTRUDE)

由聚合線或面域所形成的 2D 平面物件，沿著指定的路徑，擠製成 3D 實體。

一、指令輸入的方式

功能區：《常用》→〈塑型〉→

二、指令提示

指令：　擠出

選取要擠出的物件或[模式(MO)]：　　　　<選取聚合線或面域的物件

選取要擠出的物件或[模式(MO)]： `Enter`　　　　　<結束選取

指定擠出高度或[方向(D)　路徑(P)　推拔角度(T)　表示式(E)]<50>：

　　　　　　　　　　　　　　　　　　　　　　　　<輸入擠出高度

【說明】

1. 模式(MO)：設定建立的物件是實體或曲面。

2. 方向(D)：指定擠出軸的起、終點。

3. 路徑(P)：指定一個參考物件做為擠出的路徑方向，此物件需為聚合線才可以進行。

4. 推拔角度(T)：擠出錐形的角度。

5. 功能區：《常用》→〈塑型〉→ 按拉

　　其功能同擠出指令中指定高度的功能，在範圍內點選並輸入高度，即能擠出高度，但其草圖將保留不會刪除。

三、範例

以擠出(EXTRUDE)指令完成圖 9-28(b)及(c)。（路徑為聚合線）

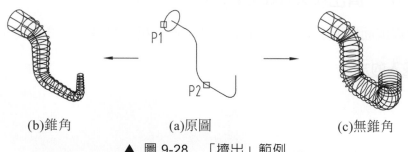

(b)錐角　　　　　　　(a)原圖　　　　　　　(c)無錐角

▲ 圖 9-28　「擠出」範例

指令： 擠出

選取要擠出的物件或[模式(MO)]：P1　找到 1 個　　　<選取物件

選取要擠出的物件或[模式(MO)]：`Enter`　　　　　　<結束選取

指定擠出高度或[方向(D)　路徑(P)　推拔角度(T)　表示式(E)]<50>：P

　　　　　　　　　　　　　　　　　　　<以路徑方式擠出

選取擠出路徑或[推拔角度(T)]：T

指定擠出的推拔角度或[表示式(E)]<0>：3

選取擠出路徑：P2　<沿 P2 之路徑，得(b)圖；重複以上步驟不做錐角，得(c)圖

9-5-11　迴轉(REVOLVE)

將聚合線或面域所形成的 2D 平面物件，繞著一定軸迴轉建立實體。

一、指令輸入的方式

功能區：《常用》→〈塑型〉→　迴轉

二、指令提示

指令：　迴轉

選取要迴轉的物件或[模式(MO)]：　　　　　　　<選取聚合線或面域物件

選取要迴轉的物件或[模式(MO)]：　Enter　　　　<選取結束

指定軸起點或依據[物件(O) X Y Z]<物件>來定義軸：

　　　　　　　　　　　　　　　　<選取迴轉軸起點或其它選項

指定軸端點：　　　　　　　　　　　　<選取迴轉軸端點

指定迴轉角度或[起始角度(ST) 反轉(R) 表示式(EX)]<360>：　<輸入迴轉角度

【說明】

1.　物件(O)：指定一個物件為參考軸，且繞著該軸迴轉。

2.　X、Y、Z：以目前 UCS 的 X、Y、Z 正向為參考軸，繞著該軸迴轉。

3.　起始角度(ST)：設定起點與終點的角度值。

4.　反轉(R)：設定與內定的迴轉方向相反。

三、範例

1.　以迴轉(REVOLVE)指令完成圖 9-29(b)。

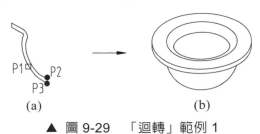

(a)　　　　　　　　　　　　(b)

▲ 圖 9-29　「迴轉」範例 1

指令：🖱️迴轉

選取要迴轉的物件或[模式(MO)]：P1　找到 1 個　　　<選取欲迴轉物件

選取要迴轉的物件或[模式(MO)]：Enter　　　　　　<選取結束

指定軸起點或依據[物件(O) X Y Z]<物件>來定義軸：P2　　<選取迴轉軸起點

指定軸端點：P3　　　　　　　　　　　　　　　<選取迴轉軸端點

指定迴轉角度或[起始角度(ST)　反轉(R)　表示式(EX)]<360>：Enter

<輸入迴轉角度

2.　以迴轉(REVOLVE)指令完成圖 9-30(b)。

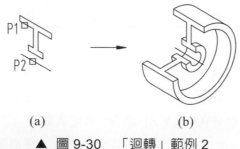

(a)　　　　　　　　　　　(b)

▲ 圖 9-30　「迴轉」範例 2

指令：🖱️迴轉

選取要迴轉的物件或[模式(MO)]：P1　找到 1 個　　　<選取欲迴轉物件

選取要迴轉的物件或[模式(MO)]：Enter　　　　　　<選取結束

指定軸起點或依據[物件(O) X Y Z]<物件>來定義軸：O　　<選取迴轉軸起點

選取一個物件：P2　　　　　　　　　　　　　　<繞 P2 迴轉

指定迴轉角度或[起始角度(ST)　反轉(R)　表示式(EX)]<360>：R

<反轉迴轉方向

指定迴轉角度或[起始角度(ST)　反轉(R)　表示式(EX)]<360>：270

<輸入迴轉角度

9-5-12　掃掠(SWEEP)

以平面開放或封閉的圖元作為輪廓，沿開放或封閉的圖元所形成的路徑，建立 3D 的實體或曲面。

一、指令輸入的方式

功能區：《常用》→〈塑型〉→ 掃掠

二、指令提示

指令： 掃掠

選取要掃掠的物件或[模式(MO)]：　　　　　　　<選取聚合線或面域的物件

選取要掃掠的物件或[模式(MO)]：　　　　　　　<結束選取

選取掃掠路徑或[對齊方式(A)　基準點(B)　比例(S)　扭轉(T)]<50>：

　　　　　　　　　　　　　　　　　　　　<輸入掃掠路徑

【說明】

1. 路徑：指定一個開放或封閉的圖元做為掃掠的路徑。

2. 對齊方式(A)：設定輪廓圖元是否要與路徑垂直。內定值為垂直，所以輪廓圖元可與路徑圖元繪於同一平面。

3. 基準點(B)：指定輪廓圖元上沿路徑圖元掃出的點，若未指定則以系統內定點作掃掠的動作。

4. 比例(S)：設定輪廓圖元沿路徑圖元掃出時，起點到終點輪廓圖元的放大與縮小的比例。

5. 扭轉(T)：設定輪廓圖元在掃掠過程隨著路徑而扭轉的角度，如圖 9-31。

(a)原圖

(b)基準點 P1

(c)基準點 P2

(d)基準點 P2
扭轉 20 度

(e)基準點 P2
比例 0.5

▲ 圖 9-31　掃掠的基準點、扭轉、比例設定

三、範例

以掃掠(SWEEP)指令配合螺旋線指令完成自由長度 28，線徑 $\phi4$，平均直徑 $\phi16$，總圈數 5 圈，左旋的彈簧，如圖 9-32(b)。

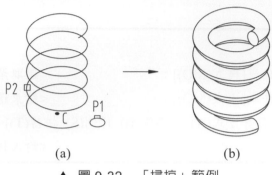

(a)　　　　　　　　　　　(b)

▲ 圖 9-32 「掃掠」範例

指令：🌀
　　　　螺旋線

旋轉數目=3　扭轉=逆時鐘

指定底部的中心點：C　　　　　　　　　　　　　　<選取螺旋線圓中心

指定底部半徑或[直徑(D)]<20>：16 Enter　　　　<輸入底部半徑值

指定頂部半徑或[直徑(D)]<16>：Enter　　　　　<輸入頂部半徑值

指定螺旋線高度或[軸端點(A) 旋轉(T) 旋轉高度(H) 扭轉(W)]<50>：W
　　　　　　　　　　　　　　　　　　　　　　　　<輸入旋向

輸入螺旋線的扭轉方向[順時鐘(CW) 逆時鐘(CCW)]<CCW>：CW

指定螺旋線高度或[軸端點(A) 旋轉(T) 旋轉高度(H) 扭轉(W)]<1>：T

輸入旋轉數目<3>：5　　　　　　　　　　　　　　<輸入旋轉數目

指定螺旋線高度或[軸端點(A) 旋轉(T) 旋轉高度(H) 扭轉(W)]<1>：28
　　　　　　　　　　　　　　　　　　　　　　　　<輸入高度

指令：掃掠

選取要掃掠的物件或[模式(MO)]：P1 找到 1 個　　　<選取聚合線

選取要掃掠的物件或[模式(MO)]：Enter　　　　　<結束選取

選取掃掠路徑或[對齊方式(A) 基準點(B) 比例(S) 扭轉(T)]<50>：P2
　　　　　　　　　　　　　　　　　　　　　　　<選取路徑，得(b)圖

◉ 9-5-13　斷面混成(LOFT)

建立兩個或兩個以上在不同平面的外形輪廓圖元，沿著一條路徑或一組導引線，建立 3D 的實體或曲面。

一、指令輸入的方式

功能區：《常用》→〈塑型〉→ ▢斷面混成

二、指令提示

指令：▢斷面混成

以斷面混成順序選取斷面或[點(PO)　接合多條邊(J)　模式(MO)]：　＜選取物件

以斷面混成順序選取斷面或[點(PO)　接合多條邊(J)　模式(MO)]：　＜選取物件

以斷面混成順序選取斷面或[點(PO)　接合多條邊(J)　模式(MO)]：　＜結束選取

輸入選項[導引(G)　路徑(P)　僅限斷面(C)　設定(S)]＜僅限斷面＞：　＜輸入選項

【說明】

1. 點(PO)：如果選取「點」選項，必須同時選取一條封閉曲線。

2. 接合多條邊(J)：將實體或曲面上多條首尾相連的直線或曲線接合為一個斷面。

3. 導引(G)：以一組導引線引導各外形輪廓作混成動作。

4. 路徑(P)：以一條路徑圖元引導各外形輪廓作混成動作。

5. 僅限斷面(C)：由系統自行將各外形輪廓依內定的運算作混成動作。

6. 設定(S)：對混成的物件作細部的設定。

三、範例

以斷面混成(LOFT)指令完成圖 9-33(b)、(c)、(d)。

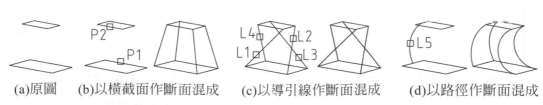

(a)原圖　(b)以橫截面作斷面混成　(c)以導引線作斷面混成　(d)以路徑作斷面混成

▲ 圖 9-33　「斷面混成」範例

指令： ⊙ 斷面混成

以斷面混成順序選取斷面或[點(PO) 接合多條邊(J) 模式(MO)]：P1　找到 1 個

                  ＜選取物件

以斷面混成順序選取斷面或[點(PO) 接合多條邊(J) 模式(MO)]：P2 找到 1 個，
共 2   ＜選取物件

以斷面混成順序選取斷面： Enter   ＜結束選取

輸入選項[導引(G) 路徑(P) 僅限斷面(C) 設定(S)]<僅限斷面>： Enter

       ＜出現「斷面混成設定」對話視窗，按 確定 得(b)圖

指令： ⊙ 斷面混成

以斷面混成順序選取斷面或[點(PO) 接合多條邊(J) 模式(MO)]：P1　找到 1 個

                  ＜選取物件

以斷面混成順序選取斷面或[點(PO) 接合多條邊(J) 模式(MO)]：P2 找到 1 個，
共 2   ＜選取物件

以斷面混成順序選取斷面或[點(PO) 接合多條邊(J) 模式(MO)]： Enter

                  ＜結束選取

輸入選項[導引(G) 路徑(P) 僅限斷面(C) 設定(S)]<僅限斷面>：G

               ＜以導引線作混成

選取導引輪廓或[接合多條邊(J)]：L1　找到 1 個

選取導引輪廓或[接合多條邊(J)]：L2　找到 1 個，共 2

選取導引輪廓或[接合多條邊(J)]：L3　找到 1 個，共 3

選取導引輪廓或[接合多條邊(J)]：L4　找到 1 個，共 4

選取導引輪廓或[接合多條邊(J)]： Enter   ＜得(c)圖

指令： ⊙ 斷面混成

以斷面混成順序選取斷面或[點(PO) 接合多條邊(J) 模式(MO)]：P1　找到 1 個

                  ＜選取物件

以斷面混成順序選取斷面或[點(PO) 接合多條邊(J) 模式(MO)]：P2 找到 1 個，
共 2   ＜選取物件

以斷面混成順序選取斷面或[點(PO) 接合多條邊(J) 模式(MO)]： Enter

	<結束選取
輸入選項[導引(G) 路徑(P) 僅限斷面(C) 設定(S)]<僅限斷面>：P	
	<以路徑作混成
選取路徑輪廓：L5	<得(d)圖

9-6　3D 實體編輯

可對實體或同平面的面域執行聯集、交集、差集之布林運算，再加上其他的編輯指令，可建構出複雜的面域或實體。

9-6-1　聯集(UNION)

對兩個或兩個以上的 2D 面域或 3D 實體物件合成一個新面域或實體。

一、指令輸入方式

功能區：《常用》→〈實體編輯〉→ 實體，聯集

二、指令提示

指令：實體，聯集	
選取物件：	<選取物件
選取物件：	<結束選取

三、範例

以聯集(UNION)指令，完成圖 9-34(b)。

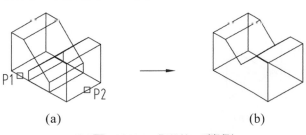

(a)　　　　　　　　(b)

▲ 圖 9-34　「聯集」範例

```
指令：   實體，聯集

選取物件：P1　找到 1 個

選取物件：P2　找到 1 個，共 2

選取物件： Enter                           <得(b)圖
```

● 9-6-2　差集(SUBTRACT)

對兩個或兩個以上的 2D 面域或 3D 實體，相減成一個新面域或實體。

一、指令輸入方式

功能區：《常用》→〈實體編輯〉→ 實體，差集

二、指令提示

```
指令：   實體，差集

選取要從中減去的實體、曲面或面域...

選取物件：                             <選取要被差集的物件

選取物件： Enter                        <結束選取

選取要減去的實體、曲面和面域...

選取物件：                             <選取要減去的物件

選取物件： Enter                        <結束指令
```

三、範例

以差集(SUBTRACT)指令，完成圖 9-35(b)。

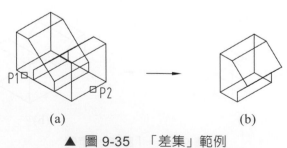

(a)　　　　　　　　　→　　　　　　(b)

▲ 圖 9-35　「差集」範例

指令：

選取要從中減去的實體、曲面或面域...

選取物件：P1　找到 1 個

選取物件：Enter

選取要減去的實體、曲面和面域...

選取物件：P2　找到 1 個

選取物件：Enter　　　　　　　　　　　　　<得(b)圖

● 9-6-3　交集(INTERSECT)

　　對兩個或兩個以上的 2D 面域或 3D 實體，保留共同擁有的部份，成為一個新面域或實體。

一、指令輸入方式

　　功能區：《常用》→〈實體編輯〉→

二、指令提示

指令：

選取物件：　　　　　　　　　　　　　　　<選取要交集物件

選取物件：　　　　　　　　　　　　　　　<結束指令

三、範例

　　以交集(INTERSECT)指令，完成圖 9-36(b)。

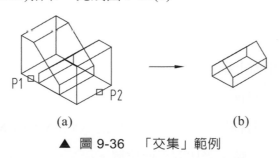

(a)　　　　　　　　　　　　　(b)

▲ 圖 9-36　「交集」範例

指令：
實體, 交集

選取物件：P1　找到 1 個

選取物件：P2　找到 1 個，共 2

選取物件：Enter　　　　　　　　　　　　　　　<得(b)圖

9-6-4 切割(SLICE)

將實體作部份元件的去除分離。

一、指令輸入的方式

功能區：《常用》→〈實體編輯〉→
切割

二、指令提示

指令：
切割

選取要切割的物件：　　　　　　　　　　　　<選取要切割的實體

選取要切割的物件：Enter　　　　　　　　　<結束選取

指定切割平面的起點或[平面物件(O)　曲面(S) Z 軸(Z)　視圖(V) XY(XY) YZ(YZ)
ZX(ZX)　三點(3)]<三點>：　　　　　<指定切割面第一點或輸入其他選項

在平面指定第二點：　　　　　　　　　　　　<指定切割面第二點

在所需的邊上指定一個點或[保留兩邊(B)]<保留兩邊>：

　　　　　　　　　　　　　　　　　　　　<選擇要保留的一邊或 B

【說明】

1. 平面物件(O)：選取一個圓、橢圓、弧、2D 雲形線或 2D 聚合線為切割平面。

2. 曲面(S)：選取曲面作為切割平面。

3. Z 軸(Z)：依剖面平面上指定一點的 Z 軸即法線方向為切割平面。

4. 視圖(V)：以對齊於目前之 UCS 平面為切割平面。

5. XY、YZ、ZX：以對齊於目前之 UCS 座標的 XY、YZ、ZX 平面為切割平面。

6. 三點(3)：選取相異三點定義切割平面位置。

三、範例

1. 以切割(SLICE)指令，以物件與三點方式定切割平面，完成圖 9-37(c)。

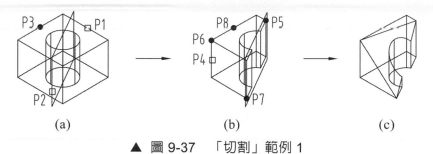

(a)   (b)   (c)

▲ 圖 9-37   「切割」範例 1

指令：

切割

選取要切割的物件：P1   找到 1 個   <選取要切割的實體

選取要切割的物件： Enter   <結束選取

指定切割平面的起點或[平面物件(O) 曲面(S) Z 軸(Z) 視圖(V) XY(XY) YZ(YZ)

ZX(ZX) 三點(3)]<三點>：O   <以物件方式切割

選取圓、橢圓、弧、2D 雲形線、2D 聚合線以定義切割平面：P2   <切割面

在所需的邊上指定一個點或[保留兩邊(B)]<兩邊>：P3

<選擇要保留的一邊，得(b)圖

指令： Enter

選取要切割的物件：P4   找到 1 個   <選取要切割的實體

選取要切割的物件： Enter   <結束選取

指定切割平面的起點或[平面物件(O) 曲面(S) Z 軸(Z) 視圖(V) XY(XY)

YZ(YZ) ZX(ZX) 三點(3)]<三點>： Enter   <以定三點方式切割

在平面指定第一點：P5   <切割點

在平面指定第二點：P6   <切割點

在平面指定第三點：P7   <切割點

在所需的邊上指定一個點或[保留兩邊(B)]<兩邊>：P8

<選擇要保留的一邊，得(c)圖

---

2. 以切割(SLICE)指令，以 Z 軸方式定切割平面，完成圖 9-38(b)。

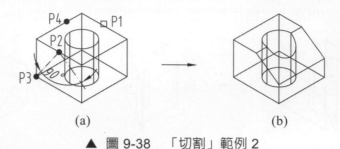

(a) → (b)

▲ 圖 9-38 「切割」範例 2

指令：切割

選取要切割的物件：P1 找到 1 個　　　　　　　　　＜選取要切割的實體

選取要切割的物件：Enter　　　　　　　　　　　　＜結束選取

指定切割平面的起點或[平面物件(O)　曲面(S) Z 軸(Z)　視圖(V) XY(XY)
YZ(YZ) ZX(ZX)　三點(3)]＜三點＞：Z　　　　　＜以 Z 軸方式切割

在剖面平面上指定一點：_mid 於 P2　　　　　　　＜指定切割面

在平面的 Z 軸(法線)上指定一點：P3　　　　　　　＜指定切割面

在所需的邊上指定一個點或[保留兩邊(B)]＜兩邊＞：P4

　　　　　　　　　　　　　＜指定在 Z 軸方向保留的一邊，得(b)圖

● 9-6-5　干涉檢查(INTERFERE)

產生實體與實體相交處的交集實體。

一、指令輸入的方式

功能區：《常用》→〈實體編輯〉→ 干涉

二、指令提示

指令：干涉

選取第一組物件或[巢狀選取(N)　設定(S)]：　　　　＜選取要在同一組的實體

選取第一組物件或[巢狀選取(N)　設定(S)]：　　　　＜選取要在同一組的實體

> 選取第一組物件或[巢狀選取(N)　設定(S)]：｜Enter｜　　＜結束選取
>
> 選取第二組物件或[巢狀選取(N)　檢查第一組(K)]＜檢查＞：
>
> 　　　　　　　　　　　　　　　　　　＜選取要在第二組的實體
>
> 選取第二組物件或[巢狀選取(N)　檢查第一組(K)]＜檢查＞：｜Enter｜
>
> 　　＜螢幕會出現紅色干涉處，並出現「干涉檢查」對話視窗以輔助觀看干涉情形

【說明】

1. 巢狀選取(N)：使用者可以選擇嵌套在圖塊或外部參考中的單個實體圖元。

2. 設定(S)：顯示「干涉檢查」對話視窗，以設定所產生的干涉實體顯示的情形。

3. 要產生干涉的實體全部在同一組時，會檢查所有的實體，彼此是否有產生干涉。

4. 要產生干涉的實體分佈在二組時，只會檢查第一組與第二組的實體，彼此是否有產生干涉，而忽略第二組實體之間，彼此是否有產生干涉。

三、範例

以干涉(INTERFERE)指令，將實體分成二組，建立干涉實體，完成圖 9-39(b)。

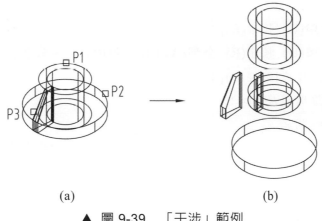

(a)　　　　　　　　　　　　　　(b)

▲ 圖 9-39　「干涉」範例

> 指令：　干涉
>
> 選取第一組物件或[巢狀選取(N)　設定(S)]：P1 找到 1 個
>
> 　　　　　　　　　　　　　　　　　　＜選取要在同一組的實體
>
> 選取第一組物件或[巢狀選取(N)　設定(S)]：｜Enter｜　＜結束選取
>
> 選取第二組物件或[巢狀選取(N)　檢查第一組(K)]＜檢查＞：P2 找到 1 個

```
                                        <選取要在第二組的實體
選取第二組物件或[巢狀選取(N) 檢查第一組(K)]<檢查>：P3 找到 1 個，共 2
選取第二組物件或[巢狀選取(N) 檢查第一組(K)]<檢查>： Enter
                                        <結束選取，得(b)圖
   <螢幕會出現紅色干涉處，並出現「干涉檢查」對話視窗以輔助觀看干涉情形
```

9-6-6　擠出面(SOLIDEDIT)

將實體的面擠出或減少高度。

一、指令輸入方式

功能區：《常用》→〈實體編輯〉→

擠出面

二、指令提示

```
指令：
            擠出面

選取面或[退回(U) 移除(R)]：              <選取實體面
選取面或[退回(U) 移除(R) 全部(ALL)]： Enter  <結束實體面選取
指定擠出的高度或[路徑(P)]：
指定擠出的錐形角度<0>：
實體檢驗已經開始。
實體檢驗已完成。                        <結束實體編輯指令
```

【說明】

1.　面(F)：直接點選欲擠出之實體面。

2.　移除(R)：將已選取欲擠出之實體面取消。

3.　全部(ALL)：選取所有實體面為擠出面。

三、範例

以擠出面(SOLIDEDIT)指令，圖 9-40(b)。

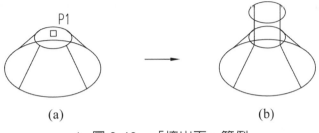

(a)　　　　　　　　　　　　　　(b)

▲ 圖 9-40 　「擠出面」範例

指令：
擠出面

選取面或[退回(U) 移除(R)]：P1 找到 1 個面　　　<選取欲擠出的實體面

選取面或[退回(U) 移除(R) 全部(ALL)]：Enter　　　<結束實體面選取

指定擠出的高度或[路徑(P)]：10 Enter

指定擠出的錐形角度<0>：Enter

實體檢驗已經開始。

實體檢驗已完成。　　　　　　　　　<結束實體編輯指令，得(b)圖

9-6-7　著色面(SOLIDEDIT)

將已完成的實體，變更面的顏色。

一、指令輸入方式

功能區：《常用》→〈實體編輯〉→

著色面

二、指令提示

指令：
著色面

選取面或[退回(U) 移除(R)]：　　　　　　<選取實體端面

選取面或[退回(U) 移除(R) 全部(ALL)]：Enter　　<出現選取顏色對話視窗

> 輸入面編輯選項[擠出(E) 移動(M) 旋轉(R) 偏移(O) 錐形(T) 刪除(D) 複製(C) 顏色(L) 材料(A) 退回(U) 結束(X)]<結束>：Enter　　　　<結束指令

【說明】

1. 面(F)：直接點選欲為著色面之實體面。

2. 移除(R)：將已選取欲為著色面之實體面取消。

3. 全部(ALL)：選取所有實體面為著色面。

三、範例

以著色面(SOLIDEDIT)指令，圖 9-41(b)。

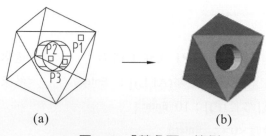

(a)　　　　　　　　　　　　　　　(b)

▲ 圖 9-41「著色面」範例

> 指令：
>
> 選取面或[退回(U) 移除(R)]：P1 找到 1 個面　　　<選取欲著色的實體面
>
> 選取面或[退回(U) 移除(R) 全部(ALL)]：Enter　　　<出現選取顏色對話視窗
>
> 輸入面編輯選項[擠出(E) 移動(M) 旋轉(R) 偏移(O) 錐形(T) 刪除(D) 複製(C) 顏色(L) 材料(A) 退回(U) 結束(X)]<結束>：L　　　<重複著色面
>
> 選取面或[退回(U) 移除(R)]：P2　找到 1 個面
>
> 選取面或[退回(U) 移除(R) 全部(ALL)]：Enter
>
> 輸入面編輯選項[擠出(E) 移動(M) 旋轉(R) 偏移(O) 錐形(T) 刪除(D) 複製(C) 顏色(L) 材料(A) 退回(U) 結束(X)]<結束>：L　　　<重複著色面選取
>
> 選取面或[退回(U) 移除(R)]：P3 找到 1 個面
>
> 選取面或[退回(U) 移除(R) 全部(ALL)]：Enter
>
> 輸入面編輯選項[擠出(E) 移動(M) 旋轉(R) 偏移(O) 錐形(T) 刪除(D) 複製(C) 顏色(L) 材料(A) 退回(U) 結束(X)]<結束>：Enter　　　<得(b)圖

四、技巧要領

當著色面設定完成後,須執行視覺型式或彩現指令,才能顯示出著色面。

● 9-6-8 薄殼(SOLIDEDIT)

建立中空的實體。

一、指令輸入方式

功能區:《常用》→〈實體編輯〉→

二、指令提示

指令:

選取一個 3D 實體: <選取要薄殼的實體

移除面或[退回(U) 加入(A) 全部(ALL)]:   <選取要移除的實體面

移除面或[退回(U) 加入(A) 全部(ALL)]: Enter

輸入薄殼偏移距離: <輸入薄殼距離

實體檢驗已經開始。

實體檢驗已完成。

【說明】

1. 移除面:直接點選欲移除之實體面。

2. 加入(A):加入要產生薄殼的實體面。

3. 全部(ALL):選取所有實體面。

三、範例

以薄殼(SOLIDEDIT)指令,圖 9-42(b)。

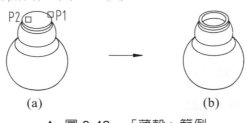

(a)   (b)

▲ 圖 9-42 「薄殼」範例

指令：

薄殼

選取一個 3D 實體：P1

移除面或[退回(U) 加入(A) 全部(ALL)]：P2　　　找到 1 個面，移除 1 個面

<選取要移除的實體面

移除面或[退回(U) 加入(A) 全部(ALL)]：Enter

輸入薄殼偏移距離：2　　　　　　　　　　　　<輸入薄殼距離

實體檢驗已經開始。

實體檢驗已完成。　　　　　　　　　　　　　　<得(b)圖

9-6-9　3D 鏡射(MIRROR 3D)

在 3D 空間中，將對稱於某軸的圖形，僅畫出其半視圖，而另一半視圖以鏡射指令來完成。

一、指令輸入方式

功能區：《常用》→〈修改〉→

3D 鏡射

二、指令提示

指令：

3D 鏡射

選取物件：　　　　　　　　　　　　　　　<選取要鏡射的圖形

.

.

選取物件：　　　　　　　　　　　　　　　<結束選取

指定鏡射平面的第一點(三點)或[物件(O) 最後一個(L) Z 軸(Z) 視圖(V) XY YZ ZX 三點(3)]<三點>：　　　　　<選取形成鏡射平面的方式

【說明】

1.　三點(3)：選取相異三點定義鏡射平面位置。

2.　物件(O)：選取一個圓、橢圓、弧、2D 雲形線或 2D 聚合線為鏡射平面。

3. 最後一個(L)：採用最後一次所使用的平面作為鏡射平面。

4. Z 軸(Z)：在平面上指定一點的 Z 軸即法線方向為鏡射平面。

5. 視圖(V)：以對齊於目前之 UCS 平面為鏡射平面。

6. XY、YZ、ZX：以對齊於目前之 UCS 座標的 XY、YZ、ZX 平面為鏡射平面。

三、範例

以鏡射 3D(MIRROR 3D)指令，完成圖 9-43(b)。

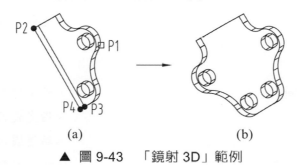

(a)   (b)

▲ 圖 9-43　「鏡射 3D」範例

指令：`3D 鏡射`

選取物件：P1　找到 1 個　　　　　　　　<選取欲鏡射實體

選取物件：`Enter`　　　　　　　　　　　<結束選取

指定鏡射平面的第一點(三點)或[物件(O)　最後一個(L)　Z 軸(Z)　視圖(V)　XY　YZ　ZX　三點(3)]<三點>：P2　　　　<以定三點方式鏡射

請在鏡射平面上指定第二點：P3

請在鏡射平面上指定第三點：P4

刪除來源物件？[是(Y)　否(N)]<否>：`Enter`　　　<得(b)圖

9-6-10　3D 旋轉(3D ROTATE)

在 3D 空間中，將物件繞著指定中心軸旋轉一個角度。

一、指令輸入方式

功能區：《常用》→〈修改〉→ `3D 旋轉`

方式一

以旋轉軸旋轉角度，改變物體實際的角度。

二、指令提示

指令：

3D 旋轉

目前使用者座標系統中的正向角：ANGDIR=逆時鐘方向　ANGBASE=0

選取物件：　　　　　　　　　　　　　　　<選取要旋轉的圖形

　．

　．

選取物件： Enter 　　　　　　　　　<結束選取

指定基準點：　　　　　　　　　　　<指定旋轉的中心點

點選旋轉軸：　　　　　　　　　　<點選圖示上要旋轉的轉軸

指定角度起點或鍵入一個角度：　　　<輸入起點或旋轉角度

【說明】

在指定角度的起點輸入角度值，其值即為旋轉角度。

方式二

以 ViewCube 旋轉角度，不改變物體實際的角度，只改變視圖呈現的角度。

【說明】

1. 將選框移到右上方 ViewCube 圖示上，選框會轉換成箭頭，如圖 9-44。

2. 在圖 9-44 的圓環上按著左鍵，可繞著垂直軸左右旋轉；點選上下左右箭頭，可繞著上下、左右旋轉，改變視圖平面；點選角度箭頭，可順時針或逆時針旋轉 90 度。

▲ 圖 9-44　改變視圖平面與角度

3. 可點選角、邊或面以內定的等角視圖、只呈現兩個面的視圖或平面視圖來呈現，
   如圖 9-45。

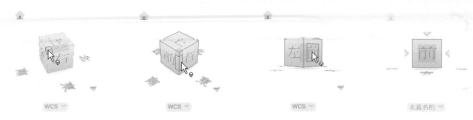

▲ 圖 9-45　點選呈現等角視圖、兩平面與平面視圖

4. 點選圖 9-44 左上方 ⌂ 圖示可回復上一個視圖。

5. 點選圖 9-44 右下方 ▽ 圖示出現圖 9-46，以設定 ViewCube 視圖呈現方式。

6. 點選圖 9-46 的 ViewCube 設定...，出現圖 9-47「ViewCube 設定」對話視窗，以
   設定 ViewCube 的外觀。

▲ 圖 9-46　ViewCube 設定

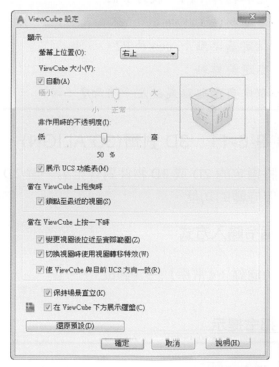

▲ 圖 9-47　「ViewCube 設定」對話視窗

三、範例

以旋轉 3D(ROTATE3D)指令，完成圖 9-48(b)。

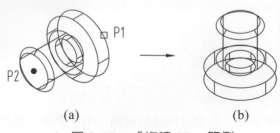

(a) → (b)

▲ 圖 9-48　「旋轉 3D」範例

指令： 🔲 3D 旋轉	
目前使用者座標系統中的正向角：ANGDIR=逆時鐘方向　ANGBASE=0	
選取物件：P1　找到 1 個	<選取要旋轉的圖形
選取物件：Enter	<結束選取
指定基準點：_cen 於 P2	<指定旋轉的中心點
點選旋轉軸：	<點選圖示上紅色旋轉軸
指定角度起點或鍵入一個角度：-90	<輸入旋轉角，得(b)圖

9-6-11　3D 對齊(3D ALIGN)

將指定的 2D 或 3D 物件對齊至另一個 2D 或 3D 的物件上，在對齊的過程中包含移動與旋轉的功能。

一、指令輸入方式

功能區：《常用》→〈修改〉→ 🔲 3D 對齊

二、指令提示

指令： 🔲 3D 對齊	
選取物件：	<選取要對齊的圖形
選取物件：Enter	<結束選取
指定來源平面與方位...	

指定基準點或[複製(C)]：　　　　　　　　　　　　　　<選取欲對齊的基準點

指定第二個點或[繼續(C)]<C>：

指定第三個點或[繼續(C)]<C>：

指定目標平面與方位...

指定第一個目標點：　　　　　　　　　　　　　　　　<選取目的點

指定第二個目標點或[結束(X)]<X>：

指定第三個目標點或[結束(X)]<X>：

【說明】

1. 指定一個對齊點，只能產生移動的功能，如圖 9-49。

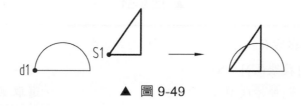

▲ 圖 9-49

指定來源平面與方位...

指定基準點或[複製(C)]：S1　　　　　　　　　　　　<選取要對齊的基準點

指定第二個點或[繼續(C)]<C>：　Enter　　　　　　　<結束來源點的選取

指定目標平面與方位...

指定第一個目標點：d1　　　　　　　　　　　　　　　<選取目的點

指定第二個目標點或[結束(X)]<X>：　Enter

---

2. 指定二個對齊點，產生一次移動與一次旋轉的作用如圖 9-50。

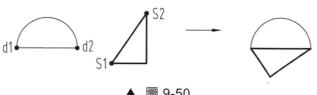

▲ 圖 9-50

指定來源平面與方位...

指定基準點或[複製(C)]：S1　　　　　　　　　　　　<選取欲移動的基準點

指定第二個點或[繼續(C)]<C>：S2　　　　　　　　　<選取第二點的基準點

指定第三個點或[繼續(C)]<C>：　Enter　　　　　　　<結束來源點的選取

指定目標平面與方位...

指定第一個目標點：d1   <選取欲移動的目標點

指定第二個目標點或[結束(X)]<X>：d2   <選取第二點的目標點

指定第三個目標點或[結束(X)]<X>：Enter   <結束指令

3.　指定三個對齊點，產生一次移動與二次旋轉的作用，如圖 9-51。

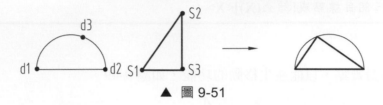

▲ 圖 9-51

指定來源平面與方位..

指定基準點或[複製(C)]：S1   <選取欲移動的基準點

指定第二個點或[繼續(C)]<C>：S2   <選取第二點的基準點

指定第三個點或[繼續(C)]<C>：S3   <選取第三點的基準點

指定目標平面與方位...

指定第一個目標點：d1   <選取欲移動的目標點

指定第二個目標點或[結束(X)]<X>：d2   <選取第二點的目標點

指定第三個目標點或[結束(X)]<X>：d3   <選取第三點的目標點

三、範例

以 3D 對齊(3D ALIGN)指令，完成圖 9-52(b)。

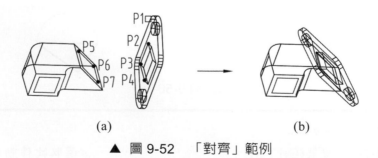

(a)   (b)

▲ 圖 9-52　「對齊」範例

指令：
3D 對齊

選取物件：P1

選取物件：　Enter

指定來源平面與方位...

指定基準點或[複製(C)]：P2

指定第二個點或[繼續(C)]<C>：P3

指定第三個點或[繼續(C)]<C>：P4

指定目標平面與方位...

指定第一個目標點：P5

指定第二個目標點或[結束(X)]<X>：P6

指定第三個目標點或[結束(X)]<X>：P7　　　　　　　　<得(b)圖

9-6-12　3D 移動(3D MOVE)

可將 2D 或 3D 物件由目前位置移至 2D 或 3D 空間位置上。

一、指令輸入方式

功能區：《常用》→〈修改〉→
3D 移動

二、指令提示

指令：
3D 移動

選取物件：　　　　　　　　　　　　　　　<選取物件

選取物件：　Enter　　　　　　　　　　　<結束選取，出現座標圖示

指定基準點或[位移(D)]<位移>：
　　　　　　<選取基準點或直接在座標圖示指定移動方向或設定位移量

指定第二點或<使用第一點做為位移>：　　　　　<選取移動新位置定點

【說明】

1. 指定基準點：設定以搬移基準點方式移動物件。

> 指定基準點或[位移(D)]<位移>：P1　　　　　　　　<以游標指定任意一點
>
> 指定第二點或<使用第一點做為位移>：@X, Y, Z `Enter`
>
> 　　　　　　　　　　　或@L<θ `Enter`
>
> 　　　　　　　<輸入與前一點 P1 之相對座標或極座標位移量

2. 位移(D)：設定以位移量方式移動物件。

> 指定基準點或[位移(D)]<位移>：　`Enter`
>
> 指定位移<0.0, 0.0, 0.0>：X, Y, Z `Enter`　　　　　　<直接輸入移動量

3. 直接點選座標圖示：直接點選座標圖示上的 X, Y, Z 軸的任一軸圖示，限定物件只能在此軸的正負方向移動物件。

4. 對於 2D 物件的移動上與移動指令完全相同。

● 9-6-13　3D 比例(3D SCALE)

可將 2D 或 3D 物件按所需比例縮小或放大。

一、指令輸入方式

功能區：《常用》→〈修改〉→ 3D 比例

二、指令提示

> 指令：3D 比例
>
> 選取物件：
>
> .
>
> .　　　　　　　　　　　　　　　　　<選取物件
>
> 選取物件：`Enter`　　　　　　　　　　<結束選取，出現座標圖示
>
> 指定基準點：　　　　　　　　　　　　<選取基準點
>
> 點選比例軸或平面：　　　　　　　　　<直接在座標圖示指定比例軸或平面

指定比例係數或[複製(C)　參考(R)]<0.5>：　　　　　<輸入比例值

正在重生模型。

【說明】

1. 點選比例軸或平面：直接點選座標圖示上的 X、Y、Z 軸的任一軸圖示，作為比例放大或縮小的依據。

2. 對於 2D 物件的比例與比例指令完全相同。

⚫ 9-6-14　圓角(FILLET)

對實體物件倒圓角。

一、指令輸入方式

功能區：《常用》→〈修改〉→ 圓角

二、指令提示

指令：圓角

目前的設定：模式=修剪，半徑=10

選取第一個物件或[退回(U)　聚合線(P)　半徑(R)　修剪(T)　多重(M)]：　<選取邊緣

輸入圓角半徑或[表示式(E)]<10>：　　　　　　　　　<輸入新半徑值

選取邊緣或[鏈(C)　迴路(L)　半徑(R)]：　　　　　　<選取面邊緣

選取邊緣或[鏈(C)　迴路(L)　半徑(R)]：　　　　　　<結束選取

己選取要圓角的 N 個邊　　　　　　　　　　　　　<回應完成圓角

【說明】

1. 鏈(C)：選取相關的圓角鏈邊。

2. 迴路(L)：找出相關的圓角路徑。

三、範例

以圓角(FILLET)指令，完成圖 9-53(b)。

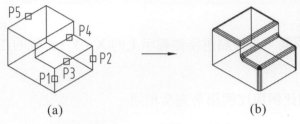

(a)   (b)

▲ 圖 9-53 「圓角」範例

指令：

圓角

目前的設定：模式=修剪，半徑=2.0

選取第一個物件或[退回(U) 聚合線(P) 半徑(R) 修剪(T) 多重(M)]：P1

                                              <選取邊緣

輸入圓角半徑或[表示式(E)]<2.0>：1 Enter   <輸入圓角半徑

選取邊緣或[鏈(C) 迴路(L) 半徑(R)]：P2   <選取邊緣

選取邊緣或[鏈(C) 迴路(L) 半徑(R)]： Enter   <結束選取

指令： Enter

目前的設定：模式=修剪，半徑=1.0

選取第一個物件或[退回(U) 聚合線(P) 半徑(R) 修剪(T) 多重(M)]：P3

輸入圓角半徑或[表示式(E)]<1.0>： Enter

選取邊緣或[鏈(C) 迴路(L) 半徑(R)]：C

選取邊鏈或[邊(E) 半徑(R)]：P3

選取邊鏈或[邊(E) 半徑(R)]：E

選取邊緣或[鏈(C) 迴路(L) 半徑(R)]：P4

選取邊緣或[鏈(C) 迴路(L) 半徑(R)]： Enter

已選取要圓角的 6 個邊。

指令： Enter

目前的設定：模式=修剪，半徑=1.0

選取第一個物件或[退回(U) 聚合線(P) 半徑(R) 修剪(T) 多重(M)]：P5

輸入圓角半徑或[表示式(E)]<1.0>： Enter

選取邊緣或[鏈(C) 迴路(L) 半徑(R)]：L

```
選取迴路的邊或[邊緣(E)　鏈(C)　半徑(R)]：P5
輸入選項[接受(A)　下一個(N)]<接受>：N
輸入選項[接受(A)　下一個(N)]<接受>：[Enter]
選取迴路的邊或[邊緣(E)　鏈(C)　半徑(R)]：[Enter]
已選取要圓角的 4 個邊                              <得(b)圖
```

◯ 9-6-15　倒角(CHAMFER)

對實體物件倒角。

一、指令輸入方式

功能區：《常用》→〈修改〉→ [倒角]

二、指令提示

```
指令：[倒角]

(TRIM 模式)目前的倒角　距離 1=10，距離 2=10
選取第一條線或[退回(U)　聚合線(P)　距離(D)　角度(A)　修剪(T)　方式(E)
多重(M)]：                                        <選取選項
基準曲面選項....
輸入曲面選項[下一個(N)　目前(OK)]<目前(OK)>：[Enter]    <確定基準面
指定基準曲面倒角距離或[表示式(E)]<10>：            <輸入倒角距離
指定其他曲面倒角距離或[表示式(E)]<10>：            <輸入倒角距離
選取邊或[迴路(L)]：                                <選取邊緣或選項
.
.
.
選取邊或[迴路(L)]：                                <結束倒角
```

【說明】

1.　下一個：切換至下一個基準面。

2.　目前(OK)：確定基準曲面位置選取。

三、範例

以倒角(CHAMFER)指令，完成圖 9-54(b)。

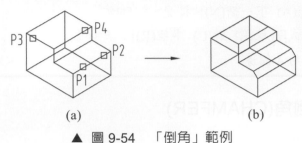

(a)   (b)

▲ 圖 9-54 「倒角」範例

指令：[倒角]

(TRIM 模式)目前的倒角 距離 1=10.0，距離 2=10.0

選取第一條線或[退回(U) 聚合線(P) 距離(D) 角度(A) 修剪(T) 方式(E) 多重(M)]：P1

基準曲面選項...

輸入曲面選項[下一個(N) 目前(OK)]<目前(OK)>：Enter

指定基準曲面倒角距離或[表示式(E)]<10.0>：2 Enter   <設定倒角距離

指定其他曲面倒角距離或[表示式(E)]<10.0>：2 Enter   <設定倒角距離

選取邊或[迴路(L)]：P2   <選取倒角邊緣

選取邊或[迴路(L)]：Enter

指令：Enter   <重複指令

CHAMFER(TRIM 模式)目前的倒角 距離 1=2.0，距離 2=2.0

選取第一條線或[退回(U) 聚合線(P) 距離(D) 角度(A) 修剪(T) 方式(E) 多重(M)]：P3

基準曲面選項...

輸入曲面選項[下一個(N) 目前(OK)]<目前(OK)>：N   <改變基準曲面

輸入曲面選項[下一個(N) 目前(OK)]<目前(OK)>：Enter   <設定基準曲面

指定基準曲面倒角距離或[表示式(E)]<2.0>：Enter

指定其他曲面倒角距離或[表示式(E)]<2.0>：Enter

選取邊或[迴路(L)]：L   <依邊緣迴路倒角

選取迴路的邊或[邊緣(E)]：P4

選取迴路的邊或[邊緣(E)]：Enter　　　　　　　　　　＜選取倒角邊緣迴路

9-6-16　3D **實體圖實作範例**

1.　完成圖 9-55 之實體圖。

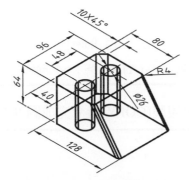

▲ 圖 9-55　「3D 實體」範例 1

圖例步驟：

(1)　開啟東南等角視圖，以方塊(BOX)，楔形塊(WEDGE)，圓柱(CYCINDER)
　　完成三個 3D 實體，如圖 9-56(a)。

指令：〔東南等角〕　　　　　　　　　　　　＜以東南等角視圖觀測

指令：〔方塊〕

指定第一個角點或[中心點(C)]<0, 0, 0>：P1　　　　＜選取方塊角點

指定其他角點或[立方塊(C) 長度(L)]：L

指定長度：80 Enter　　　　　　　　　　＜輸入方塊長度

指定寬度：96 Enter　　　　　　　　　　＜輸入方塊寬度

指定高度或[兩點(2P)]<10>：64 Enter　　　　　　＜輸入方塊高度

指令：〔楔形塊〕

指定第一個角點或[中心點(C)]<0, 0, 0>：_end 於 P2　　＜輸入第一點

指定其他角點或[立方塊(C) 長度(L)]：L

指定長度：48 Enter　　　　　　　　　　＜輸入長度

指定寬度：96 `Enter`   <輸入寬度

指定高度或[兩點(2P)]<10>：64 `Enter`   <輸入高度

指令：⬭ 圓柱

指定底部的中心點或[三點(3P) 兩點(2P) 相切、相切、半徑(T) 橢圓(E)]：

_mid 於 P3   <選取方塊中點

指定底部半徑或[直徑(D)]<10>：13 `Enter`   <輸入半徑值

指定高度或[兩點(2P) 軸端點(A)]<10>：64 `Enter`   <輸入高度

(2) 執行移動(MOVE)與複製(COPY)指令完成圖 9-56(b)。

指令：✛ 移動

選取物件：P4 找到 1 個   <選取方塊物件

選取物件：`Enter`   <結束選取

指定基準點或[位移(D)]：_mid 於 P5   <以方塊邊中間點做移動基準點

指定第二點或<使用第一點做為位移>：   <正交 打開>24 `Enter`

指令：🗗 複製

選取物件：P6 找到 1 個   <選取物件

選取物件：`Enter`   <結束選取

目前的設定：複製模式=多重

指定基準點或[位移(D) 模式(O)]<位移>：_cen 於 P7   <定基準點

指定第二點或<使用第一點做為位移>：48 `Enter`   <以位移距離複製物件

(3) 執行聯集(UNION)指令，選取方塊(BOX)與楔形塊(WEDGE)完成圖 9-56(c)。

指令：▱ 實體，聯集

選取物件：P8 指定對角點：P9 找到 2 個   <選取欲聯集的實體

選取物件：`Enter`   <結束選取

(4)　執行差集(SUBTRACT)指令，選取方塊減去兩個圓柱完成圖 9-56(d)。

指令：
　　　　　實體,差集

選取要從中減去的實體、曲面或面域...

選取物件：P10　找到 1 個　　　　　　　　　　　　<選取要被扣減的實體

選取物件：`Enter`

選取要減去的實體、曲面和面域..

選取物件：P11　找到 1 個　　　　　　　　　　　　<選取要扣減的實體

選取物件：P12　找到 1 個,共 2　　　　　　　　　<選取要扣減的實體

選取物件：`Enter`　　　　　　　　　　　　　　　　<結束選取

---

(5)　執行圓角(FILLET)指令將圓弧部份倒出來，如圖 9-56(e)。

指令：
　　　　圓角

目前的設定：模式=修剪，半徑=2.0

選取第一個物件或[退回(U)　聚合線(P)　半徑(R)　修剪(T)　多重(M)]：P13

　　　　　　　　　　　　　　　　　　　　　　　　<選取邊緣

請輸入圓角半徑<2.0>：4 `Enter`　　　　　　　　<輸入圓角半徑

選取邊緣或[鏈(C)　半徑(R)]：P14　　　　　　　　<選取邊緣

選取邊緣或[鏈(C)　半徑(R)]：`Enter`　　　　　　<結束選取

已選取要圓角的 2 個邊線

---

(6)　執行倒角(CHAMFER)指令，將角倒出來，如圖 9-56(f)。

指令：
　　　　倒角

(TRIM 模式)目前的倒角　距離 1=8.0，距離 2=8.0

選取第一條線或[退回(U)　聚合線(P)　距離(D)　角度(A)　修剪(T)　方式(E)

多重(M)]：P15

基準曲面選項...

輸入曲面選項[下一個(N)　目前(OK)]<目前(OK)>：`Enter`

請指定基準曲面倒角距離<8.0>：10 `Enter`　　　　<設定倒角距離

請指定其他曲面倒角距離<8.0>：10 `Enter`   <設定倒角距離

選取邊緣或[迴路(L)]：P16   <選取倒角邊緣

選取邊緣或[迴路(L)]：P17

選取邊緣或[迴路(L)]： `Enter`

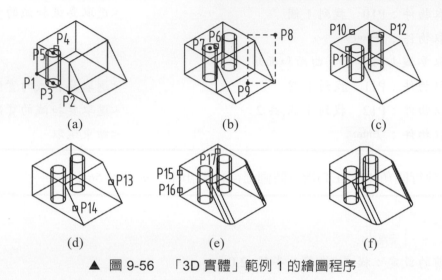

(a)   (b)   (c)

(d)   (e)   (f)

▲ 圖 9-56　「3D 實體」範例 1 的繪圖程序

2.　完成圖 9-57 之實體圖。

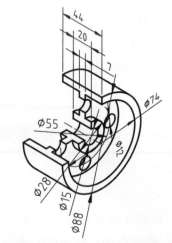

▲ 圖 9-57　「3D 實體」範例 2

圖例步驟：

(1) 開啓前視圖(VIEW_TOP)觀測，以聚合線(PLINE)指令完成前視圖旋轉板形狀與旋轉軸，後切換視圖爲東南等角視圖(VIEW_SEISO)觀測，如圖 9-58(a)。

指令：〔前〕   <以前視圖觀測

指令： [聚合線]

指定起點：P1   <正交 打開>   <起點 P1

目前的線寬是 0.0

指定下一點或[弧(A) 半寬(H) 長度(L) 退回(U) 寬度(W)]：20 Enter

指定下一點或[弧(A) 封閉(C) 半寬(H) 長度(L) 退回(U) 寬度(W)]：6.5 Enter

指定下一點或[弧(A) 封閉(C) 半寬(H) 長度(L) 退回(U) 寬度(W)]：6.5 Enter

指定下一點或[弧(A) 封閉(C) 半寬(H) 長度(L) 退回(U) 寬度(W)]：23 Enter

指定下一點或[弧(A) 封閉(C) 半寬(H) 長度(L) 退回(U) 寬度(W)]：18.5 Enter

指定下一點或[弧(A) 封閉(C) 半寬(H) 長度(L) 退回(U) 寬度(W)]：7 Enter

指定下一點或[弧(A) 封閉(C) 半寬(H) 長度(L) 退回(U) 寬度(W)]：44 Enter

指定下一點或[弧(A) 封閉(C) 半寬(H) 長度(L) 退回(U) 寬度(W)]：7 Enter

指定下一點或[弧(A) 封閉(C) 半寬(H) 長度(L) 退回(U) 寬度(W)]：18.5 Enter

指定下一點或[弧(A) 封閉(C) 半寬(H) 長度(L) 退回(U) 寬度(W)]：23 Enter

指定下一點或[弧(A) 封閉(C) 半寬(H) 長度(L) 退回(U) 寬度(W)]：6.5 Enter

指定下一點或[弧(A) 封閉(C) 半寬(H) 長度(L) 退回(U) 寬度(W)]：C Enter

指令： Enter   <重複聚合線指令

PLINE 指定起點：_ext 於 44

指定下一點或[弧(A) 半寬(H) 長度(L) 退回(U) 寬度(W)]：44 Enter

指定下一點或[弧(A) 封閉(C) 半寬(H) 長度(L) 退回(U) 寬度(W)]： Enter

指令：〔東南等角〕   <以東南等角視圖觀測

(2) 執行迴轉(REVOLVE)指令，選取物件 P1 與旋轉軸 P2，如圖 9-58(b)。

指令：⟨迴轉⟩

選取要迴轉的物件：P1　找到 1 個　　　　　　　　　＜選取欲迴轉物件

選取要迴轉的物件： Enter 　　　　　　　　　　　＜結束選取

指定軸起點或依據[物件(O) X Y Z]來定義軸：O　　＜繞物件迴轉

選取一個物件：P2

指定軸起點或依據[物件(O) X Y Z]來定義軸：-270 Enter 　＜順時針 270°

(3) a. 開啓右視圖(VIEW_RIGHT)觀測，後切換視圖爲東南等角視圖
(VIEW_SEISO)觀測。

b. 執行圓(CIRCLE)指令，繪製中心線圓與四個小圓，如圖 9-58(c)。

指令：〔右〕　　　　　　　　　　　　　　　　　＜以右視圖觀測

指令：〔東南等角〕　　　　　　　　　　　　　　＜以東南等角視圖觀測

指令：⟨中心點、半徑⟩

指定圓的中心點或

[三點(3P)　二點(2P)　相切，相切，半徑(T)]：_cen 於 P3　＜輸入圓心

指定圓的半徑或[直徑(D)]<11.2>：27.5 Enter 　　　　＜半徑值

指令： Enter 　　　　　　　　　　　　　　　　　＜重複指令

CIRCLE 指定圓的中心點或

[三點(3P)　二點(2P)　相切，相切，半徑(T)]：_qua 於 P4

指定圓的半徑或[直徑(D)]<11.2>：6 Enter 　　　　　＜半徑值

指令：⟨複製⟩

選取物件：P5　找到 1 個　　　　　　　　　　　＜選取物件

選取物件：　Enter

目前的設定：複製模式=多重　　　　　　　　　　　<結束選取

指定基準點或[位移(D)　模式(O)]<位移>：_cen 於 P4　　　<定基準點

指定第二點或<使用第一點做為位移>：_qua 於 P6

指定第二點或<使用第一點做為位移>：_qua 於 P7

指定第二點或<使用第一點做為位移>：_qua 於 P8

指定第二點或<使用第一點做為位移>：　Enter

(4)　執行擠出(EXTRUDE)指令，將四個小圓擠出，如圖 9-58(d)。

指令：　擠出

選取要擠出的物件：P9　　找到 1 個　　　　　　　　　<選取物件

選取要擠出的物件：P10　　找到 1 個，共 2　　　　　　<選取物件

選取要擠出的物件：P11　　找到 1 個，共 3　　　　　　<選取物件

選取要擠出的物件：P12　　找到 1 個，共 4　　　　　　<選取物件

選取要擠出的物件：　Enter　　　　　　　　　　　　　<結束選取

指定擠出的高度或[方向(D)　路徑(P)　推拔角度(T)]<50>：-7　Enter

(5)　執行差集(SUBTRACE)指令，將迴轉出的物件減去四個小圓，如圖 9-58(e)。

指令：　實體，差集

選取要從中減去的實體、曲面或面域...

選取物件：P13　　找到 1 個　　　　　　　　<選取要被扣減的實體或面域

選取物件：　Enter　　　　　　　　　　　　　<結束選取

選取要減去的實體、曲面和面域..

選取物件：P14　　找到 1 個　　　　　　　　　　<選取要扣減的實體

選取物件：P15　　找到 1 個,共 2　　　　　　　<選取要扣減的實體

選取物件：P16　　找到 1 個,共 3　　　　　　　<選取要扣減的實體

選取物件：P17　　找到 1 個,共 4　　　　　　　<選取要扣減的實體

選取物件：　Enter　　　　　　　　　　　　　　<結束選取

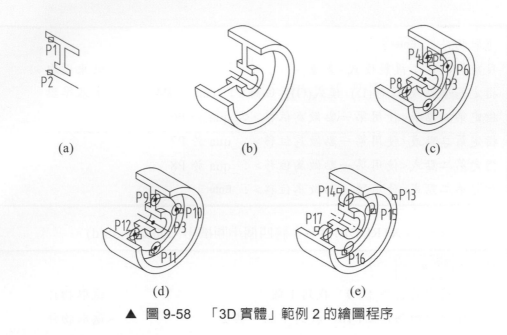

▲ 圖 9-58　「3D 實體」範例 2 的繪圖程序

綜合練習(一)

1. 依第八章 8-5 範例、自我練習(a)、(b)與綜合練習(二)圖(a)～(i)的三視圖完成下列各實體

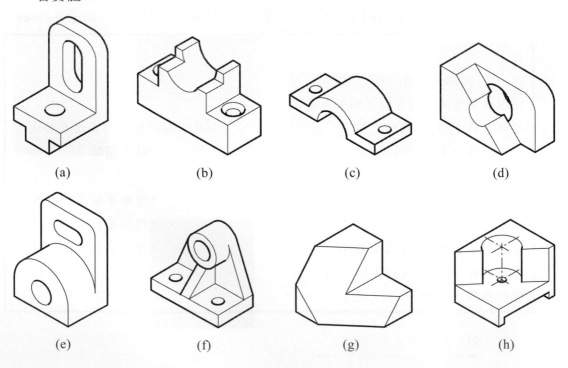

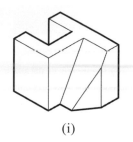 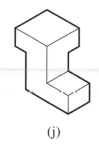 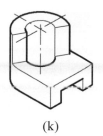 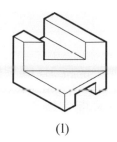

(i)　　　　　　　(j)　　　　　　　(k)　　　　　　　(l)

2.　繪製第八章綜合練習(二)3.炮車的立體系統圖。

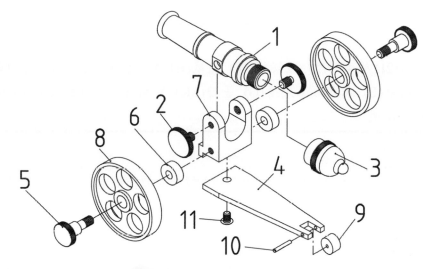

3.　繪製第八章綜合練習(二)4.衝剪模的立體系統圖。

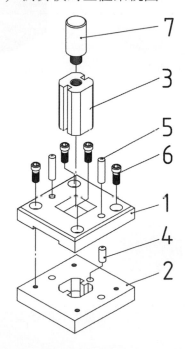

9-7 視覺型式

是將 3D 線架構的圖形，以較快的速度著上本體色，來增加 3D 圖形的立體感。

一、指令輸入方式

繪圖區左上方〔視覺型式控制〕

二、指令提示

指令：〔視覺型式控制〕
輸入選項[2D 線架構(2) 線架構(W) 隱藏(H) 擬真(R) 概念(C) 描影(S)
帶邊的描影(E) 灰色的深淺度(G) 手繪(SK) X 射線(X) 其他(O)]<擬真>：_2d
正在重生模型。

【說明】

1. AutoCAD 提供 2D 線架構、線架構、隱藏、擬真、概念、描影、帶邊的描影、
   灰色的深淺度、手繪、X 射線等十種視覺型式，以提升實體的立體感其呈現的型
   式如圖 9-59 如示。

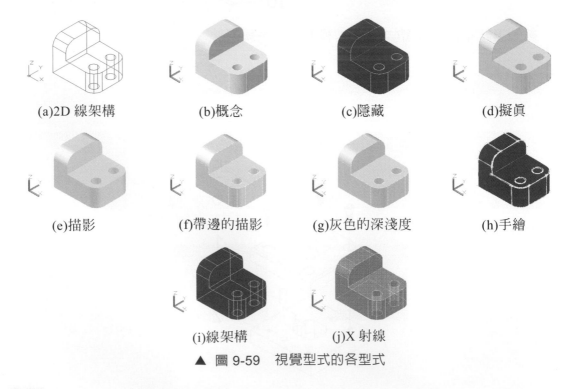

(a)2D 線架構　　　(b)概念　　　(c)隱藏　　　(d)擬真

(e)描影　　　(f)帶邊的描影　　　(g)灰色的深淺度　　　(h)手繪

(i)線架構　　　(j)X 射線

▲ 圖 9-59　視覺型式的各型式

2. 　繪圖區左上方〔視覺型式控制〕→〔視覺型式管理員...〕：出現圖 9-60「視覺型式管理員」選項板，點選上方各別的圖像，對十種視覺型式作細部設定。

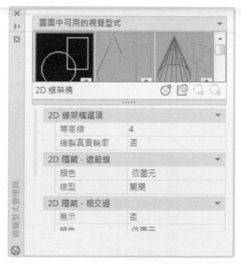

▲ 圖 9-60　　「視覺型式管理員」選項板

9-8　彩現效果

　　彩現是將 3D 物件加上可調整與設定的背景環境和材質貼附來呈現更真實的立體效果。

● 9-8-1　材料

由材料庫匯入材料列示中材料的使用。

一、指令輸入方式

　　功能區：《視覺化》→〈材料〉→
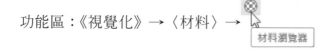

二、指令提示

▲ 圖 9-61　「材料瀏覽器」選項板

【說明】

1.　圖 9-61 上方的材料預覽框顯示目前可用的材料，右下方列出內建的所有材料名稱。

2.　要貼附材料於物件中，只要將選定的材料，按壓移往要貼附的物件，後放開即完成材料貼附。

3.　要將材料從物件上移除，則點選〈材料▾〉→ 移除材料 。

4.　貼附材料完成之後，須選取視覺型式中的擬真或執行〈材料▾〉→ 材料/材質打開 才能顯現出來。

● 9-8-2　彩現設定

設定彩現的呈現方式、照明、陰影等條件。

一、指令輸入方式

功能區：《視覺化》→〈彩現〉

【說明】

1.　彩現品質設定：彩現面板最上方選項，如圖 9-62，可設定彩現速度與品質。通
宵品質是最佳品質，速度最慢；低是最差品質，速度最快。

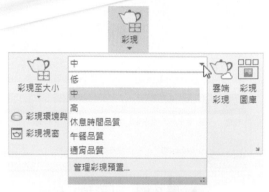

▲ 圖 9-62　彩現品質設定

2.

(1)　彩現於視窗：另開一個視窗呈現彩現結果。

(2)　彩現於視埠：直接在視埠中顯示彩現結果。

(3)　彩現於面域：只對選取的視窗範圍，做局部彩現。

3.　：呈現彩現進度。

● 9-8-3　彩現(RENDER)

設定完成背景、材料或其他功能設定之後，再執行彩現指令，會達到所要產生的
畫面。

一、指令輸入方式

《視覺化》→〈彩現〉→

二、指令提示

指令：🫖	＜出現圖 9-63「彩現」視窗或直接在視埠上彩現

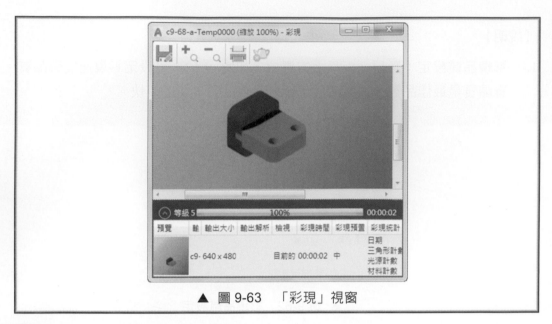

▲ 圖 9-63　「彩現」視窗

【說明】

　　檔案(F)：點選儲存(S)...直接將彩現結果儲存成檔案。

三、範列

以材料指令，完成圖 9-64(b)。

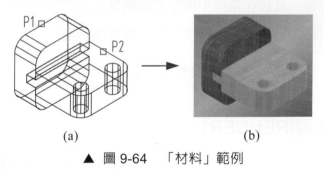

(a)　　　　　　　　　　　　(b)

▲ 圖 9-64　「材料」範例

1　　點選 　　　　　　　。

2.　　從右下方列出的材料名稱中選取山毛櫸材料，按壓該材料，後移入圖面中 P1 物件，該材料將貼附於此物件上。

3.　　重複上個動作選取山毛櫸－天然材料，按壓該材料，後移入圖面中 P2 物件，該材料將貼附於此物件上。

完成材料貼附後作背景的設定

1. 點選視圖管理員...。

2. 點選 新建(N)... 出現圖 9-14「新視圖/快照性質」對話框。

3. 從視覺型式(V)選項中選取擬眞。

4. 從背景選項中選取漸層，出現背景對話框，設定顏色並將旋轉角度設爲 45 度，點選 設爲目前的(C) ，完成背景的設定得(b)圖。

綜合練習(二)

將綜合練習(一)所完成之實體，依說明完成(a)、(b)、(c)、(d)各圖。

(a)以單色背景方式呈現

(b)以漸層背景方式呈現

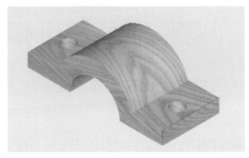

(c)以單色背景+山毛櫸－天然貼皮方式呈現

(d)以影像背景+磚石材料貼皮方式呈現

實力練習

一、選擇題(*為複選題)

( ) 1. 以下哪一種模型建構法可以容易取得 3D 模型的質量、體積各種物理性質 (A)點架構　(B)線架構　(C)面架構　(D)實體架構。

( ) 2. 以下哪個系統變數是用來指定實線體線架構弧面表示線數？　(A)DISPSILH (B)ISOLINES　(C)SOLDISPLAY　(D)FACETRES。

( ) 3. 以下哪個系統變數是用來控制顯示實線的圓滑度？　(A)DISPSILH (B)FACETRES　(C)ISOLINES　(D)SOLDISPLAY。

( ) 4. 欲設定 UCS 圖示顯示狀態可執行　(A)UCSICON　(B)UCS　(C)DDUCS 指令。

( ) 5. 在 UCSICON 指令中，欲控制 UCS 圖示在目前 UCS 原點的位置選項為 (A)OFF　(B)ON　(C)All　(D)OR。

( ) 6. 若要將目前的 UCS 回到 WCS；可執行 UCS 指令哪一選項　(A)3　(B)E (C)W　(D)V。

( ) 7. 若要將目前的 UCS 設定平行於螢幕，但原點維持不變，可執行 UCS 指令 哪一選項　(A)3　(B)E　(C)W　(D)V。

( ) 8. 以下執行哪個指令，可繪出圓柱　(A) 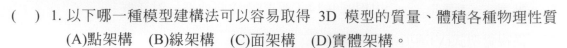 圓柱　(B) 圓錐　(C) 圓球 (D) 圓環 。

( ) 9. 以下執行哪個指令，可繪出圓球　(A) 圓柱　(B) 圓錐　(C) 圓球 (D) 圓環 。

( )10. 以 方塊 指令構建方塊時，其長度(L)係對應於 UCS 的哪一軸向？　(A)X (B)Y　(C)Z　(D)皆可。

( )11. 楔形塊可應用 楔形塊 指令產生外，尚可應用 聚合線 指令繪出三角形並配合哪 個指令來構建　(A) 擠出　(B) 迴轉　(C)　(D)　。

( )12. 以下哪一項並非以 圓球 指令所需之條件　(A)圓球直徑　(B)圓球半徑 (C)圓球中心　(D)經向及緯向密度。

( )13. 可將面域物件，繞指定之迴轉軸及迴轉角度的方式來建構出所需的實體， 可執行哪一個指令　(A) 擠出　(B) 迴轉　(C)　(D)　。

(　　) 14. 將各實體結合成一體，可應用布林運算指令為　(A)⬚　(B)⬚　(C)⬚
(D)⬚。

(　　) 15. 可將實體一分為二的指令為　(A)⬚　(B)⬚　(C)⬚　(D)⬚。

(　　) 16. 欲遮抑實體模型的隱藏線時，應可執行哪個指令　(A)隱藏　(B)重繪　(C)⬚
(D)重生。

(　　) 17. 將已完成的圖形，再依照原來的顏色塗滿整個物體表面可執行哪個指令將其
顏色顯示出來？　(A)⬚ 擠出　(B)⬚　(C)⬚ 方塊　(D)⬚ 迴轉　。

(　　) 18. 經視覺型式後的圖形如欲恢復原先的顯示狀態，應使用哪一個指令　(A)⬚
(B)重生　(C)重繪　(D)⬚。

*(　　) 19. AutoCAD 所提供建構立體模型的方法有哪些？　(A)線架構　(B)面架構
(C)實體架構　(D)點架構。

*(　　) 20. UCSICON 指令選項計有　(A)關閉　(B)打開　(C)移動　(D)無原點。

*(　　) 21. UCS 指令選項有　(A)面(F)　(B)具名(NA)　(C)物件(OB)　(D)前一個(P)。

*(　　) 22. 下列哪些屬於 3D 實體元件　(A)⬚ 方塊　(B)⬚ 圓柱　(C)⬚　(D)⬚ 擠形塊。

*(　　) 23. 下列哪些物件可被擠出(EXTRUDE)成實體　(A)閉合的聚合線　(B)圓
(C)聚合線矩形　(D)面域。

*(　　) 24. 可進行布林運算的物件是　(A)面域　(B)實體　(C)線　(D)聚合線。

*(　　) 25. 布林運算包含哪些功能　(A)⬚　(B)⬚　(C)⬚　(D)⬚ 迴轉　。

*(　　) 26. 以影像方式處理彩現時，可尋找哪些檔案做背景　(A)TIF　(B)BMP
(C)GIF　(D)PCX。

二、簡答題

1. 請簡述線架構、面架構、實體架構的立體模型有何不同？

2. 何謂 UCS？欲設定目前的 UCS 位置有哪些方式，簡述之。

3. 請簡述 UCS 各座標圖示與其所代表之意義。

4. 3D 檢視中的等角視圖包含哪些觀測方向。

5. 試列舉簡述五種實體元件。

6. 試簡述擠出(EXTRUDE)的方式有哪兩種？

7. 試簡述迴轉(REVOLVE)可依據什麼來定義迴轉軸。

8. 試簡述切割(SLICE)方式有哪幾種。

9. 布林運算可進行的項目有哪些？試分別簡述之。

10. 試簡述說明 3D 立體倒角與倒圓角之方式。

11. 舉例簡述任五種視覺型式。

12. 試簡述說明背景(BACKGROUND)設定有哪幾種方式。

13. 簡述彩現有哪些類型？

CHAPTER **10**

配置、出圖與網際網路功能

　　「圖紙」空間能以「多重視埠」來獨立顯示「模型」不同的比例、不同的視圖，且視埠的大小、位置、形狀可任意調整。在「出圖」時，「模型」空間所繪製的圖形，只能以一個視埠來呈現圖面，無法將不同的視圖圖形一次全部列印於圖紙上；而「圖紙」空間，剛好可以彌補這個缺失，一次將所有的視埠全部「出圖」於一張圖紙上，並可在配置視埠的「模型」空間編輯圖形。因此，將「模型」空間的內容，適當的配置到「圖紙」空間中，規劃出圖，對於將來要修改出圖的條件時，具有極大的方便性。

10-1　視埠(VPORTS)

　　用來分割與管理視埠的區域。

一、指令輸入方式

　　繪圖區左上方〔視埠控制〕→視埠規劃清單▶→規劃...

二、指令提示

(一)在模型視埠的模型空間狀態建立視埠的方式

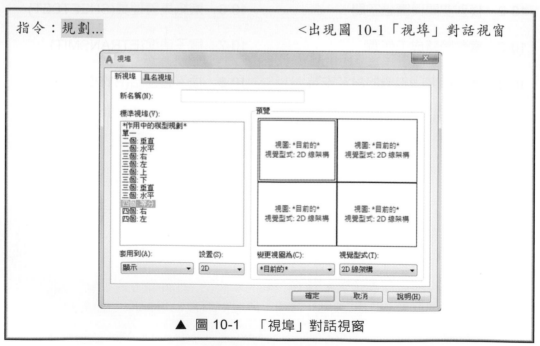

▲ 圖 10-1　「視埠」對話視窗

【說明】

1. 新視埠頁籤

    (1) 新名稱(N)：將新視埠輸入名稱並儲存。該名稱將會出現於「具名視埠」頁
         籤中。

    (2) 標準視埠(V)：選取多視埠規劃方式。

    (3) 預覽：顯示所選取標準視埠規劃方式。

    (4) 套用到(A)：指定新的規劃視埠應用於目前視埠或整個圖面。

    (5) 設置(S)：「2D」則各視埠的預設視圖為「目前的」視圖。「3D」則各視埠的
         預設為標準正交 3D 視圖。

    (6) 變更視圖為(C)：先在預覽中選取視埠，設定視埠要顯示的視圖。

    (7) 視覺型式(T)：以 2D 線架構、概念、隱藏或擬真等方式顯示視圖。

2. 具名視埠頁籤，如圖 10-2。

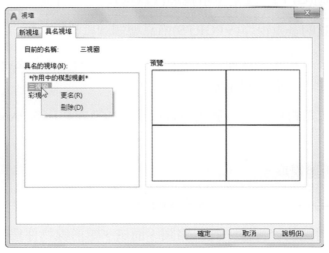

▲ 圖 10-2 　 「具名視埠」對話視窗

在清單中選取名稱，再選取 確定 ，會使模型圖面重新顯示該具名儲存之視
埠。亦可將滑鼠移至欲選取名稱，按「右鍵」，即顯示「更名(R)」或「刪除(D)」
兩選項。也可點選功能區：《檢視》→〈模型視埠〉→ 具名 以顯示視埠目前的
名稱，並會列出所有已具名儲存的視埠規劃名稱。

(二)在配置視埠的圖紙空間狀態建立視埠的方式

指令輸入方式

功能區：《配置》 →〈配置視埠〉→

> 指令：矩形
>
> 請指定視埠的角點或[打開(ON) 關閉(OFF) 佈滿(F) 描影出圖(S) 鎖住(L)
> 新增(NE) 具名(NA) 物件(O) 多邊形(P) 還原(R) 圖層(LA) 2 3 4]<佈滿>：

【說明】

1. 請指定視埠的角點：建立矩形多重視埠(VPORTS)。

2. 打開(ON)/關閉(OFF)：設定多重視埠(VPORTS)是否打開，物件是否顯示。

3. 佈滿(F)：建立的多重視埠(VPORTS)佈滿整個圖紙範圍。

4. 描影出圖(S)：設定多重視埠(VPORTS)內容，於 3D 出圖時依顯示、線架構、隱藏、視覺型式或彩現模式出圖。

5. 鎖住(L)：將多重視埠鎖住。無法再以縮放(ZOOM)或平移(PAN)指令調整顯示縮放。

6. 新增(NE)：新增視埠。

7. 具名(NA)：輸入具名的視圖名稱插入圖面。

8. 物件(O)：以封閉的聚合線、圓、橢圓、面域、雲形線物件為多重視埠框，功能同功能區：《配置》→〈配置視埠〉→物件。

9. 多邊形(P)：建立一個多邊形的多重視埠框。

10. 還原(R)：將已儲存的具名視埠取回。

11. 圖層(LA)：將所選視埠的圖層性質取代總體圖層性質。

12. 2/3/4：分割為 2 個、3 個或 4 個視埠。

13. 在「圖紙」空間時，建議將選項對話視窗中的顯示頁籤中的配置元素設定如圖10-3。

▲ 圖 10-3　「配置元素」選項設定

三、範例

1. 在模型視埠的模型空間建立三個矩形多重視埠，如圖 10-4。

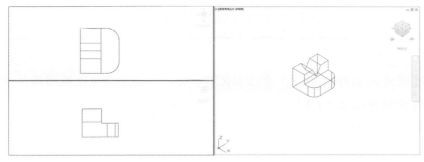

▲ 圖 10-4　「視埠」範例 1

(1)

指令：規劃…　　　　　　　　　　　　　　　　　　　　＜出現圖 10-1「視埠」對話視窗

(2) 標準視埠(V)：選擇 三個：右。

(3) 設置(S)：選擇 3D。

(4) 點選預覽框的左上方視埠，使成為作用視埠。在 變更視圖為(C) 處選取 *上* ，成為上視圖。

(5) 點選預覽框的左下方視埠，使成為作用視埠。在 變更視圖為(C) 處選取 *前* ，成為前視圖。

(6) 按 確定 鈕。

2. 在「圖紙」空間建立以圓、橢圓物件為多重視埠框，如圖 10-5。

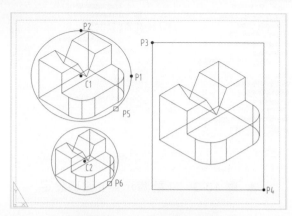

▲ 圖 10-5 「視埠」範例 2

(1) 點選配置 1

(2)

指令： 中心點

指定橢圓的軸端點或[弧(A) 中心點(C)]：_c   <建立橢圓為多重視埠框

指定橢圓的中心點：C1

指定軸端點：P1

指定到另一軸的距離或[旋轉(R)]：P2

指令： 中心點、半徑

指定圓的中心點或[三點(3P) 兩點(2P) 相切，相切，半徑(T)]：C2

                                     <建立圓為多重視埠框

指定圓的半徑或[直徑(D)]<32>：30 Enter

指令： 矩形

請指定視埠的角點或[打開(ON)　關閉(OFF)　佈滿(F)　描影出圖(S)　鎖住(L)
新增(NE)　具名(NA)　物件(O)　多邊形(P)　還原(R)　圖層(LA) 2 3 4]<佈滿>：P3
　　　　　　　　　　　　　　　　　　　　　　　　<建立視埠

請指定對角點：P4 正在重生模型

指令：　Enter
請指定視埠的角點或[打開(ON)　關閉(OFF)　佈滿(F)　描影出圖(S)　鎖住(L)
新增(NE)　具名(NA)　物件(O)　多邊形(P)　還原(R)　圖層(LA) 2 3 4]<佈滿>：O
　　　　　　　　　　　　　　　　　　　　　<以橢圓為視埠框

選取要截取視埠的物件：P5 正在重生模型

指令：　Enter
請指定視埠的角點或[打開(ON)　關閉(OFF)　佈滿(F)　描影出圖(S)　鎖住(L)
新增(NE)　具名(NA)　物件(O)　多邊形(P)　還原(R)　圖層(LA) 2 3 4]<佈滿>：O
　　　　　　　　　　　　　　　　　　　　　<以圓為視埠框

選取要截取視埠的物件：P6 正在重生模型

10-2　模型空間與圖紙空間

　　模型空間經常用來繪製與編輯圖形內容，加入填充線、文字註解、尺寸標註，即先前所介紹的繪圖畫面。

　　圖紙空間是將在模型空間所繪製完成的圖面，依不同的規劃，組合成同一張圖，輸出時可定義多組不同的輸出內容。

　　在功能頁籤中選 模型 配置1 配置2 + 可以直接切換模型與圖紙空間，而要新建配置圖面可由以下的操作得到。

一、指令輸入方式

1. 點選配置頁籤旁的 +

2. 將滑鼠游標移至「配置」頁籤上按「右鍵」

二、指令提示

指令：將滑鼠游標移至「配置」頁籤上按「右鍵」　　＜出現圖 10-6 快顯功能表

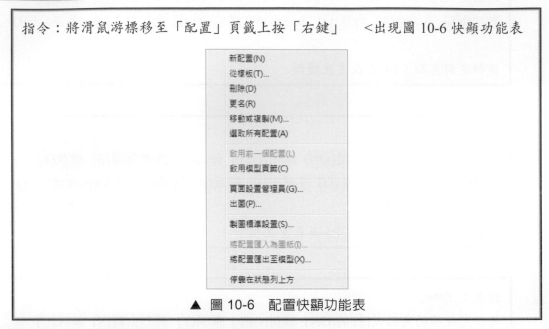

▲ 圖 10-6　配置快顯功能表

【說明】

1.　新配置(N)：增加配置圖面。

2.　從樣板(T)...：出現圖 10-7「從檔案中選取樣板」對話視窗，取用.dwt 樣板檔內的配置。

▲ 圖 10-7　「從檔案中選取樣板」對話視窗

3. 刪除(D)：刪除先前存在的配置。

4. 更名(R)：將配置更換名稱。

5. 移動或複製(M)...：出現圖 10-8「移動或複製」對話視窗。移動或複製選取的配置。

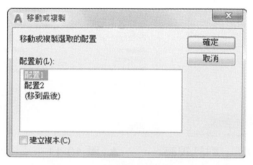

▲ 圖 10-8　「移動或複製」對話視窗

6. 選取所有配置(A)：選取所有建立的配置圖面。

7. 頁面設置管理員(G)...：出現圖 10-9「頁面設置管理員」對話視窗。

   (1) 點選 新建(N)... 鍵出現圖 10-10「新頁面設置」對話視窗，設定新的頁面名稱。

   (2) 點選 修改(M)... 鍵出現圖 10-11「頁面設置」對話視窗，修改頁面設定條件。頁面設置的內容與「出圖」相同，詳見 10-5 章節。

▲ 圖 10-9　「頁面設置管理員」對話視窗

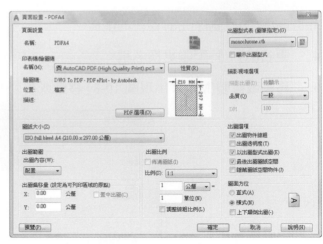

▲ 圖 10-10 「新頁面設置」對話視窗　　▲ 圖 10-11 「頁面設置」對話視窗

8. 出圖(P)... : 出現「出圖」對話視窗,詳見 10-5 章節。

三、範例

新建「東南等角」配置及儲存「A3 隱藏圖紙空間物件」頁面設置。

步驟:

1. 點選 ⊕ 新增配置。

2. 將游標移至新建的配置頁籤,按右鍵,選取更名(R)。將名稱改為東南等角。

3. 點選東南等角配置頁籤,按右鍵,選取頁面設置管理員(G)...,出現「頁面設置管理員」對話視窗,點選 新建(N)... 鈕,出現「新頁面設置」對話視窗,於新頁面設置名稱(N)處輸入「A3 隱藏圖紙空間物件」,按 確定 ,點選 修改(M)... 鈕,出現「頁面設置」對話視窗,將圖紙大小(Z)設定為 A3,在出圖選項中將☑隱藏圖紙空間物件(J)打開,則完成設定儲存「A3 隱藏圖紙空間物件」頁面。

10-3 實體圖轉成工作圖

● 10-3-1 製圖標準設定

一、指令輸入方式

功能區:《配置》→〈型式與標準〉→☑

二、指令提示

指令：⊡　　　　　　　　　　　　　　　　　　<出現圖 10-12「製圖標準」對話視窗

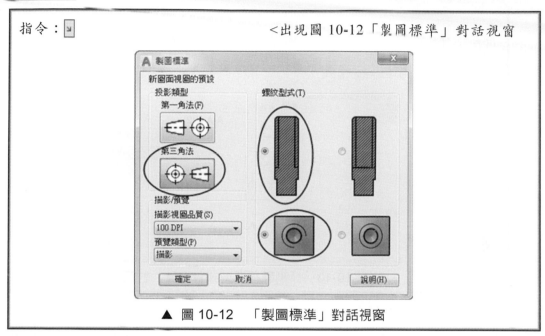

▲ 圖 10-12　「製圖標準」對話視窗

【說明】

1.　投影類型：建議設為第三角法。

2.　螺紋型式(T)：依 CNS 標準設定，如圖 10-12。

3.　預覽類型(P)：建議採內定描影可呈現視圖外形。

◉ 10-3-2　剖面視圖型式設定

一、指令輸入方式

功能區：《配置》→〈型式與標準〉→

二、指令提示

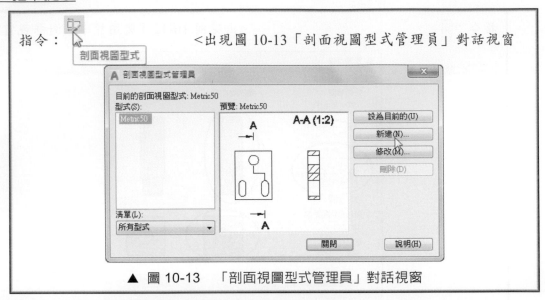

指令：   ＜出現圖 10-13「剖面視圖型式管理員」對話視窗

▲ 圖 10-13   「剖面視圖型式管理員」對話視窗

【說明一】

　　按圖 10-13 【新建(N)...】 鍵開啓圖 10-14「建立新剖面視圖型式」對話視窗，建立符合 CNS 標準的割面線格式與剖面視圖視圖標示。因 CNS 對割面線的尺寸規定為一個範圍，所以對其尺寸可在範圍內自行設定。

▲ 圖 10-14   「建立新剖面視圖型式」對話視窗

1. 新型式名稱(N)：鍵入新的剖面視圖型式名稱，例如 CNS。

2. 起始於(S)：按 ▼ 鈕拉下清單，可選一個已具名的型式來修改。

3. 【繼續(O)...】：按 【繼續(O)...】 鍵，則出現圖 10-15「新剖面視圖型式：CNS」對話視窗。所有頁籤內容，可依所需選取，設定適宜的型式。

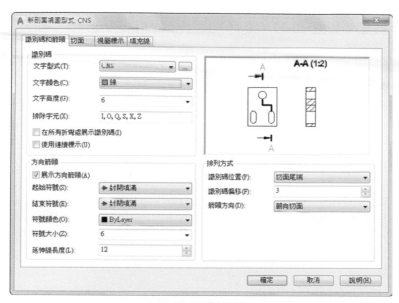

▲ 圖 10-15　「新剖面視圖型式：CNS」對話視窗

【說明二】

1. 識別碼和箭頭頁籤：如圖 10-15，進行割面識別碼與箭頭的相關設定。

2. 切面頁籤：如圖 10-16，進行割面線的相關設定。

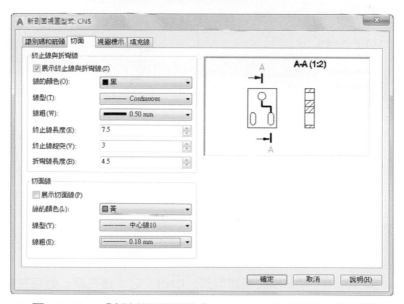

▲ 圖 10-16　「新剖面視圖型式：CNS」之「切面」對話視窗

3. 視圖標示頁籤：如圖 10-17，進行視圖標示的相關設定。

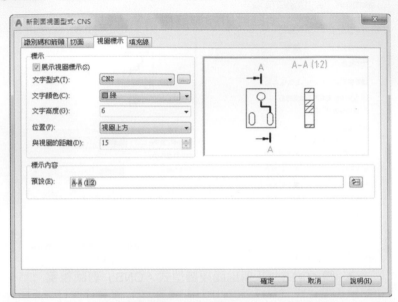

▲ 圖 10-17 「新剖面視圖型式：CNS」之「視圖標示」對話視窗

4. 填充線頁籤：如圖 10-18，進行填充線的相關設定。

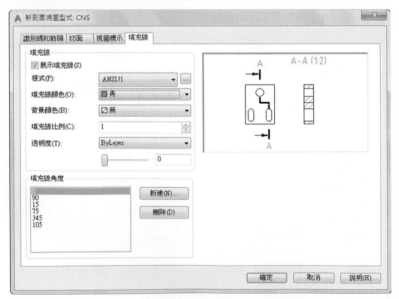

▲ 圖 10-18 「新剖面視圖型式：CNS」之「填充線」對話視窗

10-3-3　詳圖型式設定

依 CNS 標準，詳圖放大範圍採用圓形圖示，詳圖邊界採用折斷線。

一、指令輸入方式

功能區：《配置》 → 〈型式與標準〉 →

二、指令提示

指令：　　　　　<出現圖 10-19「詳圖型式管理員」對話視窗

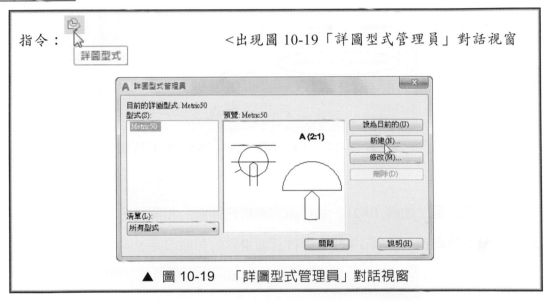

▲ 圖 10-19　「詳圖型式管理員」對話視窗

【說明一】

按圖 10-19 ［新建(N)...］鍵開啟圖 10-20「建立新詳圖型式」對話視窗，建立符合 CNS 標準的詳圖型式。

▲ 圖 10-20　「建立新詳圖型式」對話視窗

1. 新型式名稱(N)：鍵入新的詳圖型式名稱，例如 CNS。

2. 起始於(S)：按▼鈕拉下清單，可選一個已具名的型式來修改。

3. 繼續(O)... ：按 繼續(O)... 鍵，則出現圖 10-21「新詳圖型式：CNS」對話視窗。所有頁籤內容，可依所需選取，設定適宜的型式。

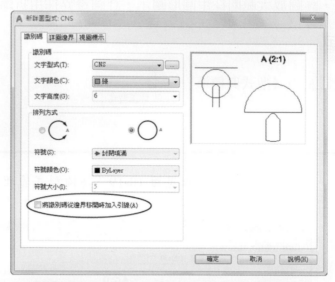

▲ 圖 10-21 「新詳圖型式：CNS」對話視窗

【說明二】

1. 識別碼頁籤：如圖 10-21，進行識別碼與範圍圓的相關設定。

2. 詳圖邊界頁籤：如圖 10-22，進行詳圖邊界的相關設定。

▲ 圖 10-22 「新詳圖型式：CNS」之「詳圖邊界」對話視窗

3.　視圖標示頁籤：如圖 10-23，進行詳圖視圖標示的相關設定。

▲　圖 10-23　「新詳圖型式：CNS」之「視圖標示」對話視窗

◉ 10-3-4　建立平面圖

一、指令輸入方式

功能區：《配置》→〈建立視圖〉→

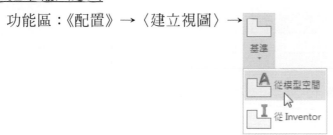

二、指令提示

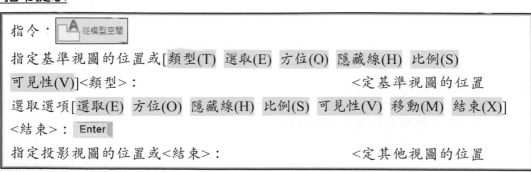

【說明】

1. 類型(T)：設定只建立單一基準視圖或建立基準視圖後繼續投影出其他視圖。

> 指定基準視圖的位置或[類型(T) 選取(E) 方位(O) 隱藏線(H) 比例(S) 可見性(V)]<類型>：T
>
> 輸入視圖建立選項[僅基準(B) 基準和投影(P)]<基準和投影>：

若只建立單一基準視圖，之後可再以 投影 指令繼續投影出其他視圖。點選建立後的視圖其上的掣點「■」可作移動與「▼」可作重設比例，如圖 10-24。

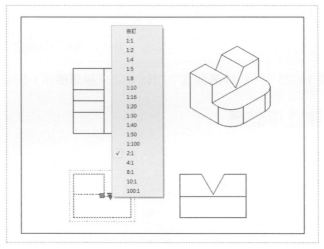

▲ 圖 10-24　視圖移動與比例設定

2. 選取(E)：切換至模型空間中，新增或移除實體圖以投影出平面圖。

> 指定基準視圖的位置或[類型(T) 選取(E) 方位(O) 隱藏線(H) 比例(S) 可見性(V)]<類型>：E
>
> 選取要加入物件或[移除(R) 整個模型(E) 配置(LAY)]<返回配置>：

3. 方位(O)：設定要呈現的視圖方位。

> 指定基準視圖的位置或[類型(T) 選取(E) 方位(O) 隱藏線(H) 比例(S) 可見性(V)]<類型>：O
>
> 選取方位[目前的(C) 上(T) 下(B) 左(L) 右(R) 前(F) 後(BA) 西南等角(SW) 東南等角(SE) 東北等角(NE) 西北等角(NW)]<前>：

4. 隱藏線(H)：設定只呈現視圖中可見的輪廓線或包含可見的輪廓線與隱藏線二者，且是以線架構或描影型式呈現。

> 指定基準視圖的位置或[類型(T)　選取(E)　方位(O)　隱藏線(H)　比例(S)
> 可見性(V)]<類型>：H
> 選取型式[可見線(V)　可見和隱藏線(I)　用可見線描影(S)
> 用可見和隱藏線描影(H)]<可見和隱藏線>：

5. 比例(S)：設定視圖比例。

> 指定基準視圖的位置或[類型(T)　選取(E)　方位(O)　隱藏線(H)　比例(S)
> 可見性(V)]<類型>：S
> 輸入比例<1>：

6. 可見性(V)：設定哪些邊線要呈現。

> 指定基準視圖的位置或[類型(T)　選取(E)　方位(O)　隱藏線(H)　比例(S)
> 可見性(V)]<類型>：V
> 選取類型[干涉邊(I)　相切邊(TA)　折彎實際範圍(B)　螺紋特徵(TH)
> 簡報系統線(P)　結束(X)]<結束>：

三、範例

1. 建立圖 10-25(b)的視圖。

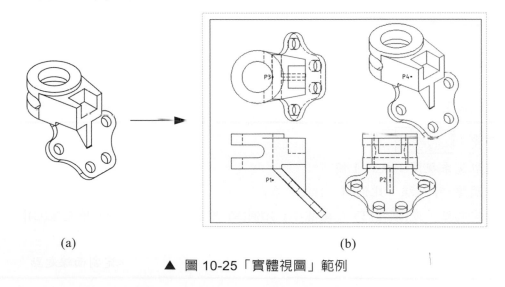

(a)　　　　　　　　　　(b)

▲ 圖 10-25「實體視圖」範例

指令：△ 從模型空間

指定基準視圖的位置或[類型(T) 選取(E) 方位(O) 隱藏線(H) 比例(S)

可見性(V)]<類型>：P1   <定前視圖的位置>

選取選項[選取(E) 方位(O) 隱藏線(H) 比例(S) 可見性(V) 移動(M) 結束(X)]

<結束>：Enter

指定投影視圖的位置或<結束>：P2   <定右側視圖的位置>

指定投影視圖的位置或[退回(U) 結束(X)]<結束>：P3   <定上側視圖的位置>

指定投影視圖的位置或[退回(U) 結束(X)]<結束>：P4   <定實體圖位置>

指定投影視圖的位置或[退回(U) 結束(X)]<結束>：Enter

已成功建立基準和 3 個投影視圖。   <完成圖 10-25(b)>

指令：在實體圖上快按滑鼠左鍵兩次

                              <在〈外觀〉選可見線，完成隱藏實體圖虛線>

● 10-3-5　建立剖視圖

一、指令輸入方式

功能區：《配置》→〈建立視圖〉→

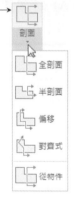

二、指令提示

指令：全剖面

選取父系視圖：找到 1 個

隱藏線=可見線，比例=1：1(從父系)

指定起點：或[類型(T) 隱藏線(H) 比例(S) 可見性(V) 註解(A) 填充線(C)]

<類型>：

指定起點：   <定割面線起點>

指定終點或[退回(U)]：	<定割面線終點
指定剖面視圖的位置：	<定剖面視圖的位置
選取選項[隱藏線(H)　比例(S)　可見性(V)　投影(P)　深度(D)　註解(A)　填充線(C)	
移動(M)　結束(X)]<結束>：　Enter	

【說明】

1. 依所需的剖面狀況，選取所要產生的剖面視圖。

2. 在圖學中剖面視圖的割面線大都由中心線取代；視圖標示除移轉至剖切位置以外，其餘皆可省略，請讀者要注意。

三、範例

1. 建立圖 10-26(b)的視圖。

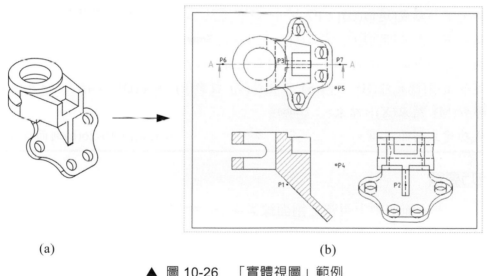

(a)　　　　　　　　　　　　　　　　(b)

▲ 圖 10-26　「實體視圖」範例

指令：　從模型空間	
指定基準視圖的位置或[類型(T)　選取(E)　方位(O)　隱藏線(II)　比例(S)	
可見性(V)]<類型>：P1　<定前視圖的位置	
選取選項[選取(E)　方位(O)　隱藏線(H)　比例(S)　可見性(V)　移動(M)　結束(X)]	
<結束>：　Enter	
指定投影視圖的位置或<結束>：P2　　　　　　　<定右側視圖的位置	
指定投影視圖的位置或[退回(U)　結束(X)]<結束>：P3　　　<定上側視圖的位置	

選取選項[選取(E) 方位(O) 隱藏線(H) 比例(S) 可見性(V) 移動(M) 結束(X)]

<結束>：Enter

指定投影視圖的位置或<結束>：Enter

已成功建立基準和 2 個投影視圖。　　　　　　<完成如圖 10-25(b)之三視圖

指令：

選取物件：P4　　　　　　　　　　　　　<刪除前視圖

指令：全剖面

選取父系視圖：P5 找到 1 個　　　　　　　<選取上視圖

隱藏線=可見線，比例=1：2(從父系)

指定起點或[類型(T) 隱藏線(H) 比例(S) 可見性(V) 註解(A) 填充線(C)]

<類型>：P6

指定下一點或[退回(U)]：P7　　　　　　　<定割面線的位置

指定下一點或[退回(U) 完成(D)]<完成>：Enter

指定剖面視圖的位置：P1　　<定剖面視圖的位置，若位置有偏差完成後再移動

選取選項[隱藏線(H) 比例(S) 可見性(V) 投影(P) 深度(D) 註解(A) 填充線(C)

移動(M) 結束(X)]<結束>：Enter

成功建立剖面視圖。　　　　　　　　　　<完成圖 10-26(b)剖面視圖

四、技巧要領

在圖學上，範例中上視圖之割面線需由中心線取代，故割面線與視圖標示需省略，但目前系統設定只能省略割面線而不能省略視圖標示，且肋會加繪剖面線。

◉ 10-3-6　建立詳圖

詳圖使用於局部放大視圖。

一、指令輸入方式

功能區：《配置》→〈建立視圖〉→

二、指令提示

指令：⟨圓形圖形⟩

選取父系視圖：　找到 1 個

邊界=圓形　模型邊=鋸齒　比例=1：1

指定中心點或[隱藏線(H)　比例(S)　可見性(V)　邊界(B)　模型邊(E)　註解(A)]

<邊界>：

指定邊界大小或[矩形(R)　退回(U)]：

指定位置的詳圖：

選取選項[隱藏線(H)　比例(S)　可見性(V)　邊界(B)　模型邊(E)　註解(A)　移動(M)　結束(X)]<結束>：

成功建立詳圖。

三、範例

1.　建立圖 10-27(b)的視圖。

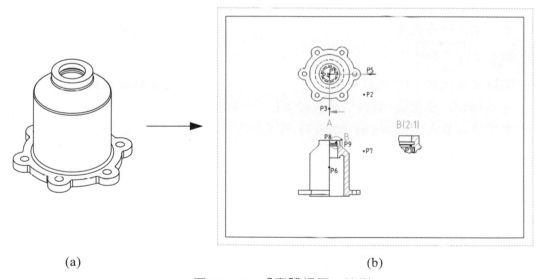

(a)　　　　　　　　　　　　　　　　　　　　(b)

▲ 圖 10-27　「實體視圖」範例

指令：⟨A從模型空間⟩

指定基準視圖的位置或[類型(T)　選取(E)　方位(O)　隱藏線(H)　比例(S)　可見性(V)]<類型>：O　　　　　　　　　　　　　　　　<選取〈方位〉

選取方位[目前的(C)　上(T)　下(B)　左(L)　右(R)　前(F)　後(BA)　西南等角(SW)

東南等角(SE) 東北等角(NE) 西北等角(NW)]<前>：T　　　　　<選上視圖

指定基準視圖的位置或[類型(T) 選取(E) 方位(O) 隱藏線(H) 比例(S)

可見性(V)]<類型>：P1

選取選項[選取(E) 方位(O) 隱藏線(H) 比例(S) 可見性(V) 移動(M) 結束(X)]

<結束>：Enter

指定投影視圖的位置或<結束>：Enter

已成功建立基準視圖。　　　　　　　　　　<完成圖 10-27(b)上視圖

指令：[⌐⌐ 半剖面]

選取父系視圖：P2 找到 1 個　　　　　　　　<選取上視圖

隱藏線=可見線，比例=1：2(從父系)

指定起點：P3

指定下一點或[退回(U)]：P4

指定終點或[退回(U)]：P5　　　　　　　　　<定割面線的位置

指定剖面視圖的位置：P6　　　　　　　　　<定剖視圖的位置

選取選項[隱藏線(H) 比例(S) 可見性(V) 投影(P) 深度(D) 註解(A) 填充線(C)

移動(M) 結束(X)]<結束>：Enter

成功建立剖面視圖。　　　　　　　　　　　<完成圖 10-27(b)剖視圖

指令：[⌐ 圓形]

選取父系視圖：P7 找到 1 個　　　　　　　　<選取前視圖

邊界=圓形　模型邊=鋸齒　比例=2：1

指定中心點或[隱藏線(H) 比例(S) 可見性(V) 邊界(B) 模型邊(E) 註解(A)]

<邊界>：P8

指定邊界大小或[矩形(R) 退回(U)]：P9　　　　<定邊界圓大小

指定位置的詳圖：P10

選取選項[隱藏線(H) 比例(S) 可見性(V) 邊界(B) 模型邊(E) 註解(A) 移動(M)

結束(X)]<結束>：Enter

成功建立詳圖。　　　　　　　　　　　　　<完成圖 10-27(b)詳圖

四、技巧要領

1. 在圖學上，範例中上視圖之割面線與視圖標示需省略。

2. 依 CNS 之規定，詳圖之視圖標示文字線粗應為字高的 1/10。

3. 依 CNS 之規定，詳圖之邊界折斷線應為細實線。

綜合練習

將光碟中第十章綜合練習的(a)～(d)實體，在配置圖面中轉換成三視圖。

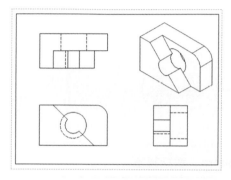

(a)

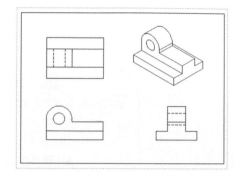

(b)

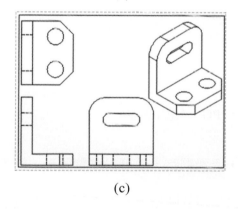

(c)

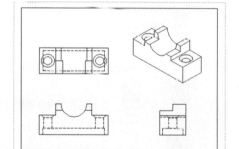

(d)

10-4　繪圖機與印表機的設定安裝

設定安裝列印圖面的印表機。

一、指令輸入方式

1.　功能區：《輸出》→〈出圖〉→　繪圖機管理員

2.　應用程式功能表：　　　列印　　　管理繪圖機
　　　　　　　　　　　　　　　　　　顯示「繪圖機管理員」，您可在其中加入
　　　　　　　　　　　　　　　　　　或編輯繪圖機視劃。

二、指令提示

指令：🔲 繪圖機管理員　　　　　　＜出現圖 10-28「Plotters」對話視窗

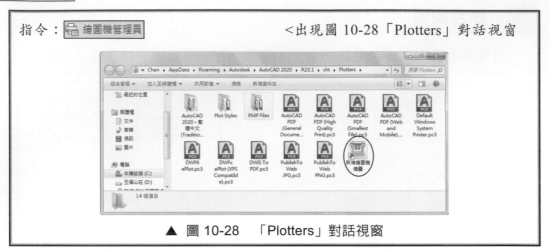

▲ 圖 10-28　　「Plotters」對話視窗

【說明】

1.　點選 🔲 開始設定。

2.　圖 10-28「Plotters」對話視窗其他功能如下：

(1)　📄 、📄：建立 Web 網頁格式的*.JPG、*.PNG 檔。

(2)　📄：設定為電子出圖與電子檢視，透過網路，就可以瀏覽圖形，而不必

透過 AutoCAD 來開啟圖形，出圖不再呈現於圖紙上，而必須啟動瀏覽器上
網觀看，如 Autodesk Design Review 可開啟、檢視與出圖*.DWF 圖面。DWF
檔支援即時平移與即時縮放，而且還可以控制圖層、具名視圖的顯示，但不
可以修改。

(3)　📄：DWFx 是 DWF 檔案格式的最新版本，使用免費的 Microsoft XPS 檢

視器直接開啟和列印，不需再安裝額外的軟體。

(4)　📄 、📄 、📄 、📄 、📄：將 DWG 圖檔轉換成 PDF 檔，可將

PDF 檔如同貼附 DWF 檔般做為參考底圖貼附至圖面。

10-4-1　繪圖機的設定

點選 ![新增繪圖機精靈圖示] 進入「加入繪圖機－開始」對話視窗，如圖 10-29。選擇「我的電腦(M)」後，點選 下一步(N) > 接著依安裝說明往下安裝。

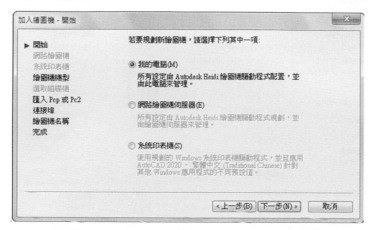

▲ 圖 10-29　「加入繪圖機－開始」對話視窗

10-4-2　印表機的設定

進入「加入繪圖機－開始」對話視窗，如圖 10-29。選擇「系統印表機(S)」後，點選 下一步(N) > 接著依安裝說明往下安裝。

1. 設定出圖印表機，一般皆設定為 WINDOWS 系統環境使用的印表機，在安裝 WINDOWS 系統時已設定好了。

2. 若欲新建一個指定的印表機時，點選 ![新增繪圖機精靈圖示] 出現圖 10-29 對話視窗開始設定。

10-5　出圖(PLOT)

當設定好印表機或繪圖機等出圖設備，即可進行圖形輸出。

10-5-1　印表機或繪圖機出圖

一、指令輸入方式

快速存取工具列：🖨
出圖

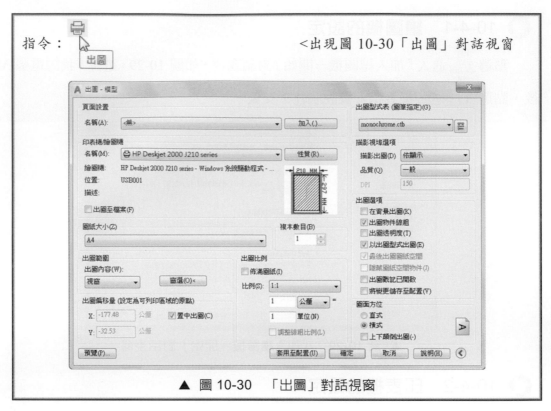

指令：🖨️ 出圖　　　　　　　　　　　　　　　　<出現圖 10-30「出圖」對話視窗

▲ 圖 10-30　「出圖」對話視窗

【說明】

　　點選圖 10-30「出圖」對話視窗右下角「⊙」鈕，可將對話視窗展開成最大狀態，再次點選右下角「⊙」鈕，可將對話視窗回復原來大小。

1.　頁面設置：選取已設定完成的頁面設定值，或按 加入()... 鍵為新頁面設定名稱，其新建方式如 10-2 章節的範例。

2.　印表機/繪圖機

　(1)　顯示目前已規劃好的出圖設備，選取指定的出圖設備後，按 性質(R)... 鈕，會出現已選定的出圖設備之「繪圖機規劃編輯器」對話視窗。

　(2)　出圖至檔案(F)：設定輸出成一個 PLT 檔案。

3.　圖紙大小(Z)：設定圖紙大小，按 ▾ 選擇圖紙尺寸大小。

4.　出圖範圍：設定圖面輸出到圖紙上的範圍。

　(1)　視窗：當選擇以「視窗」為出圖範圍時，會出現 窗選(O)< 鈕，點選此鈕定區域範圍來出圖。

　(2)　圖面範圍：設定以目前設定的圖面範圍(LIMITS)來出圖。

(3) 實際範圍：設定以執行 後，全部圖形使用的範圍出圖。

(4) 檢視：設定以預設的視圖範圍出圖，圖中若沒有預設視圖則無此項功能。

(5) 顯示：設定以目前畫面所顯示的範圍出圖。

5. **出圖偏移量**：設定出圖的原點。

(1) 置中出圖(C)：圖形放置於出圖範圍中央。

(2) X, Y：以正向或反向指定出圖原點距圖紙原點的出圖偏移量。

6. **出圖比例**：設定輸出圖形的比例值。可按 ✓ 鈕選取內定比例或可自訂圖面單位。

(1) 當 $\boxed{1}$ 公釐 = $\boxed{1}$ 圖面單位，表示比例 = 1；即圖面 10 個單位繪出在圖紙上為 10mm。

(2) 當 $\boxed{1}$ 公釐 = $\boxed{2}$ 圖面單位，表示比例 = 1/2(縮小)；即圖面為 10 單位繪出在圖紙上為 5mm。

(3) 當 $\boxed{2}$ 公釐 = $\boxed{1}$ 圖面單位，表示比例 = 2(放大)，即圖面為 10 單位繪出在圖紙上為 20mm。

(4) 佈滿圖紙(I)：系統依設定輸出的圖紙尺寸，自動計算圖形將它縮小或放大至圖紙的最大出圖範圍。

7. **出圖型式表(圖筆指定)(G)**：設定圖筆指定的功能。AutoCAD 可選取「顏色」或「具名」兩種模式作為出圖型式。建議出圖型式以內定的「顏色」模式來工作，以標準顏色來控制圖筆、線型、線粗....，或按 ✓ 鍵採用其他的出圖型式。按 🖳 鈕會出現圖 10-31「出圖型式表編輯器」對話視窗。可在「一般」頁籤加入描述內容；「表格檢視」頁籤設定出圖型式；其中「顏色」的設定，若要出彩色的圖，則採用「acad.ctb」檔，讓所有使用到的線型顏色都設定為使用物件性質；若要出「黑白」的圖則採用「monochrome.ctb」檔，讓所有使用到的線型顏色都設定為黑色。「線粗」的設定，則建議依 CNS 規定設定，如 A3 規格則設定粗實線為 0.5mm、虛線為 0.35mm、中心線為 0.18mm。「表單檢視」設定各出圖性質，如圖 10-32。

▲ 圖 10-31　「表格檢視」對話視窗

▲ 圖 10-32　「表單檢視」對話視窗

8. 描影視埠選項

   (1) 描影出圖(D)：列印描影或彩現後的 3D 影像，可將 3D 影像以彩現、隱藏、線架構或以視埠所顯示的影像出圖。

   (2) 品質(Q)：設定出圖的影像品質，為草圖、預覽、一般、簡報、最高或自訂。

   (3) DPI：當(2) 品質(Q)設定為自訂時，可在此處設定解析度。

9. 出圖選項：設定出圖的模式。

   (1) 在背景出圖(K)：採用自動佇存功能，繪圖時同時出圖。

   (2) 出圖物件線粗：指定出圖物件依線條粗度方式出圖。

   (3) 出圖透明度(T)：將物件與圖層的透明度等級，套用在「線架構」和「隱藏」視覺型式的出圖。

   (4) 以出圖型式出圖(E)：使用以出圖型式的出圖方式，應用到物件，並定義在出圖型式表。

   (5) 最後出圖圖紙空間：控制以模型空間圖形或圖紙空間圖形先出圖，當☑時為以模型空間圖形先出圖。

   (6) 隱藏圖紙空間物件(J)：是否隱藏配置圖面中的物件。模型空間物件的隱藏由描影出圖(D)所控制。

(7)　出圖戳記已開啓(N)：是否開啓「出圖戳記」對話框，並將一個出圖戳記放置在圖面的指定角點。

(8)　將變更儲存至配置(V)：將在「出圖」對話視窗中所作的變更儲存至配置。

10. 圖面方位：選取圖面爲直印或橫印或上下顛倒出圖。

11. 預覽(P)...：顯示圖紙尺寸內全部圖形的方式預覽。可以執行即時平移、縮放功能、檢視出圖的結果。

三、範例

開啓 10-1 章節範例 1，分別在「模型」空間與「圖紙」空間建立如圖 10-33(a)、(b)的多重視埠。將「模型」空間的等角圖視埠出圖，如圖 10-33(c)，再將「圖紙」空間的上視圖與前視圖設定爲 1：1，等角圖設爲 2：1 並將三個視埠全部出圖，如圖 10-43(d)。

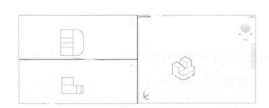

(a)「模型」空間多重視埠

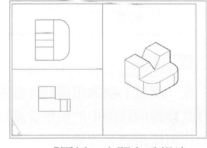

(b)「圖紙」空間多重視埠

(c)「模型」空間只能單視埠出圖

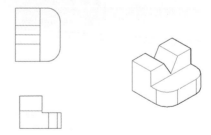

(d)「圖紙」空間可多視埠出圖

▲ 圖 10-33　「出圖」範例

1. 「模型」空間出圖
   (1) 依 10-1 章節完成圖 10-33(a)圖。
   (2) 選取印表機/繪圖機選項的名稱(M)下的印表機或繪圖機名稱。
   (3) 在圖紙大小(Z)選項中選取所需的圖紙大小，此處請選取 A4 圖紙。

(4) 在 出圖範圍 選項的 出圖內容(W) 中選取 視窗 定出要出圖的範圍。

(5) 在 出圖偏移量 選項請勾選 置中出圖(C)。

(6) 在 出圖比例 選項可依自己的需求設定比例，此處請勾選 佈滿圖紙。

(7) 在 出圖型式表 選項選取 monochrome.ctb 以黑白的方式出圖。

(8) 點選 ▤ 以設定線粗。

(9) 點選 預覽(P)... 以做檢查與確認，後點選 確定 完成出圖的程序。

2. 「圖紙」空間出圖

(1) 依 10-1 章節完成圖 10-33(b)圖。

(2) 將上視圖與前視圖設比例為 1：1，等角圖比例設為 2：1。

(3) 在視埠外點選兩下回復圖紙空間，後點選視埠外框再按滑鼠右鍵點選 顯示已鎖住(L)，選取 是(Y) 以防止因滾輪滾動改變了比例與位置。

(4) 新建一個圖層，將視埠框設定為此一圖層，後將其關閉。

(5) 其後步驟如「模型」空間出圖，唯 出圖範圍 選項的 出圖內容(W) 請選取 配置。

四、技巧要領

在「圖紙」空間出圖時，若視埠比例不是 1：1，需將 標註型式 中的 填入 選項中的 標註特徵的比例 中的 依配置調整標註比例 勾選如圖 10-34，以使標註的尺度數字與箭頭比例能跟隨著改變。

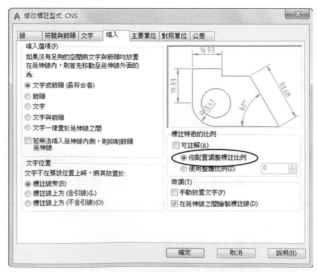

▲ 圖 10-34 「填入」選項設定

⬤ 10-5-2　批次出圖(PUBLISH)

一、指令輸入方式

1.　功能區：《輸出》→〈出圖〉→ 批次出圖

2.　應用程式功能表： A → 列印 ► 批次出圖　將多張圖紙或多個圖面發佈至繪圖機、印表機、DWF 或 PDF 檔。

二、指令提示

指令： 批次出圖　　　　　　　　　　　<出現圖 10-35「發佈」對話視窗

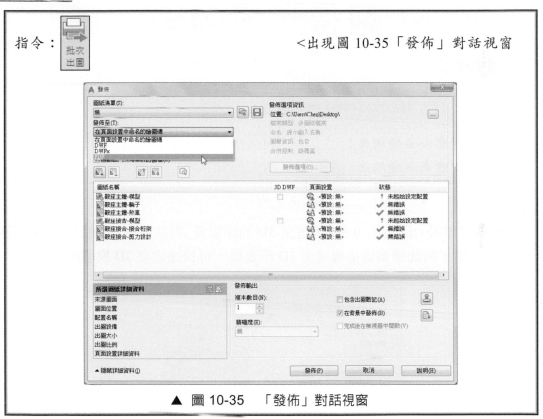

▲ 圖 10-35　「發佈」對話視窗

【說明】

1.　**圖紙清單(S)**：選取已儲存的 DSD 圖面集描述檔的 DST 圖紙集檔或 Bp3 批次出圖檔。

2.　**發佈至(T)**：將圖面發佈至繪圖機或發佈成 DWF、DWFx 或 PDF 檔。

3.　🔲加入圖紙：加入圖紙到圖紙選集中。

4. 🖼移除圖紙：將圖紙從圖紙選集中移除。

5. 🖼上移圖紙：將圖紙出圖順序往前移。

6. 🖼下移圖紙：將圖紙出圖順序往後移。

7. 🔍預覽：預覽圖紙內容。

⬤ 10-5-3　3D 列印(3D PRINT)

一、指令輸入方式

應用程式功能表：

二、指令提示

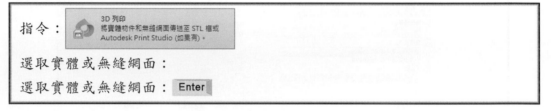

```
指令：  3D 列印
        將實體物件和無縫網面傳送至 STL 檔或
        Autodesk Print Studio (如果有)。
選取實體或無縫網面：
選取實體或無縫網面： Enter
```

【說明】

選取實體後，出現圖 10-36「傳送至 3D 列印服務」對話視窗，設定比例後按 [確定]
轉成 STL 檔，將此檔案直接傳送至 3D 印表機，可快速建立 3D 模型。

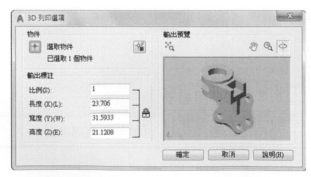

▲ 圖 10-36「傳送至 3D 列印服務」對話視窗

10-6　圖紙集管理員(SHEETSET)

　　將在不同路徑的多個圖檔或在圖檔中的多個配置,依所需將圖檔或配置組織在一起成為一個圖紙集,並可作成表格索引,快速連結到該圖檔,以方便專案中整套圖的管理及尋找,還可配合出圖的功能將整套圖一次全部出圖,來提升工作效率。

一、指令輸入方式

1.　功能區:《檢視》→〈選項板〉→ 圖紙集管理員

2.　應用程式功能表: A▾ → 📂 開啟 ▸ 🗒 圖紙集 在「圖紙集管理員」中開啟圖紙集資料檔。

二、指令提示

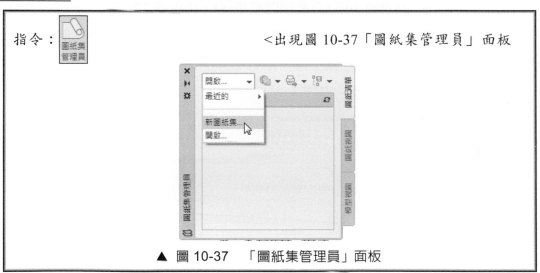

指令: 圖紙集管理員　　　　　　　　　　<出現圖 10-37「圖紙集管理員」面板

▲ 圖 10-37　「圖紙集管理員」面板

● 10-6-1　新建圖紙集

一、使用範例圖紙集建立新的圖紙集

1.　開始:點選圖 10-37 新圖紙集…,出現圖 10-38「建立圖紙集-開始」對話視窗。

　　(1)　範例圖紙集(S):採用與範例圖紙集相同的圖紙目錄與子集架構。

　　(2)　既有圖面(D):將繪製完成的配置收錄於圖紙集中。

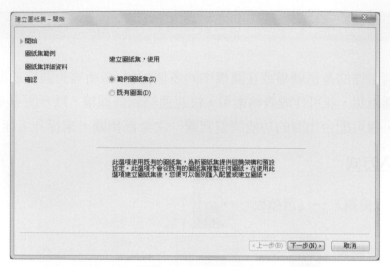

▲ 圖 10-38　「建立圖紙集-開始」對話視窗

2.　圖紙集範例：點選圖 10-38⊙範例圖紙集(S)，出現圖 10-39。

　　(1)　選取圖紙集以做為範例(S)：選取內建的範例圖紙集做為新建圖紙集架構。

　　(2)　瀏覽至其他圖紙集以做為範例(W)：選取其他圖紙集做為新建圖紙集架構。

▲ 圖 10-39　「建立圖紙集-圖紙集範例」對話視窗

3.　圖紙集詳細資料：選取圖 10-39「Manufacturing Metric Sheet Set」，出現圖 10-40。

　　(1)　新圖紙集的名稱(W)：輸入新建圖紙集名稱。

　　(2)　描述(可選)(D)：輸入相關描述。

　　(3)　於此處儲存圖紙集資料檔(.dst)(S)：指定圖紙集存檔位置。

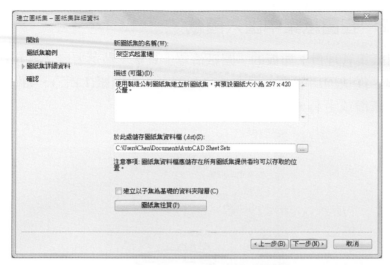

▲ 圖 10-40　「建立圖紙集-圖紙集詳細資料」對話視窗

4.　確認：完成新圖紙集的建立。

二、使用既有圖面建立新的圖紙集

1.　步驟一選取既有圖面(D)而步驟二則採與使用範例圖紙集相同。

2.　選擇配置：如圖 10-41，點選 [　瀏覽(W)...　] 鈕，出現圖 10-42「瀏覽資料夾」
　　對話視窗，從對話視窗中選擇圖檔資料夾後，回到如圖 10-41 對話視窗中，勾選
　　要加入新圖紙集的配置圖面。

▲ 圖 10-41　「建立圖紙集-選擇配置」對話視窗　　　▲ 圖 10-42「瀏覽資料夾」對話視窗

3.　確認：完成新圖紙集的建立。

10-6-2 在圖紙集中匯入圖紙

1. 開啓「圖紙集管理員」面板的「圖紙清單」頁籤，點選要匯入圖紙的子集，後按滑鼠右鍵，從快顯功能表上選取「將配置匯入為圖紙(L)...」，如圖 10-43。若要對子集作新增或更名，則選擇其他的功能項。

▲ 圖 10-43 「將配置匯入為圖紙(L)...」選項

2. 從顯示的「將配置匯入為圖紙」對話視窗中按 瀏覽圖檔(B)... 鈕，點選將要匯入為圖紙的配置，如圖 10-44。再按 匯入勾選項(I) 鈕將配置匯入。

▲ 圖 10-44 「將配置匯入為圖紙」對話視窗

3. 在匯入的圖紙名稱上快按兩下滑鼠左鍵，就可以開啓這個圖紙相對應的圖檔。

10-6-3　將圖檔或具名視圖匯入成為圖紙的具名視圖

1. 在「圖紙集管理員」面板，選擇「圖紙清單」頁籤，開啓要匯入具名視圖的圖紙。

2. 選擇「模型視圖」頁籤，在「新增位置…」項目上快按滑鼠左鍵兩下，如圖 10-45。

3. 出現「瀏覽資料夾」對話視窗，選取要加入的資料夾後，按 開啓 鈕。

4. 回到圖 10-45，選取要匯入的具名視圖或圖檔按住滑鼠左鍵不放，拖移到圖紙後放開滑鼠左鍵，完成在圖紙內匯入具名視圖。

▲ 圖 10-45　「新增位置…」選項

10-6-4　建立圖紙集索引表

在「圖紙集管理員」面板，選擇「開啓…」項目，如圖 10-46 出現「開啓圖紙集」對話視窗，如圖 10-47。

▲ 圖 10-46　「開啓…」選項

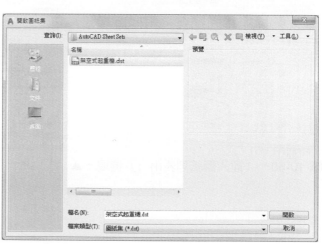

▲ 圖 10-47　「開啓圖紙集」對話視窗

2. 在「開啟圖紙集」對話視窗中開啟所需的圖紙集檔。選擇「圖紙清單」頁籤，點
   選圖紙集標題按滑鼠右鍵從快顯功能表中選取「新圖紙(S)」，如圖 10-48，新增
   一張圖紙並在「圖紙標題(S)」處輸入「index」作為圖檔名，「號碼(N)」處輸入
   「01 鞍座」作為編號，如圖 10-49。

▲ 圖 10-48　　「新圖紙」選項　　　　　　▲ 圖 10-49　　「新圖紙」對話視窗

3. 開啟「01 鞍座 index.dwg」圖檔，在「圖紙集管理員」對話視窗中點選「01 鞍座
   -index」圖檔後按滑鼠右鍵從快顯功能表中選取「插入圖紙列表(I)...」，如圖
   10-50。從隨後出現的「圖紙列表」對話視窗中的「表格資料」頁籤中選取所需
   的表格型式，如圖 10-51，再由「子集和圖紙」標籤中選取所需的檔案，如圖 10-52，
   按　確定　鈕完成建立圖紙集索引表，如圖 10-53。

▲ 圖 10-50　　「插入圖紙列表(I)...」選項　▲ 圖 10-51　　「圖紙列表」之「表格資料」對話視窗

▲ 圖 10-52　「圖紙列表」之「子集和圖紙」
　　　　　　　對話視窗

▲ 圖 10-53　圖紙集索引表

4.　當滑鼠游標靠近圖紙集索引表上的圖紙標題時，會出現 符號，在圖紙標題上按
　　住 Ctrl 鍵與滑鼠左鍵即可開啓此一圖面。

10-6-5　發佈圖紙集

　　點選圖紙集標題按滑鼠右鍵從快顯功能表中選取「發佈▶」，如圖 10-54。選取圖
紙集要出版的型式，完成圖紙的發佈。

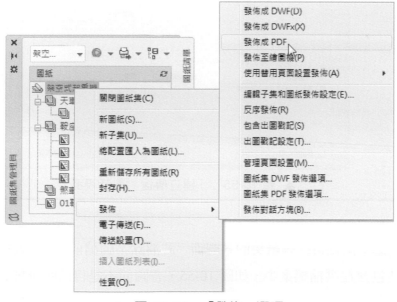

▲ 圖 10-54　「發佈」選項

10-7 電子傳送(ETRANSMIT)

　　自動將目前圖面以及與其相關的所有從屬物件壓縮成資料夾、自行展開的執行檔或 Zip 檔。

一、指令輸入方式

應用程式功能表：

二、指令提示

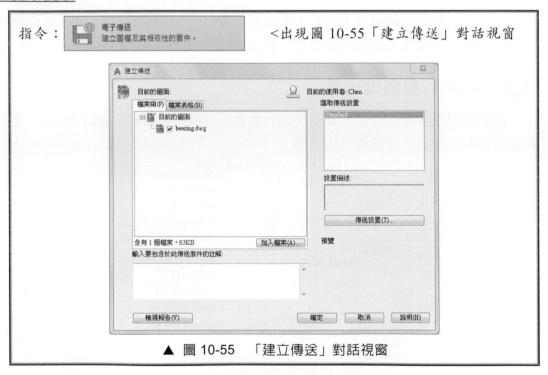

▲ 圖 10-55 「建立傳送」對話視窗

【說明】

1. **目前的圖面**：檢視目前圖紙集的各圖面。若消除某圖檔前□則該圖檔的所有物件將不會被包含在壓縮檔案中，如圖 10-55，若圖面不是目前圖紙集的圖檔，此選項將不會存在。

2. **檔案樹(F)**：以樹狀排列的方式檢視各物件。若消除某圖檔前□則該圖檔的所有物件將不會被包含在壓縮檔案中，如圖 10-55。

3. 檔案表格(B)：以列表的方式檢視各物件。若消除某物件前□則該物件將不會被包含在壓縮檔案中。

4. ┌─加入檔案(A)...─┐：加入列表外的檔案。

5. ┌─傳送設置(T)...─┐：點選 ┌─傳送設置(T)...─┐ 鍵，出現圖 10-56「傳送設置」對話視窗，以新建或修改傳送的設置。點選圖 10-56「傳送設置」對話視窗，的 ┌修改(M)...┐ 鍵，出現圖 10-57「修改傳送設置」對話視窗，以修改符合所需的傳送設置。

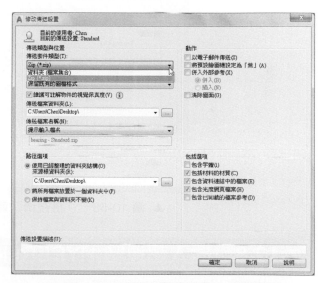

▲ 圖 10-56「傳送設置」對話視窗　　▲ 圖 10-57「修改傳送設置」對話視窗

(1) 傳送類型與位置

　　a. 傳送套件類型(T)：設定將圖面壓縮成資料夾或 Zip 檔。

　　b. 傳送檔案資料夾(L)：設定壓縮後的檔案存放路徑可採預定值或按□鈕設爲其他路徑。

　　c. 傳送檔案名稱(N)：設定傳送組件的命名方式，重新輸入或採用內定名稱。

(2) 路徑選項

　　a. 使用已經整理的資料夾結構(O)：採用原始檔案的資料夾結構或按□鈕設定新的路徑。

　　b. 將所有檔案置於一個資料夾中(P)：將要壓縮的檔案放在同一個資料夾中。

　　c. 保持檔案與資料夾不變(K)：採用原始檔案的資料夾結構。

(3) 傳送設置描述(U)：輸入與傳送圖面相關的說明。

6. 檢視報告(V)

壓縮檔案的訊息報表，如圖 10-58。可按 另存(S)... 將報告儲存成文字檔。

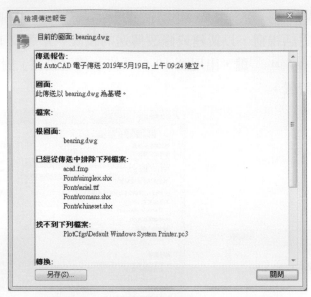

▲ 圖 10-58　「檢視傳送報告」對話視窗

10-8　插入超連結(HYPERLINK)

連接並啟動相關的圖面或網頁，使 AutoCAD 圖面與其他資料相連接。

一、指令輸入方式

功能區：《插入》→〈資料〉→ 超連結

二、指令提示

指令：超連結
選取物件：　　　　　　　　　　　<出現圖 10-59「插入超連結」對話視窗

▲ 圖 10-59　「插入超連結」對話視窗

【說明】

1.　建立超連結

　　(1)　要顯示的文字(T)：輸入超連結的名稱，該名稱會出現在右鍵快顯功能表的選單上。如果不指定名稱會以連結物件的路徑與檔案或 email 作為超連結的名稱。

　　(2)　請輸入檔案或網頁名稱(E)：直接輸入檔案名稱或網頁名稱，或從列示框中選取已列出的檔案或網頁名稱。若要選取未列出的檔案或網頁則可按　檔案(F)... 　鈕、　網頁(W)... 　鈕選取。

　　(3)　　目標(G)... 　：選取連結的物件是要放置於模型空間、配置空間或自定的配置空間中。

　　(4)　路徑：列出被選取物件的路徑與　目標(G)... 　設定的位置。

2.　編輯超連結：編輯超連結步驟如下：

　　(1)　選取具有超連結的圖形(游標靠近圖形會有超連結的圖像📄出現)。

　　(2)　選取物件後按滑鼠右鍵快顯功能表中超連結(II) ▶→編輯超連結(E)...出現格式與圖 10-59 相似的編輯超連結對話視窗，在對話視窗中輸入新的設定值，按　　確定　　。

3.　執行超連結：執行超連結步驟如下：

　　(1)　游標靠近具有超連結的圖形。

　　(2)　按住 Ctrl 鍵後點選該圖形，即可開啟連結的檔案、URL 或 email。

實力練習

一、選擇題(*為複選題)

( ) 1. 以下執行哪一個圖像，可以將螢幕劃分為多個視埠　(A)▣　(B)▣
(C)▣ 矩形　(D)▣。

( ) 2. 欲指定圓形物件成視埠框，應執行哪一個指令　(A)▣ 物件　(B)▣ 多邊形
(C)▣ 具名　(D)▣。

( ) 3. 欲出黑白圖面，最快的出圖型式設定為　(A)monochrome.ctb　(B)acad.ctb
(C)Grayscale.ctb　(D)DWF virtual Pens.ctb。

( ) 4. 透過 Autodesk Design Review 的瀏覽器，可直接開啟　(A)*.DWG　(B)*.DWF
(C)*.DXF　(D)*.DWT。

( ) 5. 由模型空間切換至圖紙空間後，要建立視埠框首先要執行哪個指令　(A)ZOOM
(B)UCS　(C)REDRAW　(D)VPORTS。

( ) 6. 假設繪圖之 1 格子單位代表 1mm，欲將圖形放大十倍輸出圖紙，則出圖
MM = 圖形單位之設定為　(A)1 = 10　(B)10 = 1　(C)1 = 1　(D)0.1 = 1。

( ) 7. 欲以目前所設定的圖紙大小為圖形輸出範圍，出圖的進一步參數應選　(A)視
圖　(B)顯示　(C)視窗　(D)圖面範圍。

( ) 8. 欲以圖面中所有物件出圖繪製，需在「出圖」對話框中選取　(A)視圖　(B)
顯示　(C)實際範圍　(D)圖面範圍。

( ) 9. 欲使繪圖機抓取不同粗度的畫筆，繪圖時應以何種性質作控制　(A)顏色
(B)圖層　(C)線型　(D)圖元。

*( )10. 對於▣ 矩形 指令所開啟的多重視埠中的每視埠，以下敘述何者正確　(A)可
設定不同的網格點距離　(B)可設定不同的繪圖極限　(C)可設定不同的定
位距離　(D)同一圖元可設定不同的線型。

*( )11. 以下敘述何者正確　(A)圖紙空間適合出圖作業　(B)模型空間適合繪圖作
業　(C)在圖紙空間中可供多視埠出圖　(D)在模型空間中只能單視埠出圖。

*( )12. 欲將圖面由印表機出圖，可由　(A)按下🖶指令　(B)「檔案」功能表選擇
「出圖」　(C)按下鍵盤 Ctrl + P 鍵　(D)按下鍵盤的 Prt Sc 鍵。

*( )13. 欲預覽目前出圖規劃範圍可由　(A)「檔案」功能表選擇預覽出圖　(B)按下
🖶指令　(C)按下鍵盤 Ctrl + P 鍵　(D)按下鍵盤的 Prt Sc 鍵。

*(　　) 14. 出圖時，AuotCAD 標準顏色可控制　(A)圖筆　(B)線型　(C)線粗　(D)填實型式。

二、簡答題

1.　何謂「多重視埠」、「非重疊視埠」與「重疊視埠」？

2.　如何在配置空間中，產生多個視埠，簡述之。

3.　何謂「模型」空間？何謂「圖紙」空間？

4.　簡述如何設定安裝繪圖機？

5.　簡述如何設定安裝印表機？

6.　簡述列印出圖規劃需設定哪些參數。

7.　簡述出圖時，規劃出圖範圍有哪些方式可供設定。

國家圖書館出版品預行編目資料

電腦輔助繪圖 AutoCAD 2020 / 王雪娥, 陳進煌編
著. -- 初版. -- 新北市：全華圖書，　2020.03
　　面　；　公分
ISBN 978-986-503-351-4 (平裝附光碟片)

1. CST：AutoCAD 2020(電腦程式) 2. CST：電腦繪
圖　3. CST：電腦輔助設計

312.49A97　　　　　　　　　　　109002331

電腦輔助繪圖 AutoCAD 2020

作者／王雪娥、陳進煌

發行人／陳本源

執行編輯／楊煊閔

出版者／全華圖書股份有限公司

郵政帳號／0100836-1 號

印刷者／宏懋打字印刷股份有限公司

圖書編號／06430007

初版三刷／2022 年 5 月

定價／新台幣 550 元

ISBN／978-986-503-351-4(平裝附光碟片)

全華圖書／www.chwa.com.tw

全華網路書店 Open Tech／www.opentech.com.tw

若您對本書有任何問題，歡迎來信指導 book@chwa.com.tw

臺北總公司(北區營業處)
地址：23671 新北市土城區忠義路 21 號
電話：(02) 2262-5666
傳真：(02) 6637-3695、6637-3696

南區營業處
地址：80769 高雄市三民區應安街 12 號
電話：(07) 381-1377
傳真：(07) 862-5562

中區營業處
地址：40256 臺中市南區樹義一巷 26 號
電話：(04) 2261-8485
傳真：(04) 3600-9806(高中職)
　　　(04) 3601-8600(大專)

歡迎加入 全華會員

● 會員獨享
會員享購書折扣、紅利積點、生日禮金、不定期優惠活動…等。

● 如何加入會員
填妥讀者回卡直接傳真(02) 2262-0900 或寄回，將由專人協助登入會員資料，待收到E-MAIL 通知後即可成為會員。

如何購書 全華書籍

1. 網路購書
全華網路書店「http://www.opentech.com.tw」，加入會員購書更便利，並享有紅利積點回饋等各式優惠。

2. 全華門市、全省書局
歡迎至全華門市(新北市土城區忠義路21號) 或全省各大書局、連鎖書店選購。

3. 來電訂購
(1) 訂購專線：(02) 2262-5666 轉 321-324
(2) 傳真專線：(02) 6637-3696
(3) 郵局劃撥 (帳號：0100836-1　戶名：全華圖書股份有限公司)
※ 購書未滿一千元者，酌收運費 70 元。

OpenTech.com.tw 全華網路書店

全華網路書店 www.opentech.com.tw
E-mail: service@chwa.com.tw

※ 本會員制如有變更則以最新修訂制度為準，造成不便請見諒。

讀者回函卡

親愛的讀者：

感謝您對全華圖書的支持與愛護，雖然我們很慎重的處理每一本書，但恐仍有疏漏之處，若您發現本書有任何錯誤，請填寫於勘誤表內寄回，我們將於再版時修正，您的批評與指教是我們進步的原動力，謝謝！

全華圖書 敬上

勘誤表

書號			書名		作者
頁數	行數		錯誤或不當之詞句		建議修改之詞句

我有話要說：（其它之批評與建議，如封面、編排、內容、印刷品質等．．．．）

填寫日期：　　/　　/　　

姓名：　　　　　　　　生日：西元　　　年　　　月　　　日 性別：□男 □女

電話：（　　）　　　　　傳真：（　　）　　　　　手機：

e-mail：（必填）

註：數字零，請用 Φ 表示，數字1與英文L請另註明並書寫端正，謝謝。

通訊處：□□□□□

學歷：□博士 □碩士 □大學 □專科 □高中・職

職業：□工程師 □教師 □學生 □軍・公 □其他

學校/公司：　　　　　　　　　　科系/部門：

・需求書類：

□A. 電子 □B. 電機 □C. 計算機工程 □D. 資訊 □E. 機械 □F.汽車 □I.工管 □J. 土木
□K. 化工 □L. 設計 □M. 商管 □N. 日文 □O. 美容 □P. 休閒 □Q. 餐飲 □B. 其他

・本次購買圖書為：　　　　　　　　　　　書號：

・您對本書的評價：

封面設計：□非常滿意 □滿意 □尚可 □需改善，請說明
內容表達：□非常滿意 □滿意 □尚可 □需改善，請說明
版面編排：□非常滿意 □滿意 □尚可 □需改善，請說明
印刷品質：□非常滿意 □滿意 □尚可 □需改善，請說明
書籍定價：□非常滿意 □滿意 □尚可 □需改善，請說明
整體評價：請說明

・您在何處購買本書？

□書局 □網路書店 □書展 □團購 □其他

・您購買本書的原因？（可複選）

□個人需要 □幫公司採購 □親友推薦 □老師指定之課本 □其他

・您希望全華以何種方式提供出版訊息及特惠活動？

□電子報 □DM □廣告 （媒體名稱）

・您是否上過全華網路書店？（www.opentech.com.tw）

□是 □否 您的建議

・您希望全華出版那方面書籍？

・您希望全華加強那些服務？

～感謝您提供寶貴意見，全華將秉持服務的熱忱，出版更多好書，以饗讀者。

全華網路書店 http://www.opentech.com.tw 客服信箱 service@chwa.com.tw

2011.03 修訂